特色农业与气象系列丛书

丛书主编：王春乙

苹果生产气象保障技术

王景红　张维敏　潘宇鹰　编著

气象出版社
China Meteorological Press

内容简介

本书是农业气象科技工作者在果树气象领域专注苹果气象研究与业务服务实践成果的总结。以苹果产业概况、苹果与气象环境条件为基础，详细介绍了苹果生长发育气象监测、农用天气预报、产量品质预测评价、精细化气候区划、主要气象灾害风险评估等技术方法，以及苹果病虫害监测预警与防治、农业保险气象指数产品设计、气象服务体系建设等。本书为苹果气象研究与业务服务水平的提升提供了理论和技术支撑，可供农业气象等领域从事管理、业务服务、科研、教育的科技人员、涉农企业员工和广大农业生产者参考使用。

图书在版编目（CIP）数据

苹果生产气象保障技术 / 王景红，张维敏，潘宇鹰编著. -- 北京 : 气象出版社，2024. 6. -- (特色农业与气象系列丛书 / 王春乙主编). -- ISBN 978-7-5029-8392-5

Ⅰ. S661.1

中国国家版本馆 CIP 数据核字第 2024PR5283 号

Pingguo Shengchan Qixiang Baozhang Jishu

苹果生产气象保障技术

王景红　张维敏　潘宇鹰　编著

出版发行：气象出版社

地　　址：北京市海淀区中关村南大街 46 号　　**邮政编码：**100081

电　　话：010-68407112(总编室)　010-68408042(发行部)

网　　址：http://www.qxcbs.com　　**E-mail：**qxcbs@cma.gov.cn

责任编辑：刘瑞婷　吕厚荃　张锐锐　　**终　　审：**张　斌

责任校对：张硕杰　　**责任技编：**赵相宁

封面设计：艺点设计

印　　刷：北京盛通印刷股份有限公司

开　　本：710 mm×1000 mm　1/16　　**印　　张：**16.75

字　　数：347 千字

版　　次：2024 年 6 月第 1 版　　**印　　次：**2024 年 6 月第 1 次印刷

定　　价：98.00 元

"特色农业与气象系列丛书"编委会

总　序

习近平总书记强调“粮食安全是‘国之大者’”。粮食安全是国家安全的重要基础，也是我国经济社会发展的“压舱石”。党中央、国务院高度重视粮食安全问题，始终把解决人民吃饭问题作为治国安邦的首要任务。以习近平同志为核心的党中央立足世情、国情、粮情，确立了“以我为主、立足国内、确保产能、适度进口、科技支撑”的国家粮食安全战略。在2022年全国“两会”期间，习近平总书记再次指出，“要树立大食物观”“在确保粮食供给的同时，保障肉类、蔬菜、水果、水产品等各类食物有效供给”。“大食物观”拓展了传统的粮食边界，指导我们从更广的维度认识和把握国家粮食安全。

特色农业是以资源为基础、以科技为支撑、以规模化生产和品牌化经营为手段，将区域内特有的农产品转化为特色商品的现代农业，近年来以其独特的区位优势资源、独特的产品品质和高效的经济价值得到迅速发展，形成了从特色作物种植、水产养殖，到规模化生产、加工、贮运、销售的完整产业链，在精准扶贫和乡村振兴中发挥了重要作用，是保障国家粮食安全、促进现代农业经济发展的重要抓手。《国务院关于印发气象高质量发展纲要（2022—2035年）的通知》（国发〔2022〕11号）要求，提高气象服务经济高质量发展水平，实施气象为农服务提质增效行动。强化特色农业生产气象保障技术应用是气象部门落实《气象高质量发展纲要（2022—2035年）》，服务于国家粮食安全、乡村振兴、改善民生等国家战略的重要举措。

近年来，特色农业产值已发展到我国农业总产值的50%以上，产区覆盖了94%的重点脱贫县。特色农业产区地域性强，经济价值高，对生长环境要求独特，气象条件对特色农产品影响远大于普通农作物，使得特色农业气象服务尤为重要。然而，特色农产品产区农业基础设施普遍偏差，作物抗灾能力弱，也制约着特色农业产业的发展，迫切需要提高特色农业气象服务保障能力。2017年和2020年，中国气象局和农业农村部联合，分两批建立了15个特色农业气象服务中心；2024年，中国气象局与农业农村部、国家林业和草原局联合，建立了第三批10个特色农业气象服务中心。针对国家粮食安全和重要农产品有效供给的重大战略需求，面对气候变化、农业供给侧结构性改革和民生需求，以及国际贸易复杂多变的形势，各特色农业气象服务中心围绕着与国家安全相关的油料和橡胶等重要农产品、关乎民生的“菜篮子”

"果篮子"和居民生活品质的特色农产品，开展农业气象监测、气象灾害预警及风险评估、农业保险、产量预报和品质评估、农用天气预报、农业气候区划等关键气象保障技术研发，实现特色农产品生产全程气象保障的精细化、多元化、特色化服务，为保障国家粮食安全、满足民生需求、降低气候变化影响风险、促进区域可持续发展等提供了科学依据和数据支撑，在促进农业增产、农民增收、农村繁荣和社会主义新农村建设中发挥了重要作用。

"十三五"期间，科技部启动了"主要经济作物优质高产与产业提质增效科技创新"重点研发计划。由中国气象科学研究院原副院长王春乙研究员为首席科学家，联合国内多所高校、科研院所、业务单位、相关企业，组建研究团队，成功获批了重点研发计划项目"主要经济作物气象灾害风险预警及防灾减灾关键技术"(2019YFD1002200)。经过项目组近四年的科研攻关，结合各特色农业气象服务中心十几年的科研业务服务积累，形成了本丛书。丛书由王春乙担任主编，由各特色农业气象服务中心和"十三五"国家重点研发计划项目的技术负责人担任各分册主编，全面展现近年来气象部门在特色农业气象保障技术方面取得的一系列创新性成果，系统阐述种植业、养殖业、设施农业、都市农业等特色农业气象的新技术、新方法，是一套学术水平高、创新性和适用性强的专业丛书，对进一步拓展气象为农服务领域、提高气象为农服务科技水平具有很好的参考作用。为此，我谨向该丛书的作者和气象出版社表示衷心的感谢。

中国工程院院士　徐祥德

2024 年 2 月

前　言

中国是苹果生产大国，苹果产量和面积均居世界首位，2023 年我国苹果产量达 4960.17 万 t。中国用于苹果生产栽培的品种有 20 个左右，苹果产业的发展有效带动了苹果主产区的乡村振兴，有力推动了农业产业全面转型升级、农村全面进步、农民全面发展，开创了农业农村发展新局面。我国苹果种植区主要集中于渤海湾、黄土高原、黄河故道和西南冷凉高地四大产区，气象部门聚焦苹果产业开展的气象服务获得了农业农村部等部委以及省、市、县各级政府部门的肯定，服务效益显著。

《苹果生产气象保障技术》是针对气候变化背景下苹果产业发展过程中的防灾减灾、趋利避害的气象服务新需求，系统梳理了苹果气象监测、农用天气预报、产量与品质预测、气候区划以及气象灾害风险评估、苹果气象保险等气象保障领域，对多年科研业务一线研究成果、关键技术与服务案例的提炼和整理，既能指导当前的苹果气象服务，也可为未来发展提供重要参考信息。

本书共分 10 章，由王景红研究员主持编写，王景红、张维敏统稿。其中，第 1 章苹果产业概况由王景红、张维敏执笔；第 2 章苹果生产与气象环境条件由张维敏、王景红、潘宇鹰执笔；第 3 章苹果树生长发育气象监测由潘宇鹰、王景红执笔；第 4 章苹果农用天气预报由张维敏、王景红、潘宇鹰执笔；第 5 章苹果产量与气候品质预测评价由王景红、张维敏执笔；第 6 章苹果种植气候适宜性区划由张维敏、王景红执笔；第 7 章苹果主要气象灾害风险评估由王景红、张维敏执笔；第 8 章苹果病虫害监测预测预警与防治由张维敏、王景红执笔；第 9 章苹果农业保险气象服务由王景红、张维敏执笔；第 10 章苹果气象服务技术体系由王景红、张维敏执笔。

本书在编写过程中，得到了西北农林科技大学（中国苹果产业体系）首席科学家马锋旺教授、陕西省果业中心郭民主研究员、陕西省气象局赵奎锋研究员等专家、领导的指导，在此一并表示感谢。本书查阅了相关领域国内外文献、新闻媒体报道等，参考了气象部门相关苹果气象服务技术与案例，以及许多他人的相关研究成果，参考论著和文献中所列成果也许不够齐全，敬请有关作者谅解，在此表示最诚挚的感谢。由于作者水平有限，书中难免有遗漏或欠妥之处，恳请读者批评指正，以便在后续工作中加以改进。

作者

2024 年 3 月

目　录

第 1 章

苹果产业概况

1.1 苹果地理分布与主要品种

1.1.1 地理分布

苹果原产于欧洲、中亚和中国新疆西部一带，栽培历史悠久，长达 5000 多年，现在世界各地广泛栽培。世界苹果主产国包括中国、美国、波兰、意大利、法国、德国、乌克兰、俄罗斯、智利、印度。从国际地位看，中国苹果产量和消费规模均位列全球第 1，在全球苹果总产量中所占比重约 54%，在全球总消费量所占比重约 53%。中国苹果种植区主要集中在黄土高原、渤海湾地区，种植面积在全国所占的比重分别达 52%、33%。从国内省域分布看，全国 22 个省(区、市)均涉及苹果的规模化生产，其中，陕西省、甘肃省、山东省、山西省、辽宁省、河北省、河南省、新疆维吾尔自治区、云南省、四川省苹果种植面积位列前 10，其种植面积和产量合计在全国所占的比重分别为 91.34%、95.44%。近 10 年来，中国苹果种植面积常年稳定在 2900 万亩[①]以上，单位面积产量为 1624.59 kg/亩，苹果农业产值连续 2 年超过 2000 亿元。

1.1.2 主要品种

全世界苹果品种有 9000 多个，用于生产栽培的品种有 40 多种。较为常见的品种主要有“富士系”“花牛”“红星”“元帅系”“红将军”“秋光”“华红”“乔纳金”“恩派”

---

① 1 亩≈666.7 m^2，全书同。

“新红星”“嘎啦”“布瑞本”“粉红佳人”“澳洲青苹”“姆瑞宝石”“华丽”“国光”“津轻系”“王林”等。

中国主要种植的品种分为“富士系”“元帅系”“嘎啦系”“金冠系”4 大系，具体包括“红富士”“国光”“黄元帅”“金冠”“红星”“嘎啦”“澳洲青苹”“红将军”“寒富”“花牛”等。其中，晚熟品种占比 80%以上，晚熟富士约占 70%。目前，苹果主产省陕西、山东、河南、河北、甘肃、山西的富士品种比例均占其苹果生产总量 60%以上，山东、山西、陕西、辽宁苹果产区开始重视加工用品种“澳洲青苹”“红玉”等的栽培，苹果主栽品种进一步向区域化发展。

据 2022 年中国苹果产业协会统计，陕西“富士系”约占全省栽培总面积 65.0%，“秦冠”占 20.0%，“嘎啦系”占 10.0%，“澳洲青苹”，“新红星”“乔纳金”等占 5.0%。山东“富士系”面积和产量分别占全省 70.2%和 76.2%，“嘎啦”分别占 7.7%和 7.7%，“新红星”分别占 4.7%和 4.6%，“红将军”分别占 3.0%和 2.1%，“乔纳金”分别占 1.3%和 1.1%，其他苹果品种面积和产量分别占 13.1%、8.3%。山西“富士系”栽培面积占全省苹果总面积 51.4%，“元帅系”为 14.6%，“金冠”面积约占 5.2%，“嘎啦系”占 4.4%，“国光”占 3.5%，“华冠”占 3.3%，“秦冠”占 1.7%，“乔纳金”占 2.0%，其他品种占 13.9%。河北省主要以“富士系”和“国光”为主，其中“富士系”产量占总产量的 62.3%，“国光”占总产量的 9.7%。甘肃“富士系”占 67%，“元帅系”占 24%，“秦冠”占 2%，“澳洲青苹”占 2%，其他品种占 5%。辽宁省“富士系”占总面积 24.2%，“国光”占 32.3%，“元帅”占 13.8%，“寒富”占 8.9%，“乔纳金”占 3.6%，其他品种占 17.2%。河南“富士系”占总栽培面积和产量分别为 63.5%、65.0%，“秦冠”为 14.6%、15.3%，“红星”为 7.6%、6.4%，“华冠”为 3.4%、2.4%，“嘎啦”为 1.9%、2.0%，“金冠”为 1.4%、1.3%，“美八”为 1.0%、1.2%，其他为 6.6%、6.4%。

（1）红富士

从普通富士苹果品种中选育出的着色系富士品种的总称，是在我国非常受欢迎的苹果品种之一，原产于日本，1980 年引入中国。该品种具有晚熟、质优、味美、耐贮等优点，是世界上最著名的晚熟苹果品种。果实整体较圆，个头较大，颜色鲜红。红富士苹果为大型果，平均单果重 180～300 g，最大单果重可达 400 g 以上。果实多为扁圆形，果形指数 0.8 左右，少数果近圆形。授粉不良或花序坐果多时，易产生畸肩、偏斜形果实。果梗较细，少数果梗基部有肉质突起。梗洼较广，中深较缓，偶尔有裂口。果皮光滑有光泽，蜡质多。果实发育期 170～180 d，成熟果实果面底色淡黄，着暗红或鲜红色霞或条霞。果点圆形，较明显，较密，阳面果点黄白色，阴面果点黄色。果肉黄白色，肉质致密，细脆、果汁多。酸甜适口，芳香味浓。果实可溶性固形物含量为 15.3%～16.0%，酸含量为 0.2%～0.4%，果实硬度 8.60～10.89 kg/cm^2。

（2）嘎啦

原产新西兰，1980 年由日本引入。果实中等大，短圆锥形，单果重 180～200g，果面金黄色。阳面具浅红晕，有红色断续宽条纹，果形端正美观。果顶有五棱，果梗细长，果皮薄，有光泽。果肉浅黄色，肉质致密、细脆、汁多，味甜微酸，十分适口，品质上乘，较耐贮藏；可溶性固形物含量13%～15%，9月上旬成熟。幼树结果早，坐果率高，丰产稳产，容易管理。其中"丽红嘎啦"不但着色艳，而且可溶性固形物含量较高，并早熟一周；"红嘎啦""皇家嘎啦""帝国嘎啦"果肉硬度较大，风味也优于普通"嘎啦"。"新嘎啦"为当前国内"嘎啦系"苹果的主栽品系。

（3）乔纳金

美国用"金冠""红玉"杂交育成。果实圆锥形，单果重220～250 g；底色绿黄或淡黄，阳面大部有鲜红霞和不明显的断续条纹；果面光滑有光泽，蜡质多，果点小且不明显；果肉乳黄色，肉质松脆，汁多，风味酸甜，稍有香气，含可溶性固形物14%左右。幼树3～4年结果，7～8年进入盛果期。果实较耐贮藏，贮藏中果面分泌油蜡。适应性较强，在各地均表现早结果，早丰产的特性。为三倍体品种，要注意配置2个二倍体品种为授粉品种。不仅是鲜食品种，也是制汁及加工的优良品种。

（4）澳洲青苹

世界知名的绿色品种。叶为长形，果皮光滑、翠绿色、脆硬，酸度大，极耐贮藏，生长旺盛，早果性强，丰产、易管理，是理想的加工和鲜食兼用品种。果实发育至成熟期需经70 d左右，生理落果轻，成熟期一致，成熟前不落果，10月中下旬采收。果实大，扁圆形或近圆形，顶部稍窄，单果重210 g，最大果重240 g，果面光滑，全部为翠绿色，梗洼处色较深，有的果实阳面稍有红褐色晕；果肉绿白色，质较粗，松脆，硬度为7.8 kg/cm^2，果汁多，味酸，含可溶性固形物13.5%。耐贮藏，一般可贮放至翌年4—5月，经贮藏后，风味更佳。产量呈现丰产、稳产，大小年不明显；常见产量3～4 t/亩，最高可达8 t/亩。在目前世界众多的高酸苹果品种中，"澳洲青苹"是唯一在中国有较大面积引种，且被证明适合中国北方地区气候、土壤条件的品种，作为加工果，贮藏期长，可延长企业生产期；作为鲜食，又属高档水果。

（5）粉红女士

继"元帅""红富士"两个品种之后的又一个在国际市场上流行的品种。果实呈圆柱形，果形指数0.94，平均单果重220 g，果面呈粉红或鲜红色，果面光洁、艳丽，有油脂分泌物，久贮后不褪色。果肉乳白色，硬脆、汁多，风味酸甜，香气浓郁，硬度为9.16 kg/cm^2，可溶性固形物16.65%，含酸量0.65%；成熟期在10月下旬。极耐贮藏，贮后品质更佳。该品种适宜加工，采收期出汁率达80.4%。所出果汁密度大，含酸量高，可滴定酸含量达0.65%。

（6）秦冠

果实圆锥形，单果重约200～250 g；底色黄绿，阳面有暗红晕及断续红条纹，常带有白色锈；在西北海拔较高的地区充分成熟时，可以达到全面暗红色，在海拔低的平原地区则难以着色；果面光滑、蜡质较多，果点明显，果皮较厚韧；果肉乳白色，肉质脆、汁液较多，风味酸甜，含可溶性固形物 11%～16%，初采时鲜食品质中上。生长势强，树姿开张。开始结果早，幼树 2～3 a 即结果。坐果率高，有较强的自花授粉能力，早果性突出。于 10 月中旬成熟，果实耐贮藏。“秦冠”在海拔较高、昼夜温差大的地区栽培表现品质较好，而在海拔低、气候湿热、光照差的平原地带栽培，果实品质不佳。栽培管理比较容易，幼树期间应为丰产打下坚实的骨架基础，大量结果后要特别注意保持适宜的负载量，加强肥水管理，保障丰产、稳产。

(7)秦脆

由“长富 2 号”与“蜜脆”杂交选育而成，为西北农林科技大学旱区作物逆生物学国家重点实验室、园艺学院苹果逆境生物学研究团队杂交选育。“秦脆”克服了其亲本“蜜脆”与“富士”的缺陷，如富士品种抗性差、成花难、结果晚、管理成本大等缺点。2016 年通过陕西省果树品种审定委员会审定，2020 年获得农业农村部植物新品种权证书。“秦脆”属中晚熟苹果新品种，在陕西洛川地区 9 月下旬成熟，果实生育期为 172 d 左右。树势中庸，树姿开张。果型高桩，果把粗且长，没有采前落果现象。果形正，畸形果少，果个大。套袋后的果实呈鲜条纹红色。其果肉呈淡黄色，酸甜可口，有香味，口感上，正如其名字，又甜又脆。而且其果实极耐贮藏，常温下可放 3 个月，普通冷库可贮藏 8 个月以上。“秦脆”亩产量一般为 3500～4000 kg。适应性强、抗旱、耐寒，结果早。在苹果适生区均可栽培，在西北冷凉地区栽培表现更佳。

(8)瑞阳、瑞雪

由西北农林科技大学专家培育的两个新苹果品种，其中“瑞阳”为晚熟、红色品种，由“秦冠”和“富士”杂交选育而成，而“瑞雪”则为晚熟、黄色品种，由“秦富 1 号”和“粉红女士”杂交选育。这两种苹果品种均具有优良的果实品质和较高的产量，且适应性广，可在我国苹果主产区广泛推广栽培。“瑞阳”平均单果重 282.3 g，果面光洁、细腻，果点小，颜色鲜红，圆锥形，耐贮藏，室温下可贮藏 3 个月以上。“瑞雪”平均单果重 296.0 g，圆柱形，果形端正；底色黄绿，阳面偶有少量红晕，果点小，果面洁净无锈；果肉硬脆、细，酸甜适度，汁液多，香气浓，口感好。可溶性固形物含量 16.0%，可滴定酸 0.30%，维生素 C 含量 6.82 mg/100 g，极耐贮藏，室温下可贮藏 6 个月。这两种苹果品种的选育成功，标志着我国在苹果育种领域取得了重大突破，有望成为我国优质晚熟黄色品种的换代品种。

1.2 我国主要苹果产区及气候特征

中国苹果种植区域广阔，依据生态环境可分为：黄土高原产区、渤海湾产区、黄河故道产区、西南冷凉高地产区、新疆产区和东北产区6个产区。其中，黄土高原产区和渤海湾产区栽培面积分别占中国苹果总栽培面积的52%和33%。苹果的四大主要产区气候特征如下。

渤海湾产区：包括山东、辽宁、河北、北京和天津，是我国苹果栽培最早、产量最高、面积最大、生产水平最高的产区；该地区主要发展"着色系富士"、短枝型"元帅""乔纳金"等。其中，以山东产区苹果最为著名，出口条件优越，交通运输方便；吸引外资较多，企业发展较快，产业化优势明显；科研、推广技术力量雄厚，果农技术水平较高。山东产区中又以烟台苹果最为出名，烟台苹果产地以烟台辖区内的栖霞、招远、海阳、牟平、福山等市（区）为主，烟台苹果素以风味香甜、酥脆多汁享誉海内外，远销日本、韩国、新加坡、俄罗斯等十几个国家和地区，且深受世界各国消费者的喜爱。

黄土高原产区：包括陕西延安、榆林、渭北地区，山西晋南和晋中，河南三门峡地区和甘肃陇东地区。其中，陕西洛川、白水和甘肃静宁等地区，已经成为我国外销苹果的重要基地。该地区纬度较低，大部分属于黄土高原，黄土层深厚，光照充足，昼夜温差大，夏无酷暑，冬无酷寒，雨量适中，是苹果优质产区。栽培品种主要是"着色系富士""新红星""乔纳金"等。陕西苹果种植面积、产量均居全国第一，而陕北山地苹果的迅速崛起，更使陕西苹果独秀于林。山地苹果品质突出，苹果色泽艳丽、含糖量高、风味浓郁、耐贮藏，陕北山地是生产有机苹果的绝佳之地。陕西省洛川县被国家外贸部、农业农村部、商业部、全国供销社列为苹果外销基地县，号称"苹果之乡"。曾被第11届亚运会指定为专用水果，1999年澳门回归时又被定为庆典礼宾专用苹果，2008北京奥运会专用水果，蜚声海内外。

黄河故道产区：包括河南、江苏和安徽北部，地势低平，土壤有机质少、偏碱，宜采用海棠做苹果嫁接砧木。黄河故道产区属于苹果生产的次适宜区，面积和产量分别占全国的11%和14%。优势品种主要为"红富士"。其中河南灵宝市位于河南省豫西地区，属暖温带大陆性半湿润季风型气候，气候温和，四季分明，昼夜温差大，光照充足，紫外线强，雨量适中，海拔高，属于黄土高原丘陵地带，是适宜苹果生长地带之一。灵宝苹果果味酸度和甜度也较高，甘甜可口，色泽鲜艳，味道纯正，已出口至俄罗斯、日本等几十个国家和地区。

西南冷凉高地产区：包括四川阿坝、甘孜两个藏族自治州的川西地区，云南东北部的昭通、宣威地区，贵州西北部的威宁、毕节地区，西藏昌都以南和雅鲁藏布江中下游地带，面积和产量分别占全国的3%和2%。主栽品种为"金冠""元帅"和"红星"等。其中云南昭通苹果具有较北方产区早熟一个月的特点，在北方苹果尚未成熟时，昭通苹果即成熟上市。独特的区域优势，让昭通苹果也有着广阔的市场占有率。近年来，昭通苹果走出国门，销往香港特别行政区以及泰国、缅甸、越南等国；东盟自由贸易区的建设，更为昭通苹果销售提供了广阔的市场。

中国苹果四大主产区气候特征差异较为明显。根据气候和生态适宜标准，黄土高原产区和渤海湾产区是中国苹果最适发展产区，也是世界上最大的苹果适宜产区，年平均气温 8.5～13.0 ℃，降雨量 500～800 mm，年日照时数 2200 h 以上，果实着色期日照百分率 50%以上。尤其是黄土高原产区，海拔高，光照充足，昼夜温差大(11.8～16.6 ℃)，黄土层深厚，可达 80～200 m，雨量适中，具有生产高档优质苹果的生态条件。黄河故道产区属于苹果生产的次适宜区，年平均气温 13.0～15.0 ℃，年降雨量 700 mm 左右，日照时数 2300～2500 h；土壤为冲积沙土，土壤有机质少，偏碱性，pH 值 7～8；果树生长季节较长，幼树结果较早，果实成熟也早。西南冷凉高地产区纬度低，海拔高，垂直分布差异明显，年平均气温 10.0～13.5 ℃，年降水量 800～1000 mm，多生产早熟苹果。

1.3 我国苹果产业发展概况

我国苹果产业经过 40 余年的发展和调整，栽培区域逐步集中，品种结构有所改善，产业化水平不断提高，但总体而言，苹果产业的现状是大而不强、产业效率较低、综合竞争力弱，与苹果生产发达国家还有较大差距。

1.3.1 产业形势

(1)苹果产业区域布局不断优化

受消费需求与产业升级发展共同驱动，以及防止耕地“非粮化”等因素，我国苹果生产布局动态调整与优化的态势明显加快，近年来苹果种植不断向优势区域和特色产区集中，渤海湾和黄土高原两大传统优势产区的布局进一步优化，新疆、西南冷凉高地两个特色产区苹果产业展现出较快发展态势。随着全球气候变暖，苹果种植的适宜区和优生区将不断发生变化，抗逆性强特别是抗寒新品种和砧木的选育成功扩大了适宜区域。受气候变化、产业结构变化与政策调整影响，苹果产业布局与种植环境将发生重大变化。

(2)苹果产业助力乡村振兴成效显著

习近平总书记在陕西考察时指出：“陕北大力发展苹果种植业可谓天时地利人和，这是最好的、最合适的产业，大有前途。”在优势区域发展苹果产业是实现乡村振兴的最有效途径。

陕西延安按照“苗木良种化、栽植规模化、生产标准化、经营产业化、运营数智化、营销品牌化”发展思路，不断完善现代果业产业体系、生产体系、经营体系，系统推进苹果产业前生产、后整理，形成了以全产业链、全循环链、全价值链为特征的延安苹果发展模式。河北阜平推广苹果“三优一体”标准化矮砧密植栽培模式，实施山地梯田宜机化整理、树形培养、集雨保墒、机械配套、提质增效等关键技术。苹果产业的发展带动了苹果主产区的乡村振兴建设，有力推动农业全面升级、农村全面进步、农民全面发展，开创了农业农村发展新局面。

(3)苹果产业市场形势展现新态势

从农业品牌来看，纳入近年农业品牌精品培育计划的苹果相关品牌有：洛川苹果、烟台苹果、阿克苏苹果、静宁苹果、万荣苹果、灵宝苹果、昭通苹果等品牌。从市场消费来看，我国苹果表观消费量随着国民消费水平逐年提高，2022年全国苹果表观消费量接近4600万t。从苹果成本收益来看，山东、北京、河南等地种植总成本较高，山东、陕西、河南每亩净利润相对较高。从苹果进出口情况看，我国苹果贸易呈现贸易顺差，出口量远超进口量。“鲜苹果”的进出口规模相对较大，主要进口地为新西兰，主要进口省为广东省；主要出口地为越南，主要出口省为山东省。

(4)供应与需求、投入与产出矛盾突出

目前苹果产业发展存在两大矛盾非常突出：一是消费者对优质果品的需求与苹果果实总体质量不高的矛盾，二是种植者生产投入增加与效益下降之间的矛盾。市场形势发生重大变化，水果供应总体供大于求；消费需求日益多元，消费群体逐步发生分级分层；消费理念逐步理性化，由过去的偏重外观逐步变化为更加偏重内在品质。多元化的品种和产品，高质量的内在品质和营养功能需求增加。生产主体发生重大变化，果农老龄化日益严重；果区“空心化”不断加剧，产业后继乏人，人工费用成为生产最大成本；新经营主体、新农人和果农适度规模化成为现实。因此，通过栽培省力化、作业机械化等方式提质增效、节本增效、增产增效和采后增效来实现苹果产业高质量发展势在必行。

1.3.2　产业面临的挑战

(1)苹果果品总体品质欠佳

主要是果实外观品质欠佳，表现为果面不光洁、果形不正、着色不匀、果锈严重；内在品质欠佳，表现为口味偏淡、脆度不够、香气不浓。品质欠佳主要由气候变化、土壤因素、施肥不合理和区域分布等因素造化，气候变化主要表现为全球气候变暖、局部异常气候致使高温、秋季连阴雨频发；土壤因素主要表现为土壤瘠薄、有机质含量低、化肥用量大，但利用效率低；区域分布则主要是苹果生产总量饱和，但是仍有较大比例来自非最佳优生区域。

(2)生产成本增加，效益难以提高

目前苹果栽培仍以传统栽培模式为主，分散经营，受市场要素价格全面持续上涨的影响，近年来苹果生产物质成本、人工成本及生产管理等综合成本持续快速上涨，农药、化肥等主要农资价格及运输成本显著上涨，既降低果农收益，也影响产业可持续发展。劳动成本逐年增加，劳动力极度缺乏，劳动力价格高，特别是技术型劳动力短缺对产业的制约影响更加凸显，亟须探索和示范劳动节约型栽培模式，推广和应用小型轻简化劳动替代型机械。

(3)主栽品种结构单一

品种结构不合理。目前中国苹果主栽品种仍以晚熟品种为主，占 80%以上，且晚熟富士占 70%，主栽品种单一，晚熟品种比例过大，成熟期过于集中，主要在 10—12 月份上市，导致季节性过剩。其中，陕西省、甘肃省富士系占比超过 60%，山西省富士系占比超过 50%。同时，市场对高品质苹果的需求增加，而低端产品供给过剩，多元化优质品种比例尚需增加。

(4)肥水条件差，果园基础设施落后

土壤贫瘠、土壤有机质含量低，大量施用化肥，但肥料利用率低，导致苹果树体长势偏弱，树体早衰、腐烂病等问题严重。水资源短缺，干旱频繁发生。西北优势产区降水量少，蒸发量大，年蒸发量远高于年降水量，多数果园无灌溉条件，树体水分亏缺，严重影响生产效益。干旱地区矮化密植栽培技术体系尚不完善。缺乏抗逆矮化砧木和亲和性好的砧穗组合，配套技术不完善，其中抗逆矮化砧木是中国苹果现代栽培模式最大的短板，也是苹果产业发展的“卡脖子”问题。

(5)异常气候导致自然灾害频发

极端异常气候导致的自然灾害频发。优势产区花期冻害(图 1.1、图 1.2)、高温热害(图 1.3)、冰雹(图 1.4)、连阴雨等自然灾害频发。近 30 年来随着暖冬气候加剧，苹果开花期明显提前，增加了黄土高原主产区苹果花期遭受冻害的概率和程度。花期霜冻危害已成为影响和制约苹果提质增效、增产增收的主要气象灾害。冰雹频繁发生，导致局部地区经常绝收。夏季高温干旱、秋季连阴雨等极端天气情况发生增加，严重影响苹果果实品质。虽然气象灾害预警及时、涉农部门采取了多种预防和补救措施，但气象灾害仍然是近年来影响苹果减产及降低果品质量的首要因素。

(6)病虫害严重，质量安全存在隐患

病虫害发生严重，农药过量施用，质量安全仍存在隐患。特别是近年来，一些危险性病虫害如苹果黑星病在部分区域和一些品种上频繁发生，不仅增加农药用量，也造成果品产量和品质下降。另外，免套袋栽培果实病虫害特别是食心虫的防控也是需要重视的问题。

图 1.1 苹果花蕾期冻害

图 1.2 苹果盛花期冻害

图 1.3 苹果高温热害(日灼)

图 1.4 苹果果实膨大期冰雹灾害

1.3.3 产业发展的途径

(1)产业布局进一步优化

在消费需求与产业升级发展共同驱动,以及国家政策的共同作用下,加快全国苹果生产布局的动态调整与优化,使苹果种植进一步向优势区域和特色产区集中。渤海湾和黄土高原两大传统优势产区位于低海拔次优生区的部分果园因生产成本持续增加、果品质量一般、种植效益低、市场竞争力弱,应继续优化果园布局,推进高海拔地区的特色山地苹果种植。西南冷凉高地及新疆等特色产区的果品能满足消费者多样性的市场需求,苹果产业需保持增长态势。

(2)优化品种结构

全世界苹果新优品种在快速增长,多元化的品种结构也在快速发生变化。在欧洲产区,“金冠”种植面积急剧下降,除“嘎啦”种植面积上升速度快以外,新建园多选择“爵士”(Jazz)、“爱妃”等品种。在美国产区,“元帅系”和“金冠”种植面积下降,“嘎啦”和“蜜脆”种植面积上升速度最快,在新建园“凯米欧”(Cameo)、SweeTango(“蜜脆”和 Zestar 杂交)、NY1(“蜜脆”后代)、华盛顿州立大学选育的“宇宙脆”(Cosmic

Crisp)等品种发展较多。在新西兰产区，“皇家嘎啦”栽培面积最大，近几年栽培面积增长较快的品种主要为“火箭”“艾娃”和“爵士”等。在日本产区，“富士”下降到50%以下，“富士优系”“秋映”“千雪”“彩香”及“信浓黄(金)”和“金星”等黄色品种发展较快。

目前苹果的育种周期缩短，育种经费增加，中国育种单位和人员增多，新品种选育数量快速增长。近10年来我国年均释放新品种10个左右。一批新品种如“华硕”“鲁丽”“秦脆”“瑞雪”等实现规模化种植，价格显著高于传统品种，受到产业界的认可；富士系也逐步优化，一批富士芽变优系的选育品种逐步替代了过去的“老富士”品种。我国苹果品种结构正在发生结构性的优化，这应该是目前我国苹果产业发展最可喜的进步。但同时也存在新品种杂乱无章，育苗企业和相关人员过分炒作和宣传等现象，导致一些新品种盲目发展，造成了不良影响。如：在生育期较短的新疆、西藏和陕北北部盲目发展晚熟品种导致果实不能正常成熟；有的品种内在品质不良却仍然过分宣传，导致种植者栽植后几年又改种其他品种。

苹果品种结构要向多元化、差异化、优质化发展。应减少晚熟品种比例，适当增加中熟和中晚熟品种比例。目前比较受欢迎的早熟品种有“鲁丽”“华硕”；中早熟品种有“嘎啦优系”(如“巴克艾”“金世纪”等)、“秦霞”；中熟品种有“蜜脆”“美味”、早熟“富士”等；中晚熟品种有“秦脆”“秦帅”。晚熟品种仍以“富士”为主，但应从中选优，且降低比例50%左右(“富士冠军”“阿珍富士”“福布拉斯”“宫藤富士”“烟富”系列、“龙富短枝”)。黄色品种目前较受欢迎的是“秦玉”“信浓黄(金)”“威海金”“瑞雪”等。要注重区域差异发展，如西南冷凉高地以早熟为主；黄土高原以晚熟、中晚熟为主；陕北山地和新疆以中熟、中晚熟为主；山东以早、中、晚搭配，以晚熟为主。

(3)发展现代栽培模式和改革经营方式

现代栽培模式和经营方式的结构性改革是苹果产业转型升级的核心，生产成本特别是劳动力成本的不断提高，必须要发展省工省力高效栽培模式。适度规模经营是降低成本实现高效标准化生产的必经之路(30～45亩/户)。现代栽培模式高效的核心问题是抗逆苹果砧木的选育与利用及其配套栽培体系。正确选择和利用砧木是苹果经济栽培获得成功的重要因素。砧木的多元化发展和矮化砧木的区域化是未来我国苹果砧木的发展趋势；抗逆半矮化砧木的应用和地方砧木资源，如“吴起楸子”“富平楸子”的无性化和多倍体化在干旱地区有广阔前景；矮砧栽培模式必须要配套肥水管理，实现连年和较长周期丰产；在条件差的山地利用乔化砧木嫁接易成花品种，采用纺锤形树形和矮化管理。

(4)生产过程结构性优化

培养高光效树形，简化修剪，果园生草，肥水一体化，旱地肥水膜一体化，以有机肥逐步代替化肥，加大机械化操作和无害化比例，加强绿色防控技术。推广“药肥双减、机械化、省力化、绿色环保”等节本增效新技术，降低苹果生产成本，提高市场竞争力，促进苹果产业持续健康绿色发展。

土壤质量提升与肥水高效利用技术。自然生草和行间生草相结合，果园生草不但可以蓄水保墒，培肥地力，减少施肥量，而且可以促进果实着色，改善果实品质。旱地蓄水保墒、肥水光高效利用的生物途径与关键技术，秋施基肥（有机肥＋复合肥）、增施有机肥，并加大施肥深度、平衡施肥，减少氮肥用量、肥水（膜）一体化等技术的应用可提升土壤质量与肥水高效利用。

光能高效利用和简化修剪技术。随着现代果业的发展，出于降低成本的需要，不论什么砧木都要培养易于修剪管理的主干形树形（纺锤形）。良好树形的关键是中心干与分枝的差比。修剪要简化，确保树体通风透光，重点进行结果枝组的更新复壮。

高效花果管理技术。利用现代化化学和机械疏花疏果技术、苹果专用授粉树和高效人工授粉技术以及果实免套袋生产体系，并适期分批采收。

病虫害绿色防控。以果品安全为目标，实行全程绿色防控，实现零残留。注重推广生态控制、生物防治、物理防治与科学用药相结合的绿色病虫害防控技术，确保实现化学投入物减量控制和苹果安全质量提升。

（5）强化自然灾害防御

近年来，全球气候复杂多变，极端天气增多，晚霜冻、冰雹等灾害频发且呈加重趋势，给苹果生产带来较大影响，导致苹果树叶片、果实受损，商品性下降，影响产量质量和收入。

防御花期冻害要多措并举：①精准选择建园地点；②选育晚花品种；③延迟花期，实施冬灌、春灌、树干涂白、品种及砧木选择等措施；④通过增加树体营养水平提高树体抗性；⑤改善果园小气候条件，增加湿度；⑥科学精准防控，熏烟。

冰雹具有形成快、历时短、突发性强的特点，目前冰雹防御的根本措施是建立防雹网并尽量避开冰雹带建园。

另外，在降雨量大特别是秋季降水多的区域，应采用避雨栽培，以提高苹果的品质。

1.4　苹果产业链

1.4.1　产业链的基础

（1）栽植历史悠久，我国多为晚熟品种

苹果的栽培历史可以追溯至数千年前，起源于今哈萨克斯坦与吉尔吉斯斯坦一带，之后苹果的种植技术传播至希腊、罗马和地中海区域。17—18世纪，欧洲殖民者将苹果带入北美洲，并开始在美洲大陆栽植。现如今，苹果的种植遍布全球各地。苹果在我国产业化种植发展则要追溯到 20 世纪，我国的苹果产业在 20 世纪 70 年代迅速发展，如今已然成为世界上最大的苹果生产国，产量位居全球首位。目前全球仍有百余个苹果品种被广泛栽培，我国用于经济栽培的苹果品种有 20 多个，按成熟时期可以分为早熟、中熟和晚熟品种，其中早熟品种的果实成熟期约为 6 月中旬—7 月上旬，代表品种有“早捷”“嘎富”“贝拉”等，中熟品种的果实成熟期约为 7 月中旬—8 月中旬，代表品种有“嘎啦”“金帅”“秦阳”等，晚熟品种的果实成熟期大多在 9 月以后，代表品种有被大众熟知的“富士系”和“国光系”品种，我国以“红富士”系列品种为主。

（2）苹果树的种植和苹果的生长

我国的苹果栽植主要为乔砧密植，果园标准化程度较低，生产成本较高，机械化作业难以开展，果品质量有待提升。近年来，通过宽行矮砧这种集约高效的种植模式，提高了栽植标准，便于机械化作业的开展，大规模种植的经济价值得以体现。苹果树植株的生命周期约为 50 年，按生长发育过程一般分为幼树期、初结果期、盛果期和衰老期，乔化品种的苹果树一般在 5～6 年开始结果，通常需要 6～7 年才能达到盛果期，盛果期一般能够维持 20～30 年，40～50 年进入衰老期。矮化品种成花相对容易，丰产期更早，大约 2～3 年就可以初结果，5 年之内达到盛果期，但矮化苹果一般在十多年后产量就会有所下降。苹果果实的生长过程须经 6 个时期，分别为休眠期（当年 11 月至次年 2 月）、萌芽期（3 月）、花期（4 月）、幼果期（5 月）、膨果期（6—8 月）以及成熟下树期（9—10 月）。图 1.5 为苹果种植不同阶段的果园状况。

图 1.5　苹果园不同种植阶段状况

(3)苹果分级标准

参考农业行业标准《苹果等级规格》(NY/T 1793—2009)(农业部种植业管理司,2009),将苹果按照外观品质、食用品质以及贮存品种进行分级。外观品质方面,以果实横径为衡量标准可将果实分为三类,80 mm 以上为 1 级,70～80 mm 为 2 级,65～70 mm 为 3 级。色泽方面,可根据果面着色率进行分级,定义果面着色率 75%以上为优级,着色率 40%～60%为良好级,着色率 20%～40%为中级。按果形可区分为三个等级,果形为圆形或近圆形,果形指数大于等于 85%的为一级果,果形有些微偏斜但整体的果形指数大于等于 80%为二级果,三级果则定义为具有苹果基本果型、无畸形果。

(4)主要储存方式

苹果的储存方式主要有以下四种:一是简易储存,利用自然环境进行窖藏,多数在产地进行,有成本低廉的优势,但受气候条件的影响较大。二是通风库储存,通风库因储存前期温度高,中期温度低,后期温度逐步回升的特点,只适宜储存晚熟品种。三是冷库储存,冷库储存管理需加强温度湿度调控,调控库温上下浮动最好不超过 1 ℃,也需注意及时人工加湿,冷库储藏费用在 300～400 元/t。四是气调储存,气调储存比普通冷藏能延迟储期约一倍时间,可常年储存,气调储存苹果应整库储存,整库出货,中间不便开库检查,一旦解除气调状态,应尽快上市供应,气调库费用在 600 元/t 以上。以“红富士”为代表的晚熟苹果因干物质积累较多,呼吸水平较低的特点,在常温库一般可储存 3～4 个月,在冷库或气调库的储存条件下,储存期可达 5～12 个月。

(5)产业链状况

苹果的上、中、下游产业链相对较短,根据消费结构,苹果经采摘和挑选之后,分为以贸易商为主和以加工企业为主的两种主要消费形式,贸易商通过对收购的苹果进行分拣、筛选、包装等步骤之后将其直接提供到市场供给消费者。加工企业主要将收购的苹果制成果汁、果醋、果酱、果干等苹果衍生产品,继而再将深加工产品提供到市场供给消费者。从贸易习惯来看,苹果具有季产年销的特征,每年 9—10 月是苹果成熟下树期间,果农在此采购阶段占据主导地位,随后提供给贸易商销往全国各地,贸易商在销售阶段占据主导地位。我国主要流行的品种为晚熟富士系苹果,所以在每年 9—10 月苹果下树之后,当季鲜果供应均能延续至春节之后,而春节后直至 8 月则多为冷库库存出货时间。一般情况下,陕西、甘肃的冷库出货时间能够延续至次年 5 月,山东冷库的出货时间为 6—8 月,各冷库的清库时间往往根据苹果行情的变化而推延。我国陕西和山东苹果的产量最大,两地区生产苹果一半以上通过公路运输供给全国各地,其他地区如辽宁、山西、河北、河南、甘肃等地主要供省内及周边城市消费使用。

1.4.2 供应情况

(1)种植面积和产量变化情况

根据联合国粮农组织数据，全球苹果总产量呈现稳步上涨趋势(图 1.6)。种植面积方面，2000 年我国苹果种植面积达到高峰，在随后的 15 年间，苹果种植面积经历了先减后增的态势，2016—2021 年苹果的种植面积稳定在 1938～1947 khm^2，2022 年种植面积为 1735.9 khm^2，较 2021 年减少 10.53%，整体回落幅度明显。2022 年陕西、甘肃、山东三地种植面积依旧较高，分别为 539.65 khm^2、260.32 khm^2 以及 242.96 khm^2，其中，陕西种植面积较 2021 年大幅回落 13.12%，甘肃种植面积较 2021 年增长 3.48%，山东地区种植面积较 2021 年小幅回落 0.12%。产量方面，2022 年受苹果种植效益、极端天气以及政策影响，苹果总产量相较 2021 年有所下降，从 Mysteel 公布的数据来看，2022 年国内苹果总产量为 3283.60 万 t，较 2021 年 4021.64 万 t 下降了 18.35%。2021 年黄土高原优势区中的陕西、甘肃、山西、河南四地苹果产量分别为 1242.46 万 t、438.36 万 t、430.21 万 t、405.12 万 t，合计 2516.15 万 t，占 2021 年全国年产量的 62.57%。2021 年渤海湾优势产区中的山东、辽宁和河北三地苹果产量分别为 977.21 万 t、260.49 万 t 和 249.08 万 t，合计 1486.78 万 t，占 2021 年全国年产量的 36.97%。2021 年度两大优势产区产量占全国年产量的 99.54%。

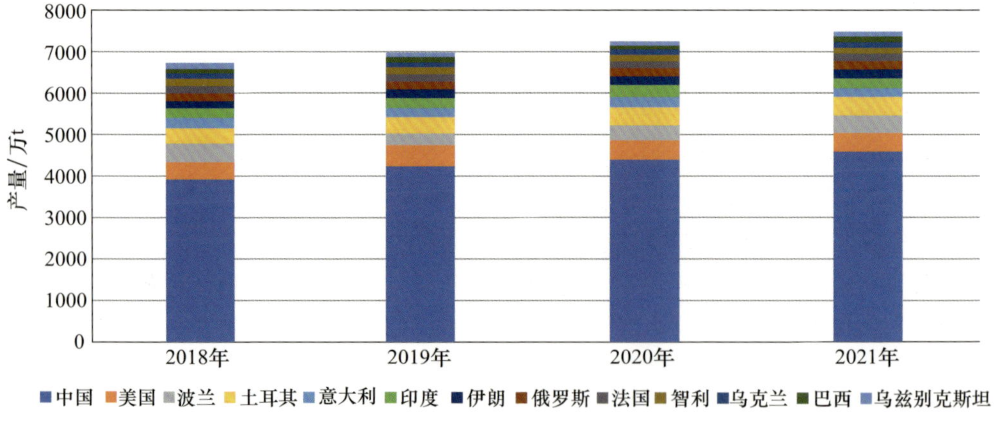

图 1.6 2018—2021 年全球主产国苹果产量变化(数据来源:联合国粮农组织)

(2)库存情况

苹果作为鲜果，具有当年产销的特征，在非应季时，库存量则是苹果销售期重要的供应指标。目前我国黄土高原与渤海湾苹果优势产区中的六大主产省陕西、甘肃、山东、辽宁、河南、山西下辖的69个乡镇库容合计占全国库容的90%以上。我国在2022年的库容为1376万t，占苹果当年总产量的41.91%，其中入库量为833.85万t，入库率为60.6%，较2021年入库率63.6%小幅下降。2022年陕西、山东、甘肃三省的冷库库存占全国库存的76.95%，较2021年的72.7%有所上涨，整体而言，冷库库存的集中度有所提升。

1.4.3　需求情况

国内市场消费情况及特征。据国家统计局数据，2018—2022年，我国苹果的表观消费量从3817.94万t增长至4684.4万t，增幅达到22.70%。从消费类型来看，国内苹果的消费主要分为鲜果消费、加工消费以及出口消费，其中鲜果消费占比最大。以2021年为例，2021年鲜果消费量达到3469.7万t，占全年产量的86.28%，而深加工消费量为385.6万t，占全年产量的9.60%。2022年全年鲜果消费量为3543.4万t，较2021年增长2.12%，呈现逐年增长的态势。

1.4.4　价格影响因素

苹果的消费具有季节性的特点，苹果的价格随季节性的特点也呈现出一定规律，我国苹果多为晚熟品种，主要集中在一年中的9—10月下树供应市场，在此阶段市场现货价格受供应的冲击，苹果价格处于一年中相对较低的水平。元旦、春节前后，受节假日效应的影响，市场对苹果的需求有所提高，价格随之提升。春节之后3—4月的需求相对平淡，此时冷库苹果出库，叠加贸易商甩货，价格逐步下行。5—6月时令水果陆续上市，给苹果的消费带来冲击，需求进一步走弱，但市场供应在此阶段不稳定，价格在低位趋稳。7—9月为早中熟品种的苹果上市时间，市场货源较少，叠加中秋旺季临近，价格从底部开始出现翘尾态势。

（1）期货价格随供需基本面变化

不同时期影响苹果价格的因素不同，从供需基本面情况来看，影响供给与需求的因素均会对价格产生一定影响。首先，从供给端来看，在9—10月晚熟品种下树之前，驱动苹果期货价格的因素主要就是针对产量的预期变化，市场会针对前期预估的产量及开秤价对苹果的价格进行预估，而产量则很大程度上取决于苹果生长过程中的天气、病虫害、砍树减产等等因素，如2018年4月初，陕西、山西等地发生了多年不遇的霜冻，导致苹果大幅减产，苹果期货价格大幅走高。其次，需求端的变化相对供给端更少，对苹果期货盘面价格的影响往往被弱化，但同样不能忽略需求端的影响，并且在分析盘面价格走势的时候，应该根据去库存水平以及价格水平的变化动态跟踪，需要建立高频度的数据库密切跟踪市场。

(2)替代品的影响

苹果作为非必需消费的水果，不同地域对苹果需求也不相同。北方地区属于温带季风性气候，冬季相对干燥寒冷，土壤因常年风化多呈现黑色或黄色，而南方地区处于亚热带季风气候，高温且降水量较大，土壤因含铁元素较多而呈现红色，这些特点导致南方地区的水果种类相较于北方更多，北方地区对苹果的需求对比南方地区更加旺盛。苹果作为季产季销的水果品种，在不同时期会受到不同时令水果的替代影响，比如夏季上市的西瓜以及秋冬上市的柑橘。从产量来看，柑橘总产量在 2018 年实现了对苹果总产量的反超，并且一路上扬。据统计，2022 年我国柑橘、苹果和梨的产量分别达到 6003.89 万 t、4757.18 万 t 和 1926.53 万 t。

(3)苹果种植成本

苹果的生产成本也是价格的重要影响因素之一，如果在苹果下树之前亩均生产成本因前期投入或者人工费提高，那么后续苹果上市的价格同样会在此基础上提升。苹果种植成本的构成较为简单，每亩总成本的结构包含人工成本、物质与服务费用以及土地成本三项，物质与服务费用主要包含化肥农药费用和套袋费用，另外，在种植时还需投入包含水电、排灌、维护、工具、燃料等各种杂费，粗略估计，种植一亩苹果一年的成本大约需要 4500 元，此数值会根据不同种植区域以及不同的人工成本有所调整。

(4)气象因素

在苹果的各个生长阶段中，不同的光、热、水、风等气象因素对苹果产量的影响程度不同。从温度、日照、降水、湿度、风速等不同维度来观察苹果生长各个时期的变化特征，冬季苹果树需在一定的温度条件下才能正常休眠，自然休眠的条件是小于 7.2 ℃的低温达 1200～1500 h，若温度及空气湿度过低，可能会造成苹果树抽条现象。当气温回升至 5 ℃以上，果树才开始萌芽，并且果树萌芽期间所需要的降水量较多。花期最适宜的温度为 15～17 ℃，这一期间同样需要较多的降水量。幼果期的温度在 18～24 ℃比较适宜，并且对湿度和光照均有一定要求。果实膨大期则需要大量水分供应，高温可诱发果实晒伤。成熟下树期降水量过大或者过小都会对苹果产量产生负面影响，长时间的阴雨天气会导致日照不足，不利于苹果着色，会对苹果的品质造成不良影响。此外，风速过大的扰动对苹果的整个生长发育期都会造成不良影响，在 3—5 月苹果生长期，大风低温天气会使花芽受冻，还会造成快速蒸发，吹干花柱，影响花期正常授粉受精，在 6—9 月苹果成熟期，大风天气常伴随强对流天气和区域性暴雨天气，导致果实大量被刮落，树干倒伏，树枝折断，影响苹果产量。并且大风天气还会带来强冷空气，大幅度降温不利于成熟期苹果的发育。

(5)情绪影响因素

在苹果下树后与销往市场前的阶段主要是果农与贸易商的博弈。一方面，果农存在惜售情绪，选择囤在冷库待高价出售，如果本年度苹果消费低迷，市场行情一落千丈，加之清明之后温度越来越高，前期囤积在冷库苹果库存压力越来越大，这种情况下不但卖价大打折扣，而且冷库费或许都会亏出。另一方面，如果市场消费持续低迷，贸易商走货较慢，现金流吃紧，也无意大量高价收货，从贸易商端映射到果农端带来的效应则是果农存货意愿低迷，对新一季的苹果收购价预期不高，从而影响新季苹果价格。

1.4.5 标准化生产技术规程

苹果标准化生产意义重大，是做大做强中国苹果产业，解决生产、市场中出现问题的唯一道路。要实现苹果标准化生产就必须按市场对苹果质量安全的标准要求，改进生产方式、管理方法。苹果生产技术规程主要内容规定了生产苹果的产地环境条件、园地选择与规划、品质控制、花果管理、整形修剪、土肥水管理、病虫害防治、采收和采收后处理。苹果生产规程种类较多，有分地域起草的苹果标准化生产技术规程，如苹果种植各区县围绕当地苹果品种、气候条件等起草的标准；还有以苹果品种、无公害优质苹果生产、苹果气象灾害防御等内容为主起草的标准。如陕西省农业遥感与经济作物气象服务中心起草的《黄土高原苹果园双覆盖调水节水技术操作规程》，山东省果树研究所起草的《苹果高效标准生产技术集成与示范》、山东省烟台市农业科学研究院起草的《烟台苹果品质提升关键技术研究与推广应用》，还有其他一些如《优质红富士苹果生产技术规程》《靖远县无公害红富士苹果生产技术规程》《烟富 1、烟富 3 苹果生产技术规程》《石富短枝苹果生产技术规程》《优质无公害苹果生产技术规程》《苹果水肥一体化生产技术规程》等。

第 2 章

苹果生产与气象环境条件

气象环境条件是植物生长发育的基础，影响植物生长的气象条件主要是光照、温度和降水，只有在适宜的气象条件范围内，苹果才能健康生长并获得产量。苹果树是喜低温干燥的温带果树，要求冬无严寒、夏无酷暑。适宜的温度范围是年平均气温 9～14 ℃，夏季最高月平均气温不高于 20 ℃。喜光，喜微酸性至中性的土壤。最适于土层深厚、富含有机质、通气排水良好的砂质土壤。

2.1　苹果树生育期划分

苹果作为一种重要的果树，其生长过程经历了多个不同的生育时期。每个生育时期都具有特定的生理和形态特征，各生育时期的气象环境对苹果的产量和品质都会产生深远影响。因此，了解和掌握苹果树的生育时期划分对于其栽培工作至关重要。

苹果树不同生育阶段的特征以及管理措施如表 2.1 所示。

表 2.1　苹果树各个生育阶段特征及管理措施

发育期	特征	管理措施
种子萌发期	种子吸水膨胀，胚根突破种皮，开始萌发	选择优质种子，进行适当处理。保持土壤湿润，以利于种子萌发
幼苗期	从种子萌发至长出数片真叶，形成初步根系	加强肥水管理，促进幼苗生长。防治病虫害，确保幼苗健康
生长期	从幼苗期过渡到成年树，树体不断增高增粗，树冠逐渐扩大	合理修剪，培养良好树形。适时施肥，保证营养供给
开花期（4 月）	苹果树开始开花，花冠展开，形成美丽的花序	进行疏花疏果，调节负载量。加强授粉，提高坐果率

续表

发育期	特征	管理措施
结果期 （5—9 月）	果实开始发育，经历细胞分裂、膨大等阶段，最终成熟	加强肥水管理，促进果实发育。防治病虫害，确保果实品质
休眠期 （11 月—翌年 2 月）	苹果树进入休眠状态，树体停止生长，准备迎接下一个生长周期	进行果园清理，减少病虫源。施用基肥，为下一个生长周期储备养分

在实际生产中，根据苹果树的生育时期划分，可以制订科学合理的种植计划。例如，在开花期加强授粉工作，提高坐果率；在果实发育期加强肥水管理，促进果实发育；在休眠期进行果园清理和基肥施用，为下一个生长周期储备养分。通过这些管理措施的应用，可以有效提高苹果的产量和品质。

了解和掌握苹果树的各个生育时期划分对于苹果生产气象保障服务至关重要。通过深入了解每个生育时期的特征和管理措施，可制定更加科学合理的气象服务计划、研制高质量的苹果气象服务产品，助力农业生产者趋利避害提高苹果的产量和品质。同时，关注苹果树生长发育的关键节点和标志物，有利于及时发现生产中问题并采取相应的应对措施。

2.2　苹果生产与光照

苹果生产与光照有着密切的关系。光照是影响苹果风味和口感的重要因素之一。苹果是喜光树种，苹果树需要充足的光照来进行光合作用，制造养分支持植株生长和果实发育，充分的光照是实现优质、丰产的重要条件。光照以光质、光强、日照时间对果树产生生态效应。光照的强度和时间影响苹果的光合作用、糖分积累和着色。苹果果实的干物质约为其鲜果重的 15%～20%，其中 95%以上来自光合作用。据研究，在光照充足的条件下，每平方米有效叶面积可制造 4.5 g 干物质。没有足够的光照，苹果树会生长不良，果实产量和品质也会受到影响。

光照充足的情况下，苹果的颜色鲜艳，果形端正，口感鲜美。光照不足会导致果实颜色暗淡，口感不佳。因此，在苹果生产过程中，需要通过合理的管理措施，如修剪、间作生草等方式，来增加果树的光照，提升果实的产量和品质。

2.2.1　苹果生产与光质

到达地球的太阳辐射光谱，可分为可见光和不可见光的红外光、紫外光三个部分。紫外光波长小于 400 nm，波长小于 280 nm 的短紫外光会对苹果造成伤害，但波长 280～400 nm 的长紫外光可以刺激苹果产生乙烯，促进叶绿素的消失和诱导苯丙酸氧化酶活性的提高，从而促进花青素的形成，促进苹果果实着色。波长在 760～4000 nm 的红外光对苹果的影响主要反应在热效应上。被吸收的红外光，用于促进体内循环，通过蒸腾耗热与叶面辐射而全部损失掉。红外光为土壤、水分、空气和树体增热，其热效应对苹果萌芽和生长有刺激作用。可见光波长在 370～760 nm。可见光对苹果的光化学反应和生理机能具有决定性作用，既对苹果树产生热效应，还能够引起多种特殊生理、生化反应。

2.2.2 苹果生产与光强

在农业气象服务过程中使用的光强是光照强度，即表示光效应的物理量，反映物体被照亮的程度，指单位面积上所接受的光通量，只包括了可见光部分光的波长，单位勒克斯(lx)。在一定范围内果树光合作用强度随光照强度的增加而提高。当光合作用强度不再随光照强度增加而提高时，光强达到光饱和点；当光照强度减弱到一定程度时，植物的光合作用制造的干物质被呼吸作用全部消耗，这时的光照强度称为光补偿点。苹果光补偿点在 150～1200 lx，大多数品种通常在 600～800 lx；苹果光饱和点在 20000～70000 lx，大多数品种一般在 30000～43000 lx。苹果的光补偿点和饱和点因品种、叶龄、叶片位置以及大气成分和温度的不同存在一定差异。

光强影响同化作用，从而对苹果树的生长产生直接影响。当光强不足时，苹果树枝叶生长纤细，抗逆性减弱，从而明显地抑制根的生长。光强适宜，苹果树的根与枝比值高。遮阴会使光强减弱，影响幼树根的生长，根与枝的比值下降。在一年的遮光处理中，相对光强为自然光强的 43%时，苹果苗死亡率为 40%；相对光强为自然光强的 23%时，苹果苗死亡率为 100%。光照过强，因含紫外光多，抑制苹果树枝梢的生长。

光强直接影响苹果花芽的形成和发育。苹果的花芽必须在大于 30%的自然光照，或 27%的光合有效辐射条件下才能形成，小于 30%的自然光照时基本上难以形成花芽。当苹果树花芽分化期遇持久连续性的阴天，则花芽分化减弱，导致花序小、花蕾少、花芽质量差，影响来年的开花坐果量。

光强对苹果果实品质也有重要的影响。在一定范围内，光强越强的地方果实品质越佳，果实中可溶性固形物含量伴随光强增大而增加，其含糖量、含酸量也随之增加，且含糖量增加比含酸量多，所以高光强下的苹果果实甜度大。含酸量的适当增加，使苹果酸甜可口，风味浓郁。例如，红富士苹果对光强反应敏感，适当的高光强可增加苹果的果实硬度、可溶性固形物、维生素 C、水溶性糖含量及着色指数等。当光强达到自然光强的 60%以上，果实着色较好，可产出最佳果品。

2.2.3 苹果生产与日照时数

生产优质苹果一般要求年日照时数 2200～2800 h、日照百分率为 57%～64%。日照时数低于 1500 h 就不利于果实着色，果实生长后期月平均日照时数小于 150 h 会明显影响果实品质，若光照强度低于自然光强的 30%花芽不能形成。

不同品种对光照的反应也不同，新红星在散射光下就能着色，易形成全红果，而富士苹果必须有阳光的直接照射才能着色，因此生产过程中常通过摘叶、转果以及地面铺设反光膜等技术来促进果实着色。

2.3 苹果生产与热量

2.3.1 苹果生产与热量条件

苹果生产过程中的热量条件主要以平均气温、积温、气温日较差等指标来衡量。

气温是苹果树生长发育的最重要的气象条件之一。气温通过影响酶的活动、细胞膜的透性来影响果树的呼吸、蒸腾与光合作用，关系到苹果能不能正常生长，结果多少以及品质的优劣。苹果喜冷凉气候，生长季节气温不宜过高且需要夜间有适度的低温。苹果树在春夏温暖的季节生长发育，冬季寒冷时停止生长，进入休眠，进入休眠之后满足需冷量以后才能解除休眠，否则翌年发芽迟、花芽发育不良，易落花落果、坐果率低。

一般以年平均气温作为某种果树能否正常生长的指标。苹果树生长最适宜的温度条件是年平均气温 7～14 ℃，冬季最冷月(1 月)平均气温要求在－10～7 ℃。苹果树能忍受的低温因器官而异，在休眠期，苹果树地上部一般可忍受短期－30 ℃左右的低温，小苹果类品种(沙果、海棠果)可耐－35 ℃低温，而根系可耐低温最低不能低于－12 ℃。气温过高或过低都会对苹果树生长产生不利影响，如冬季持续低温会引起枝干形成层或木质部变褐色，花芽、叶芽受冻枯死，而夏季高温会引起枝条生长过旺，花芽分化困难以及果实品质差等现象。且最低温度，并不等于经济栽培最适合的限度。实际上苹果经济栽培区北界是以冬季绝对最低温度低于－20 ℃的日数不超过 24 d 为限。

一般春季平均温度 3 ℃以上时，苹果树开始萌动，8 ℃左右开始生长，15 ℃以上生长活跃；若整个生长期 4—10 月的平均温度有 12～18 ℃，可满足苹果树生长的要求，不同品种的最适温度有差异。年生育周期内，一般认为需要≥10 ℃的有效积温2000～3000 ℃·d，且早熟品种需积温少，晚熟品种则多。陕西红富士苹果主栽区需要≥10 ℃的有效积温在2000 ℃·d以上。苹果不同品种对温度的要求有所不同，“国光”“青香蕉”喜欢冷凉气候，而富士苹果生长在北部地区，需要足够的积温来保证苹果的充分成熟，因此适宜积温的要求较高。

热量条件对苹果花期有着重要影响。一般认为苹果花芽在日平均气温稳定通过5 ℃时开始萌动，当气温升到10 ℃以上时开始开花。苹果开花期主要受开花前一定时期内的气温支配。虽然花前积温各地有差异，但花前积温与开花期总体呈负相关，即积温越多，花期越早；积温越少，花期越晚。花期积温不是常数，不同地区积温差异较大。

热量条件影响苹果的果实产量与品质。一般认为在同样栽培条件下，生长期温度高产量也高。生长期热量不足，苹果树不能正常结果生长，枝条发育不充实，抗旱能力差，遇低温容易受冻。但过高的温度可使苹果落果率增大，病虫害增多，果实成熟快，品质较差，肉质松软，不耐贮存。生长期中，又以6—8月的温度对苹果的产量品质影响最大，期间平均气温为18～24 ℃时，在果实生长过程中，果实成熟前的平均夜温与昼夜温差对果树外观品质和风味也有显著影响。果实成熟前一个月较低的夜温和大于10 ℃的昼夜温差，对大多数中晚熟苹果品种是必要的。气温日较差大，有利于光合作用，利于果实着色、含糖量和品质，但过低夜温，易引起水心病的发生。

2.3.2 苹果树各个生育时期及温度指标

苹果树根系生长阶段，只要温度适宜可一直生长。根系生长适宜温度为7～12 ℃，超过30 ℃或低于0 ℃时停止生长。3月上中旬，土壤温度上升到3 ℃时，苹果根系开始生长；萌芽阶段日平均气温陆续上升到3 ℃以上，苹果地上部分生理活动开始，气温在5 ℃以上开始萌芽，8 ℃左右开始生长，15 ℃以上进入活跃阶段，萌芽适宜温度为10～15 ℃。3月中下旬开始萌芽，4月中旬进入快速生长阶段。新梢生长阶段是从叶芽萌发后露出芽外的幼叶彼此分离开始，到新稍顶芽形成为止，开始于3月下旬—4月上旬，此时对水分条件的要求较高；花芽分化阶段分为生理分化阶段、形态分化阶段和性细胞的形成阶段。生理分化阶段从5月中下旬一直延续到10月上旬，在生理分化阶段开始后1～7周出现形态分化，花芽分化从6月上中旬开始，一直延续到9月中下旬，至10月上旬还陆续分化，苹果花芽分化的最适宜温度为17～25 ℃，超过25 ℃时抑制花芽生理分化、形态分化，超过31 ℃的天气出现频率高低及持续时间长短，对花芽分化有较大影响。热量不足，花芽分化不好，果实小而酸，不可溶性固形物增加，色泽差，不耐贮藏。

2.4 苹果生产与水分

苹果生产过程中的降水、土壤水分以及空气湿度构成了其水分生长环境。苹果是喜半干旱气候的植物，降水条件是衡量是否适宜种植苹果的重要指标之一。

2.4.1 苹果生产与土壤水分

一般认为苹果生长的适宜土壤相对湿度为75%左右。当土壤相对含水量高于90%和低于50%时，苹果叶片的光合强度比土壤相对湿度70%时下降40%～60%；当土壤相对湿度30%以下时，光合强度下降86%～98%；当土壤相对湿度小于20%，根系停止生长。

苹果各生育期对土壤水分的需求因其生长阶段和环境条件的不同而有所变化。以下是苹果几个主要发育阶段对水分需求所对应的土壤水分适宜条件。

萌芽期：土壤含水量应达到田间持水量的70%～80%。

开花期：土壤含水量应达到田间持水量的60%～70%。

花芽分化临界期：土壤含水量应达到田间持水量50%～60%。

果实膨大期：土壤含水量应达到田间持水量的60%～80%。

成熟期：土壤含水量应达到田间持水量的80%。

休眠期：土壤含水量应达到田间持水量的80%以上。尽管休眠期需水量相对较少，但仍需一定的水分供应。

这些指标是经验性的生产指导指标，实际土壤水分需求可能因土壤条件、气候、果树品种、树龄以及灌溉方法等因素有所不同。在实际生产中，建议结合当地的气候和土壤条件，以及果树的生长状况，参照附录1农业（苹果）灌溉用水定额，灵活调整灌溉策略，确保苹果树在不同生育期得到适量的水分供应。同时，避免过度灌溉和缺水，以保证果树的正常生长和高产优质。

2.4.2 苹果生产与降水分布

世界苹果主产区的年降水量大多在500～800 mm，4—10月生长期的降水量在350～600 mm。年降水量低于300 mm的地区有灌溉条件也可栽培，但降水量大于900 mm的地区不适宜栽培。我国苹果主产区的年降水量在600～800 mm，但分布不均匀，易造成季节性灾害。

春季和初夏的干旱，会引起苹果树春梢生长量不足，严重时引起落果，也影响幼果的发育和果实大小。夏季多雨则易引起枝条旺长，造成花芽减少，抑制花芽分化，树冠枝叶过密，影响果实糖分积累和果实着色。而秋后干旱也会明显降低果实大小和品质，秋季干旱高温常引起果实日灼，久旱遇雨还会使得临近成熟的果实发生严重的裂果。

从苹果树年周期需水规律来看，5—6 月是叶面积大量形成、新梢迅速生长以及开花坐果的时期，因此是苹果的水分临界期。而 7—8 月，降雨过多对果实品质不利，会降低糖酸含量、果实干物质量与着色指数，使得果面光洁度和耐贮性变差。由于苹果产区多位于半干旱或半湿润地区，在苹果生产过程中要注意季节性干旱问题。如陕西春季雨水少、干旱频繁，有利于苹果树的开花坐果，但干旱时间过长、降水距平不足常年的 50%时，要适当灌溉，防止缺水对苹果生长造成不利影响。

2.4.3 苹果生产与空气湿度

从空气湿度条件看，苹果树生长要求空气湿度较低，以年平均相对湿度在 70%以下为宜，尤其在花芽分化期和果实成熟期，果实干燥、日照良好最为适宜。花期遇到阴雨，空气湿度过大的条件，会影响授粉，从而使坐果率降低；夏季高温多湿，苹果树容易徒长，且易发果实炭疽病、早期落叶病等；在果实发育成熟期，若空气湿度过大，苹果果面光洁度、着色、香气、品质和耐贮性均较差。

2.5 苹果树生长发育与其他环境条件

2.5.1 苹果树生长发育与果园种草

种草影响苹果树生长发育及果园环境。一是优化果园的小气候。在果园里种草可以减少土壤温度的日和季节性变化。夏天可以大大降低土壤的表面温度。在冬季，种草可以起到土壤隔热作用，有利于苹果树根的生长和养分吸收。二是种草可以防止和减少果园的水土流失和肥料损失。果园种草后，草茎和叶子茂密并覆盖地面，可减少水土流失和肥料损失，抑制田间杂草的生长，改善土壤理化特性，增加土壤腐殖质含量，增加土壤肥料结构，提高土壤持水能力。降雨或灌溉后，水分入渗量减少，苹果树根的有效供水期延长。在斜坡和山区种草可以减少雨水侵蚀，并在土壤保护和斜坡保护方面发挥作用。三是土壤有机质稳定增加。在传统的果园中，土壤有机质的维持主要依靠人工补充有机肥。然而，由于劳动力和肥料来源的困难，一些果园忽略了有机肥料的使用，很少使用有机肥料。果园逐年使用大量化肥，导致土壤硬化、酸碱失衡和肥力下降。四是在行间种草，无须间作和除草，生草长到一定程度后，无须除草和深耕，可以节省13%的生产成本。两排之间的草不怕践踏，雨后也不泥泞。机器可以通过，方便喷涂。不需要延迟耕种时间并减少落果的危害。

果园种草覆盖管理。一是加强果园草种的选择，土壤管理方法应在经济、实用和生态环保的基础上，结合肥料、水等其他管理措施，在可持续发展的基础上，加强草种的选择，灵活运用多种土壤管理方法。二是正确理解果园覆盖，理解果园覆盖对土壤生态正负两方面的影响是必要的，一方面果园覆盖对土壤生态有有利影响，另一方面果园覆盖也有不利影响，应找到有效的解决方案以创造更大的效益。不同地区和不同果树的覆盖范围存在一定差异；根据不同地区的经验，选择适合当地果园的草种，为果园土壤提供大量的有机质，增加土壤养分含量。三是加强水肥管理，解决草与果树之间的矛盾。根据果树的生长发育和土壤水分状况，适当增加灌溉和施肥，以满足果树的生长需要。在全年病虫害严重的时期，应定期进行系统调查以预防和控制病虫害。同时，应采用物理和化学方法诱捕和杀死有害昆虫，以确保果树的正常生长。四是减少土壤侵蚀并保持土壤水分。草的吸收和覆盖可以有效减少和减缓土壤水分的蒸发。在夏季，它可以有效降低地表土壤温度，并增加地表与冠层之间的相对距离。生草果园的土壤水分含量通常比清除果园的土壤水分含量高1.32%～3.50%。另外，在无草的地面上，土壤很快干燥，黏性土壤会形成裂缝，并影响苹果树浅根的生长。当多雨时，它将产生径流并冲走土壤养分。特别是在山区和丘陵地区的果园中，种草在水土保持方面起着非常好的作用。

总之，在果园里，种草可以有效改善果园的生态环境，具有明显的蓄水保水作用。种草可以增加土壤有机质含量和土壤肥力，还可以增加土壤水分。它可以形成有利于天敌活动的生态环境，可以充分发挥天敌对害虫的防治作用，减少病虫害和生理性疾病的发生，减少农药消耗和残留。由于生态环境的改善，苹果树的产量和质量将会得到提高。

2.5.2　苹果树生长发育与水肥管理

苹果树生长发育与果园的水肥管理措施息息相关。近年来有学者开展了基于多目标综合评价的滴灌苹果树水肥协同调控研究。

为探寻滴灌水肥一体化条件下北方半干旱地区苹果树种植的最佳水肥协同调

控制度，周罕觅等(2024)设置灌水与施肥 2 个试验因素，滴灌灌水量设 4 个水平，根据田间持水率(θ_f)的不同百分比确定灌水下上限，75%θ_f～90%θ_f(W_1)、65%θ_f～80%θ_f(W_2)、55%θ_f～70%θ_f(W_3)、45%θ_f～60%θ_f(W_4)；滴灌施肥量设 3 个水平，N、P_2O_5、K_2O 与风干土质量比分别为：0.9 g/kg、0.3 g/kg、0.3 g/kg(F_1)、0.6 g/kg、0.3 g/kg、0.3 g/kg(F_2)、0.3 g/kg、0.3 g/kg、0.3 g/kg(F_3)，分析滴灌施肥协同调控对苹果树生长生理指标、生物质量与产量、果实品质以及水肥利用效率的影响，最终基于 TOPSIS 法(Technique for Order Preference by Similarity to Ideal Solution，逼近理想解的排序方法)建立以高效、高产、高品为目标的苹果综合指标评价模型。结果表明，滴灌施肥协同调控下苹果树植株生长量、基茎生长量和叶面积最大值均出现在施肥 F_1、W_2 处理，苹果树净光合速率、蒸腾速率和叶绿素含量基本上随灌水量和施肥量的增加而增加，最大值均出现在 F_1、W_1 处理，全生育期干物质量和产量在 F_1、W_1 和 F_1、W_2 处理下差异不明显，水分利用效率和水分生产率最大值均出现在 $F1$、W_2 处理，与 F_1、W_1 处理相比，分别提高 10.6% 和 11.1%，肥料偏生产力基本上随灌水量的增加和施肥量的减少而增加，增加灌水量有利于提高苹果着色指数、果形指数和糖酸比，增加施肥量有利于提高苹果单果质量、维生素 C 含量和可溶性糖含量。综合 4 类 17 个指标建立基于 TOPSIS 法的多目标综合评价模型，代入各指标最终权重计算得出 F_1、W_2 处理贴近度最大，为 0.7653，此处理条件下苹果综合指标评价最优，而 F_3、W_4 处理最差，仅为 0.2583。综上，本试验水肥协同调控下灌水量下上限控制在田间持水率的 65%～80%，施 N、P_2O_5、K_2O 与风干土质量比分别为 0.9 g/kg、0.3 g/kg、0.3 g/kg 是苹果树的最佳水肥管理制度。

2.6 苹果贮藏与气象条件

苹果的贮藏与气象条件密切相关，主要涉及温度、湿度和气体成分等方面的管理。强化管理才能确保苹果能够在一个良好的环境中长期保存，保持其新鲜度和品质。

2.6.1 苹果贮藏与温度管理

苹果的贮藏条件对于保持其品质和延长保鲜期至关重要。温度是影响苹果贮藏质量的关键因素之一。根据相关资料，大多数苹果品种适宜的贮藏温度为－1.0～0.0 ℃。这个温度范围有助于减缓苹果的呼吸作用和代谢活动，从而减少水分流失和营养损耗，延长其保鲜期。气调贮藏的理想温度比一般贮藏温度要高 0.5～1.0 ℃。这意味着，在气调贮藏条件下，温度可以稍微提高，但仍需保持在较低水平以利于苹果的长期保存。对于某些特定品种，如“红玉”和“翠玉”等，贮藏温度以 2.0～4.0 ℃较为适宜。这表明不同品种的苹果对温度的适应性有所不同，因此在具体贮藏时应根据品种特性调整温度设置。具体贮藏过程中，苹果采后应尽快冷却，最好在采后 3 d 内入库，并在入库后 3～5 d 内降温至贮藏要求的温度。然而，需注意温度过低可能会引起冻害或生理失调，发生褐心病。

2.6.2　苹果贮藏与湿度管理

苹果贮藏的空气相对湿度应保持在 85%～95%。这一湿度范围有助于维持苹果的水分平衡，可以大大减少水分蒸发，降低水分的自然损耗，使果实保持新鲜饱满状态，防止因湿度过低导致的脱水，以及因湿度过高引起的霉菌生长。在具体的贮藏方式中，短期贮藏可以采用沟藏、窑窖贮藏、通风库贮藏等方法，而长期贮藏则更适合采用冷藏或气调贮藏。值得注意的是，不同品种的苹果对湿度的敏感度可能会有所不同。

2.6.3　苹果贮藏与气体管理

除温湿度管理外，苹果的贮藏管理还包括控制气体成分，如氧气、二氧化碳以及乙烯含量等措施，这些措施共同作用，有助于维持苹果的最佳品质和延长其保鲜期。这种通过调整和控制食品贮藏环境的气体成分和比例以及环境的温度和湿度来延长食品的贮藏寿命和货架期的技术被称为气调贮藏，最早就应用在苹果贮藏上。

气调贮藏可以抑制苹果后熟，保持硬度，减轻生理病害、微生物病害和减少失水。气调贮藏的氧和二氧化碳配比因不同品种而异，贮藏过程中应该设法通过脱除或通风排除乙烯气体。例如，“红富士系”贮藏过程需氧气 3%～5%、二氧化碳 1%～2%；“元帅系”需氧气 2%～4%、二氧化碳 3%～5%；“金冠系”需氧气 2%～3%、二氧化碳 6%～8%。

通风与气体交换，苹果贮藏期间会释放出大量乙烯，加速果实衰老，也会诱发和加重虎皮病的发生。通过降低贮藏环境中的乙烯含量，可以控制乙烯对果实的催熟作用，从而保持苹果的新鲜度和口感。因此，要适时通风排除库内乙烯，保持库内空气的正常流通，以利于气体交换和排除乙烯。

2.7 苹果运输与气象条件

苹果运输与气象条件之间存在密切关系，因为天气状况可能会对苹果的运输和保存产生影响。

2.7.1 苹果运输与温度

苹果作为一种温带水果，属于适合低温运输的果蔬类别之一。苹果在运输过程中应保持适宜的温度，以避免过冷或过热。温度波动可能会影响苹果的新鲜度和质量，还能显著减少运输过程中可能发生的损耗。例如，如果温度过高，苹果可能会加速成熟，导致变质。苹果运输的温度要求是0～2 ℃。现代交通工具大多配备了降温和防冻装置，这些设施的使用大大减小了温度对运输的影响。在运用这些控温运输工具时，预先对苹果进行预冷是一个重要的步骤，以确保苹果在运输过程中能够处于最佳的生理状态。

2.7.2 苹果运输与湿度

适宜的湿度对于保持苹果的新鲜度至关重要。湿度过低可能会导致苹果失水，而湿度过高则可能促进微生物的生长，影响苹果的保存。

苹果在贮藏时的湿度管理也是运输时湿度管理的重要参考。如2.6.2节所述，苹果贮藏适宜的空气相对湿度85%～95%，这一标准同样适用于运输过程中的湿度控制，以确保苹果在运输过程中保持最佳状态。苹果运输时的湿度管理应参考贮藏时的湿度标准，必要时增加环境湿度，来确保苹果在运输过程中的新鲜度和质量。

2.7.3 苹果运输与降水

突至的降雨可能会打湿包装和苹果，增加运输过程中的风险。此外，雨后的湿度变化也可能影响苹果的保存。降水对苹果运输的影响主要包括以下几个方面：

果实吸水。长时间的降雨可能导致果实吸收水分，这不仅会增加果实的重量，还可能影响果实的口感和品质，如糖度降低、风味变淡等。

果实病害。持续的阴雨天气可能导致果实表面出现水锈、裂纹和红点病等病害，影响果实的外观和销售。

运输困难。如果果园排水不畅，会导致土壤含水量过高，增加运输过程中的难度和成本。

贮藏性问题。吸收水分的苹果在贮藏过程中容易出现腐烂和变质，缩短贮藏期限。

持续的降雨可能导致道路泥泞，不利于果品及时运输，同时可能引发次生灾害，对果园基础设施造成破坏。因此，在降雨较多的时期，果农需要采取适当的管理措施，如加强果园排水、及时喷布杀菌剂等，以减轻降水对苹果运输的不利影响。

2.7.4　苹果运输与光照

在运输过程中，长时间的直接光照可能会导致苹果加速成熟，光照可能影响苹果的外观品质。例如，过度暴露在阳光下可能会导致苹果表面出现斑点或变色。

不同季节的光照条件不同，对苹果运输的影响也不同。

第 3 章

苹果树生长发育气象监测

3.1 苹果树生长发育监测技术与方法概述

苹果树的生长发育监测是苹果气象保障服务中的重要内容，主要包括物候期、生长发育、产量、品质、果园小气候、土壤墒情、气象灾害等。通过对生长发育的监测可及时提供花期等物候期预报，花期冻害、膨大期冰雹、采收期连阴雨等气象灾害或病虫害预警，产量与品质预报、气象灾害影响评估等服务。

植株生长状况、物候期等方面的监测是苹果生产保障服务的重要基础。传统的监测方法为人工观测，观测过程中对植株的健康状况、关键生育期等要素进行记录。随着网络与计算机技术的发展，目前对果园植株生长状况及其环境的监测手段更加便捷且易于做长期的分析与资料存储。当前的监测手段主要有人工观测、实景监测、物联网监测、遥感监测四种。

3.1.1 人工观测

人工观测通常选择具有代表性的苹果树 3～5 棵，在整个生育期内使用测量工具定期进行观测。

(1)树体结构参数。树高、枝展、干径、外围一年生枝长，用卷尺测量树体高度及树体东西方向、南北方向最外围枝梢之间的距离(枝展)。用电子数显卡尺测量品种与中间砧嫁接口上部 10 cm 处直径(干径)。外围一年生枝长：随机选取树冠外围 20 个一年生枝条进行测量，取其平均值。

(2)苹果树叶面积。测定果树叶面积的方法有方格纸法、称重法、机械求积仪法、光电求积仪法、纵横径系数法、长宽求积回归法、辛普公式法等。随着计算机及数码相机的普遍应用，基于第三方图像处理软件的叶面积测定方法也被广泛应用于叶面积测定，最常见的软件为 Photoshop、Auto-CAD、Matlab 等。此外，还有图像分割方法，即苹果叶面积、叶长、叶宽和周长的图像测定法。

传统的监测方式主要依赖于人工观察和测量，这种方法虽然简单，但存在监测范围狭窄、数据不准确、效率低下等问题，且数据准确性受人为因素影响较大。

3.1.2 实景监测

实景监测主要是在果园设置室外摄像机，并搭建实景监测系统（图 3.1）。该系统主要包括数据采集与上传系统、资料质量控制与处理系统、数据分析与存储系统等模块。实景监测过程中，通过摄像头采集果园植株生长图像，传输至电脑桌面用户端或手机用户端，可实现对苹果树生长状态、物候期、病虫害出现情况等的实时监测，并通过图像数据的积累与分析，实现生育期预报、病虫害预报与气象灾害实时反馈等功能，是目前正逐步推广的生长监测方法。该方法的优点在于，通过实景监测，可为预报服务人员提供第一手资料，节约实地考察时间，使服务人员能够及时提供生产建议、验证服务效果。

图 3.1 果园实景监测

3.1.3 物联网监测

物联网技术通过温度、湿度、光照强度、二氧化碳浓度等传感器、控制器和通信模块等设备，将苹果树生长环境的信息进行采集、传输和处理，实现对苹果树生长环境的远程监测、控制和管理。这种方法能够更全面、准确地监测苹果树的生长环境，有助于及时发现和解决问题，提高苹果产量和品质。

此外，还有一些特定的技术应用，如：智能灌溉系统根据土壤湿度传感器和气象数据自动调整灌溉水量和频率，这些技术体现了物联网技术在苹果树栽培管理中的应用，旨在提高水资源利用效率，减少农药使用，同时提高果实品质。

3.1.4 遥感监测

遥感监测技术在苹果生产中的应用主要有五方面。一是种植面积监测，可以快速准确地获取苹果种植区域的地理分布和面积信息，有助于了解苹果产业的发展趋势和生产布局，为政府和企业提供决策支持。二是生长状况监测，可以定期监测苹果树的生长状况，包括叶片指数、植被覆盖率等指标，这些信息可以反映苹果树的健康状况和生长环境，为农业生产管理提供依据。三是病虫害监测，可以监测苹果树的病虫害情况，通过分析卫星图像，可以发现异常区域，进一步通过地面调查确认病虫害类型和程度，从而及时采取防治措施。四是产量预测，结合历史数据和气象条件，卫星遥感技术可以辅助预测苹果产量，这对于市场分析和价格预测具有重要意义，有助于优化产销对接，减少市场波动。五是环境影响评估，卫星遥感技术还可以用于评估苹果产业对环境的影响，如土壤侵蚀、水资源利用等，这有助于可持续发展和生态保护。

遥感监测可通过无人机或卫星遥感进行，实际应用中，通常会结合遥感卫星与无人机的图像进行综合分析。卫星遥感模块主要用于较大面积的生长状态监测以及估产，果园无人机模块可以小范围实时监测叶片、果实的生长状态。如多光谱无人机用于植株健康监测，高光谱遥感监测用于植株病害监测，其原理是通过地表或植株的波谱曲线特征，判断该植株的覆盖度、叶片含水量等。通过遥感图像分析，可监测果园种植面积变化、苹果树叶面积变化以及苹果树生育期。测产方面主要通过无人机搭载红外遥感。开展果园面积变化的探测主要通过高空遥感数据。

(1)应用场景 1：果园监测、估产。图 3.2 与图 3.3 是极飞 C2000 测绘的江西赣州会昌县果园正射影像与局部正射影像成果，通过影像能够识别出果树株数并获取与其生长相关的重要数据。无人机遥感影像正越来越多地应用于果园监测、估产中。

(2)应用场景 2：陕西省苹果遥感监测平台。应用遥感解译技术、人工智能和大数据分析，使用高分卫星获取的基础数据源，多源卫星数据和无人机遥感数据辅助，通过天空地一体化手段，多层次全方位相互验证。进行陕西苹果省、市、县及乡镇级种植分布面积监测，定期长势监测和产量预估监测(图 3.4)

(3)应用场景 3：长势监测。一是获取或生成历史植被指数数据如 8 d、10 d、16 d 合成数据(MODIS MOD/MYD 13A2/13Q1 H26V05 H27V05)。二是计算生成各合成日期的 5 年植被指数平均值。三是计算当年合成日期的植被指数与该日期历史平

图 3.2　江西省会昌县果园正射影像

图 3.3　江西省会昌县局部果园正射影像

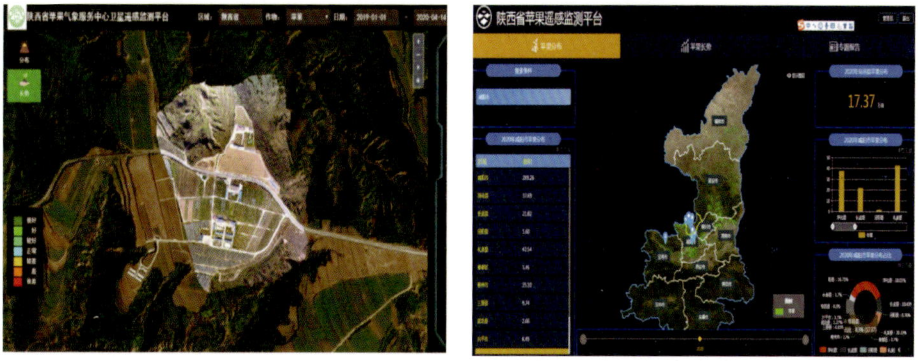

图 3.4　陕西省苹果种植面积(a)和果树长势(b)遥感监测

均值的差异。四是根据差异值的大小进行分级，确定出长势级别。五是按制图规范制作产品图(图 3.5—图 3.7)。

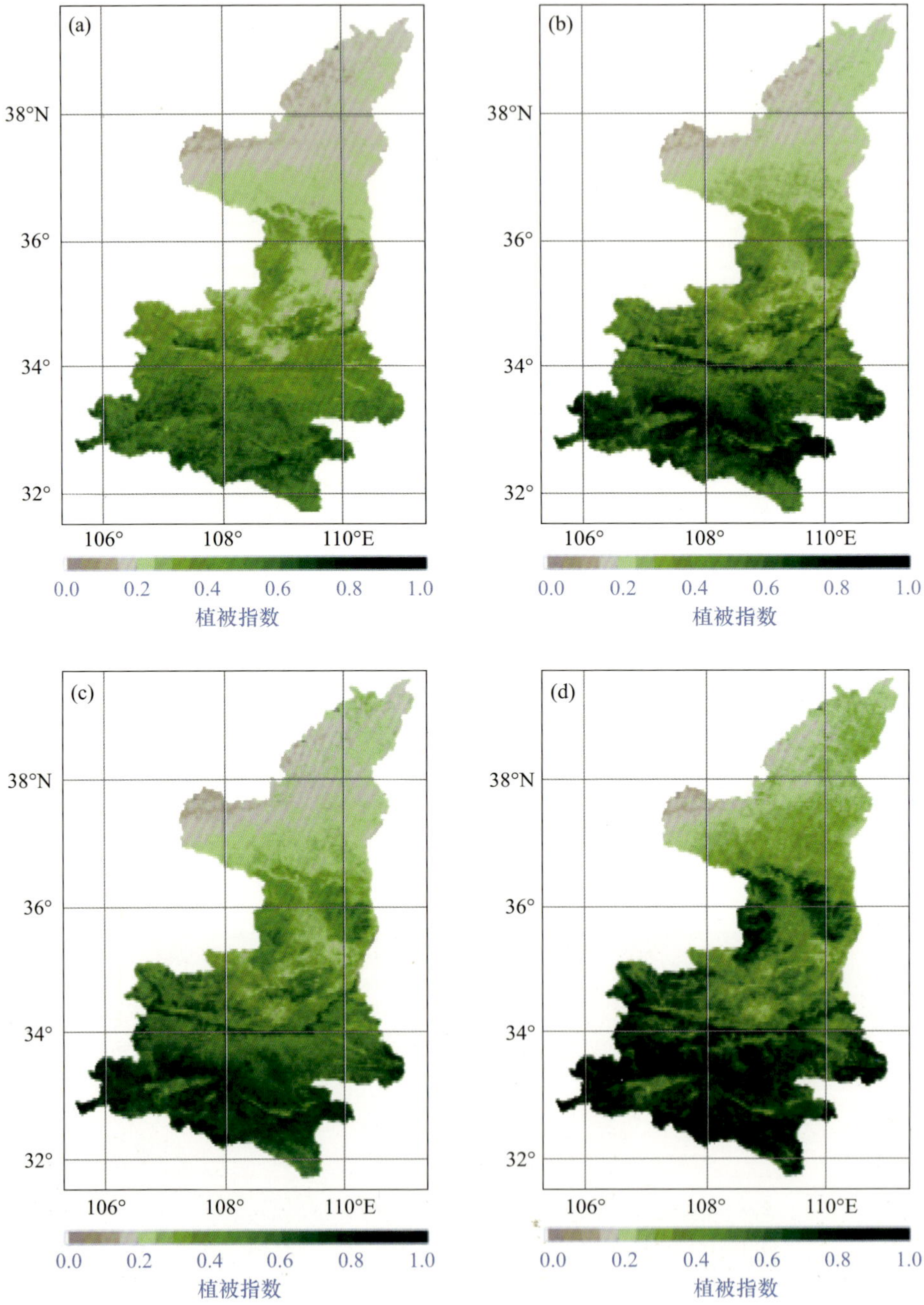

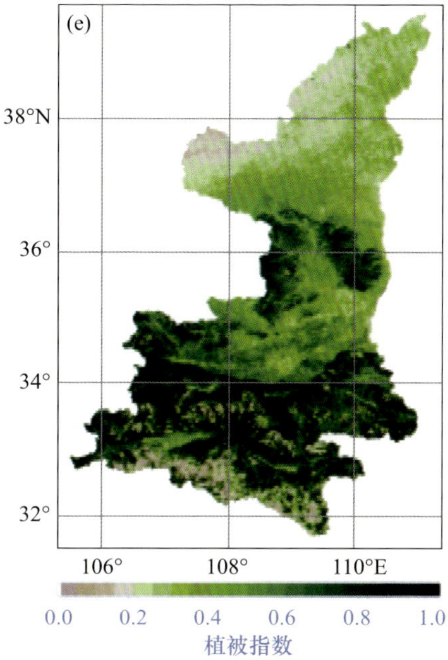

图 3.5　2019 年春季陕西果树花期植被指数

(a)3 月 30 日;(b)4 月 7 日;(c)4 月 15 日;(d)4 月 25 日;(e)5 月 1 日

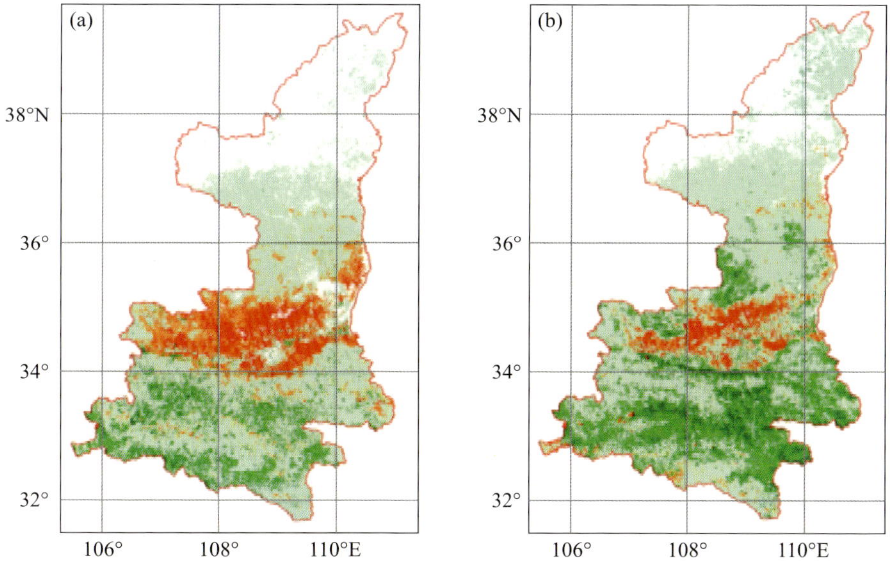

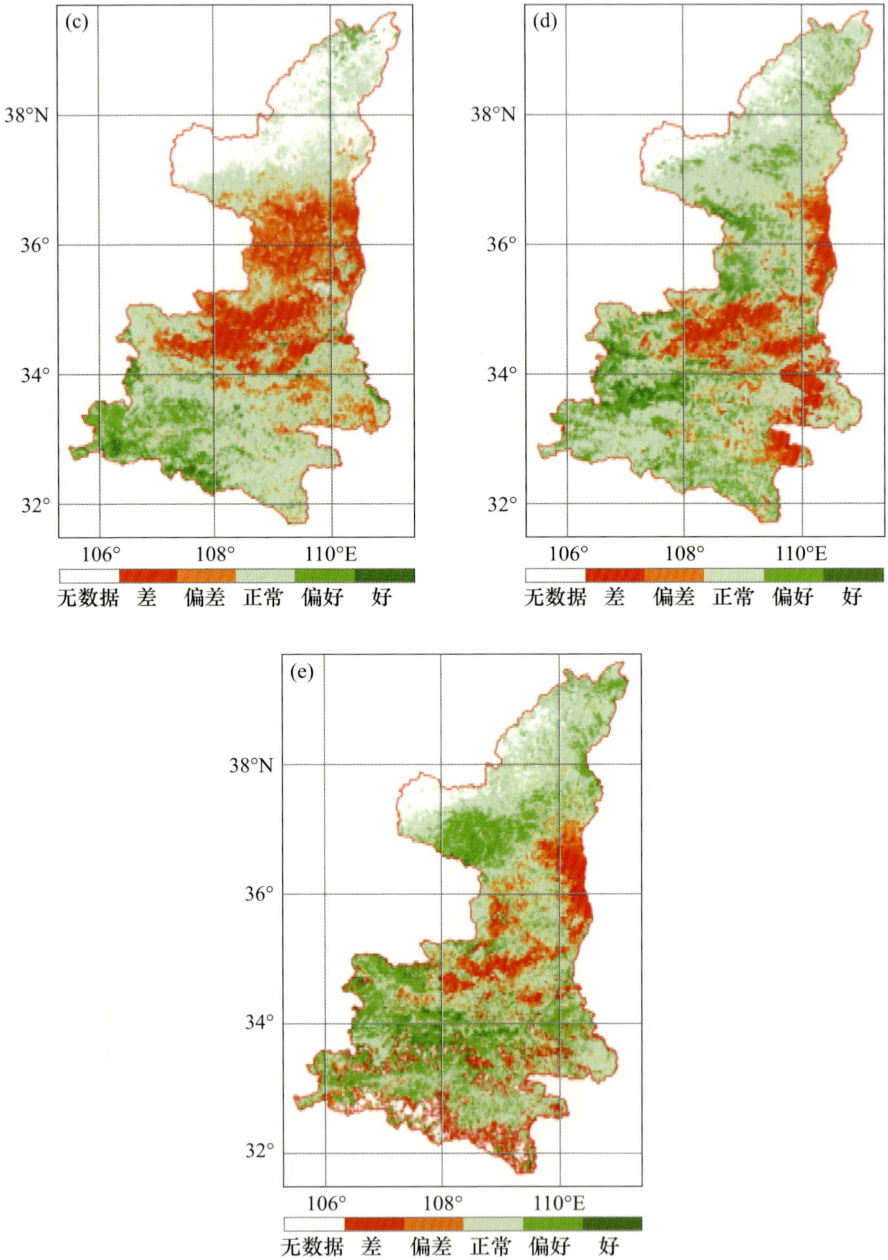

图 3.6　2019 年春季陕西果树花期长势监测

(a)3 月 30 日;(b)4 月 7 日;(c)4 月 15 日;(d)4 月 23 日;(e)5 月 1 日

(4)应用场景 4:物候监测。一是获取或自行生成历史植被指数数据,如 8 d、10 d、16 d 合成数据。二是处理形成至少 3 年的时间序列数据集,将拟提取物候的年份放序列中间,没有的可用其他年份替代。三是利用 TIMESAT 对时间序列植被指数进行平滑处理。四是基于 TIMESAT 对平滑处理后的时间序列植被指数,通过调试,确定出界定物候期的参数值。五是对提取出的物候信息进行整理,按制图规范制作产品图(图 3.8)。

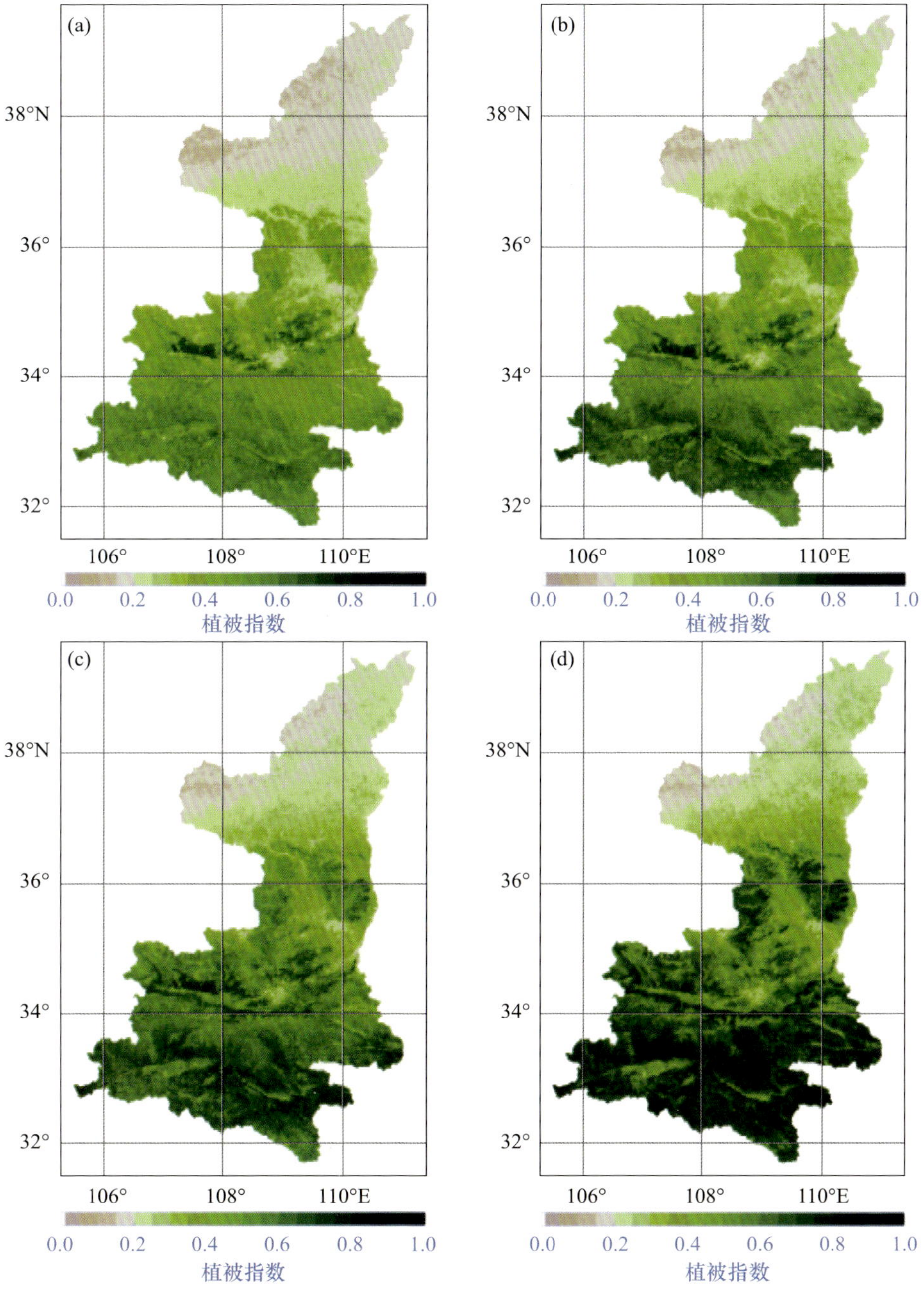

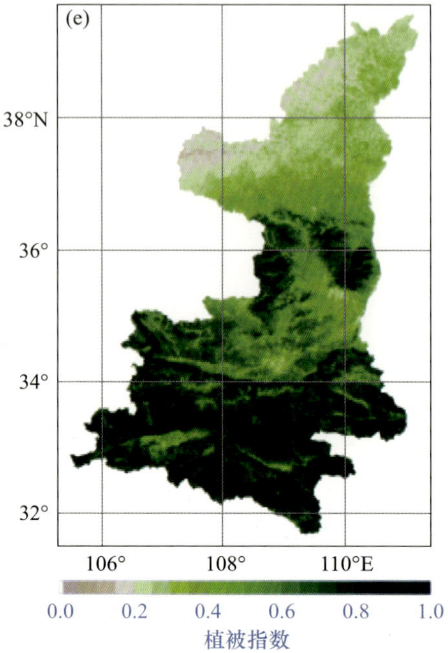

图 3.7　2014—2018 年春季陕西果树花期平均植被指数

(a)3 月 30 日;(b)4 月 7 日;(c)4 月 15 日;(d)4 月 23 日;(e)5 月 1 日

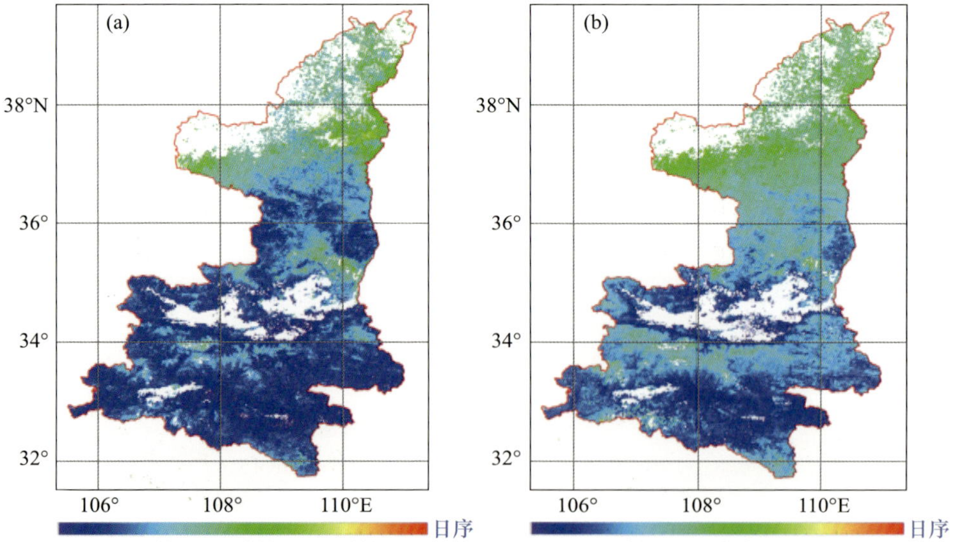

图 3.8　陕西省果树花期物候监测

(a)2018 年;(b)2019 年

3.2 生长发育特征

苹果是多年生落叶果树，发育阶段可分为：幼树期，即从接芽萌发、成苗、生长及至初步成花的阶段，为营养生长阶段；初果期，营养生长仍占主导地位，花量和果量都随枝条数量增加而增加；盛果期，树冠达到最大限度，产量达到最高并趋于稳定；衰老期，根系萎缩，生长减退。苹果树在不同的树龄阶段有不同的生长发育特点。幼树时期长短与品种、砧木有密切关系，乔砧苹果需4～6年，矮化苹果一般只需2～4年。嫁接苹果苗定植后一般5～7年开始结果，亩产量1200～2500 kg，寿命可达30～40年，但因品种、砧木类型、环境条件及管理技术水平不同而异。苹果树一生中每年不断重复其萌动、生长、开花结实、落叶、休眠的生长过程，大致可分为休眠期、营养生长期、缓慢生长与生殖发育期、营养积累期。

3.2.1 苹果树各生长发育期特征

休眠期。休眠期从外观上看是从落叶到芽萌动，其间生长现象相对静止。自叶片脱落起，树体的各器官先后进入休眠期，芽及小枝最早，继而枝干，最后是根茎部分，根一般没有休眠期。秋季日照变短，气温下降后，植株生理发生变化，如贮藏淀粉转化为糖，非组织蛋白转变为氨基态氮，从叶片、小枝开始回流；细胞中胞间连丝中段，呼吸强度降低等，这些都是对低温环境的一种适应。当气温逐渐升高时，树体内开始一系列的反休眠期活动，耐寒力逐步解除。

营养生长期。营养生长是从叶芽萌发到新梢顶芽形成，或秋梢停止生长时止。营养生长期长短与树龄、树势以及当地的气候条件有关，并表现为一定的节奏。营养生长随着温度的升高而加速，到达顶峰后很快转入缓长期，然后再进入另一个生长期，形成春梢、夏梢和秋梢。

缓慢生长与生殖发育期。缓慢生长与生殖发育期中，春梢、秋梢生长转缓，花芽分化、成花、幼果发育及至成熟，生长优势转向生殖优势。从形态上看出植株处于相对静止状态，但树体内部，无论是光合作用、根系呼吸，以及生理代谢都在强烈进行。各项生理功能的强弱，直接影响着当年或者翌年的产量高低。

营养积累期。秋梢停止生长，果实采收之后，树体地上部分的器官生长趋于停止，但此时白天气温尚高，是苹果树体恢复、休养的时期，应加强追肥与灌溉，以提高叶片光合效能，促进根系的活动，对盛果期的果树尤为重要。

3.2.2 苹果树各器官生长发育特征

在每年的生长周期中，各器官也表现出明显的年生长周期特征，且各不相同。

(1)根

苹果树根系的分布与特点涉及根系深度、生长规律、水平根与垂直根的分布以及根系的功能和影响等多个方面，这些特点对于苹果树的生长和产量具有重要影响。

根系的功能与影响。根系的主要功能包括固定树体、吸收和运输水分、矿物质养分及少量有机物，贮藏和合成有机物质，具有向气性、向地性、向肥性、向水性、自我调节生长等特性。根系的活动还会影响土壤的理化特性。苹果树根系的生长直接依赖地上叶片光合作用制造的有机营养。

根系生长规律。根系在适宜条件下，可以常年生长。当地温为 3～4 ℃开始发新根，7 ℃以上生长加快，超过 30 ℃停止生长。苹果树根系全年有两到三次生长高峰。成龄树多为二次生长高峰，幼树多为三次生长高峰。第一次根系生长高峰在萌芽前开始，当树上新梢开始加速生长时根系生长逐渐停止；第二次生长高峰出现在春梢停止生长及花芽分化前；第三次生长高峰多在秋梢缓慢生长、停长、果实采收后开始，这次生长时间长，发根量多，是全年根系生长最重要的一次。

根系分布深度。苹果树的根系分布深度因树种、土质和管理水平而异。一般而言，苹果的根系分布较深，可达 70～80 cm，但 80%以上的根系集中于 60 cm 左右的土层中。相比之下，桃、杏、李、樱桃的根系分布较浅，绝大部分在 40 cm 左右的土层中。

水平根与垂直根的分布。苹果树的根系由水平根、垂直根和须根组成，水平根的分布方向与土壤表面平行，分支较多，呈网状。垂直根深陷土壤深层，吸收根具有层层分布的特点，其中 5～30 cm 土层为吸收根的密集区。垂直分布与砧木、土壤有关，矮化砧 15～40 cm 深，乔化砧 30～60 cm 深，水平分布为冠径的 2～3 倍以上，垂直根小于树高。主要吸收根分布于树冠外缘附近，为根系的集中分布区。

矮砧苹果根系最密集区域为水平 0～30 cm、垂直 0～40 cm，且表现为采收期根系发育最旺盛，花期次之，再次之是果实膨大期；从水平分布来看，根干重密度、根长密度、根表面积密度在花期和采收期最大值均出现在 0～10 cm 区域，果实膨大期除根干重密度外，其他根系构型指标极值均出现在 10～20 cm 区域；从垂直分布来看，花期距地表 20～30 cm 区域根系发育最旺盛，果实膨大期和采收期根系构型指标峰值则在 20～30 cm 或 10～20 cm 区域出现；以根长密度和根表面积密度占总量的 80%作为根系活动主要区域，花期为水平 0～70 cm、垂直 0～40 cm 区域，膨大期为水平 0～130 cm、垂直 0～40 cm 区域，采收期为水平 0～80 cm，垂直 0～50 cm 区域，因此，水肥管理需根据根系生长发育特性采用不同的措施，尤其在果实膨大期要采取果园管理措施增加根系生长量，以保证树体活力。

(2)枝与梢

在日平均气温达到5～7 ℃时，苹果树叶芽开始萌动，日平均气温稳定在10 ℃时，发芽生长。苹果树的枝按生长与结果分为：营养枝、结果枝；按枝条的生长时期分为：新梢、一年生枝、二年生枝与多年生枝等；按生长的先后顺序分为：新梢、副梢、二次副梢、三次副梢等；按枝条的长度分为：长枝(＞30 cm)、中枝(5～30 cm)、短枝(＜5 cm)。新梢生长有加长生长、加粗生长，加粗生长在加长生长之后。长枝在一年中新梢有两次生长高峰期，有明显的春秋梢之分；春梢生长在萌芽至6月上旬，秋梢生长开始于7月上旬，持续到9月，而以7—8月生长最旺。苹果树的结果枝分短果枝(＜5 cm)、中果枝(5～15 cm)、长果枝(＞15 cm)三种。苹果树的花芽多数着生在各类结果枝的顶端，以短果枝结果为主，苹果树大多数的花芽是在开花的前1年形成的，形成时间集中在6—9月。

不同枝类对养分的消耗和积累习性不同，短枝与丛叶积累养分早而少，一般只供给本身消耗；发育枝停长晚，叶片多，消耗的养分多，一般秋后才能积累养分外运，对贮藏养分有一定作用；中、长枝条介于两者之间，养分积累较早，部分可以外运，对当年生长以及芽的分化有利。

(3)花芽、花、果实

苹果树的花芽是混合花芽，顶花芽结果为主，腋花芽结果为辅。花芽从5月中旬起至次年树体萌动前，陆续进行分化。花芽分化一般要求具备3个条件：一是树体内的营养物质积累水平与内源激素的平衡；二是外界适宜的环境条件；三是芽原体处于分化阶段。盛果期果树，花芽分化多半集中在6月上旬—7月上旬；幼龄果树多在7月下旬—8月上旬进入分化盛期。

花芽萌发后，先抽生一段很短的新梢(果台)，长约1～3 cm，在果台顶端着生聚伞花序开花结果，每个花序内有5～6朵花，中心花先开，坐果率高、品质好。当日平均气温达到15 ℃以上时，多数品种的苹果树花芽相继开放。各地花期的早晚，主要与当地的温度条件有关。大范围看，西南与东南沿海最早，一般在3月中下旬至4月初，华北以及西南的云南、四川，西北的陕西、甘肃等产区次之，多在4月中下旬。苹果树开花期分为初花期、盛花期和终花期，花期12 d左右，开花当天和第2 d是授粉的最佳时期。苹果树的花为虫媒花，大部分品种自花不实，需要配置适宜的授粉树。由于授粉、受精不良、树体营养不足和环境条件不利等原因，苹果树从花蕾出现到果实采收会出现花果脱落现象。落花落果分自然落花(花期)、生理落果(幼果期)、采收前落果。

苹果树坐果后果实经过果实细胞分裂期、膨大期、成熟期三个生长发育期。成熟期前是果实增大的时期，果实为绿色有绒毛，味酸涩。成熟期果个增大不明显，是色泽、香气、糖分形成的主要时期，该时期应设法增加光合，稳定树势，减少营养消耗，以获得高产。

3.3 生育期监测指标与观测方法

苹果树在年周期生长中，各器官依次发生，成长、成熟、衰老，最后脱落，形成规律性变化的物候期。苹果树主要物候期及观测标准如表 3.1 所示。进行苹果树生长发育观测时，应在园中选分布均匀的、有代表性、健壮无病的植株 5～10 株，记录植株生长过程中的关键物候期、植株健康状况，并于收获后测定果实产量与品质。生育期监测时间需根据物候期的进程速度确定，一般萌芽至开花期每隔 2～3 d 观察一次；花期由于进程较快，建议每天进行；生长季其他时间，则可 5～7 d 或者更长时间观察一次。

表 3.1　苹果树主要物候期监测指标

物候期	监测指标
芽开绽	芽进一步膨大，鳞片裂开，顶端幼叶露出了绿色的叶尖
展叶	始期，开绽的芽出现 1～2 片幼叶并开始平展 盛期，半数树枝上的叶片完全平展
开花	始期，花序上第一批花朵的花瓣开放 盛期，全树半数以上花序的花瓣开放 末期，多数花朵凋落
抽稍	新梢出现长约 0.5 cm 的幼茎
新梢停止生长	新梢生长停止，顶端叶片完全展开，形成顶芽
采收期	半数果实具有该品种固有的大小、色泽和风味等特征
叶变色	始期，秋季第一批叶子绿色渐退开始变黄 末期，所有的叶片完全变色
落叶	始期，树上变黄的叶片第一批脱落 末期，叶片几乎完全脱落

注：抽梢与新稍停止生长两个时期分春稍、秋稍进行观测记载。

在观测中有些项目必须配合定期测量，例如枝条的加长、加粗生长，果实体积的增加、叶片生长等，应每隔 3～7 d 测量一次，并画出曲线图记录。有些项目需要定期采集样品观察，比如花芽分化期应每 3～7 d 取样切片观察一次。苹果树物候观测记录表见表 3.2。

表 3.2　苹果树物候观测记录(样表)

物候现象	始期	盛期	末期	备注
叶芽萌动				
花芽萌动				
展叶				
显蕾				
开花				
春梢始长期(中枝)				
春梢停长期(中枝)	—	—		
成花期				
果实成熟期				
落叶-休眠期				

3.3.1　开花量

在观测样株上不同部位(内膛、东、南、西、北)各随机选择1个枝组(须含短枝、中枝、长枝、超长枝),统计当年开花数量,并与上年的观测值进行比较,以获得增减数值。将统计数据记录在观测记录表中(表3.3)。

表 3.3　苹果树开花量观测记录(样表)

观测样株	开花量/朵						备注
	短花枝	中花枝	长花枝	超长花枝	腋花芽	合计	
树1							
树2							
树3							
树4							
树5							

3.3.2　坐果量

观测时间:苹果树坐果量观测一般需进行2～3次。第1次应在落花后10 d左右进行,第2次应在生理落果结束后,即花后60～70 d进行,第3次在成熟采摘前进行。若气候资源良好,果实生长正常,未发生明显落果现象及病虫危害,可不进行第2次坐果量观测。

观测方法：对树龄较大的样地，在观测样株上随机选择大、中、小型结果枝组（大、中、小型结果枝从观测样株主干为轴的分枝中选取，按分枝枝干的粗细程度确立大、中、小型枝）各1枝，统计所选观测枝的坐果数，与上年观测值比较，获得当年增减数值。对树龄较小的样地，直接统计各观测样株全树各类结果枝组坐果数，获得当年苹果树坐果数，与上年观测值比较，获得当年增减数值。苹果树坐果率观测记录表见表3.4。

表3.4 苹果树坐果率观测记录(样表)

观测样株	坐果量/个							备注
	短果枝	中果枝	长果枝	超长果枝	腋花果	合计	百分率	
树1								
树2								
树3								
树4								
树5								

3.3.3 叶面积

单叶面积：每年7—8月进行。幼树、矮砧苹果树可在东、西、南、北、中不同方位采叶测量；乔化苹果树可分短枝(5.0 cm及以下)、中枝(5.1～15.0 cm)、长枝(15.1～30.0 cm)、超长枝(30.1 cm以上)分别取样测量。推荐采用叶面积测量仪器对苹果树进行单叶面积测量。

总叶面积：苹果树总叶面积采用“枝类比法”测量。随机取样4～12个枝(四类枝各取1～3枝)，测量并计算每类枝的平均单枝叶面积，乘以全树各类枝的数量，以获得全树的总叶面积。

苹果树叶面积观测记录表见表3.5。

表3.5 苹果树叶面积观测记录(样表)

观测项目	样株	叶面积/cm^2						备注
		短枝	中枝	长枝	超长枝	叶丛枝	平均	
单叶面积测量	树1							
	树2							
	树3							
	树4							
	树5							

续表

观测项目	样株	叶面积/cm^2						备注
		短枝	中枝	长枝	超长枝	叶丛枝	平均	
总叶面积测量	树 1							
	树 2							
	树 3							
	树 4							
	树 5							

3.3.4　叶片厚度

每年测量两次，分别在落花 1 个月后和果实成熟期前。在观测样株树冠内堂、东、西、南、北 5 个方位随机取样 5～10 片，进行叶片厚度测量后取其平均值记录。叶片厚度测量方法，将 5～10 片样叶叠起来，用游标卡尺测量其厚度。苹果树叶片厚度观测记录表见表 3.6。

表 3.6　苹果树叶片厚度观测记录(样表)

观测时段	样株	叶片厚度/mm						备注
		东向	西向	南向	北向	中部	平均	
花后 1 个月	树 1							
	树 2							
	树 3							
	树 4							
	树 5							
果实成熟前	树 1							
	树 2							
	树 3							
	树 4							
	树 5							

3.3.5　新梢生长量

以树冠外围距地面约 1.5 m 高度的发育枝长度平均值表示。春梢停长后，在观测样株的不同部位选 3～5 个新梢，测量自枝基部芽痕处至顶芽基部的长度，以 cm 为单位进行记录，可发现其年际间新梢生长动态。另外，初冬季节，测量各部位样枝上的新梢生长量长度，以计算其总生长量。苹果树新梢生长量记录表见表 3.7。

表 3.7 苹果树新梢生长量观测记录(样表)

观测部位	样株	新梢生长量/cm						备注
		东向	西向	南向	北向	中部	平均	
春梢	树 1							
	树 2							
	树 3							
	树 4							
	树 5							
秋梢	树 1							
	树 2							
	树 3							
	树 4							
	树 5							

3.3.6 果实生长量

样品选择：进入幼果生长期后，在每一棵观测样株的东、西、南、北和内膛(中部)5个方位分别选取生长正常、无病虫害果实1～3个，做好标记及编号作为苹果果实动态生长量观测的样品果。观测时间：在花后30 d、60 d、90 d(早、中熟品种)、120 d(晚熟品种)、成熟采收前(或在自然月份5月、6月、7月、8月的月末及果实成熟采收前)，分3～5次测量和记录样品果实的生长量，以毫米(mm)为单位。观测方法：在规定的果实生长量观测时间点，用游标卡尺量取样品果的横径和纵径并记录。在果实成熟采摘前最后一次观测的同时，应采摘样品果，并于采摘当日进行称重并记录，以g为单位。苹果树果实生长量观测记录表见表3.8。

表 3.8 苹果树果实生长量观测记录(样表)

样株	果实生长量/(mm)、(g)																	
	东向			南向			西向			北向			中部			平均值		
	纵径	横径	果重	纵径	横径	果重	纵径	横径	果重	纵径	横径	果重	纵径	横径	果重	纵径	横径	果重
树 1																		
树 2																		
树 3																		
后补																		
合计																		
平均																		
备注																		

3.3.7 树体生长量

观测内容：在每年果实成熟采收后至冬季修剪前，对苹果树树高、冠径（东西-南北）、树干高度、周长、总枝量进行观测。树高：从地面至树冠最高枝梢顶端的垂直距离，单位为米（m），保留一位小数。冠径：在树冠中部由东到西、由南到北外围最长新梢顶部，测量树冠横径，单位为米（m），保留一位小数。树干高度：测量地面至第一个主枝着生的下部之间的距离，单位为米（m），保留一位小数。树干周长在树干距地面30 cm处，测量树干周长，单位为厘米（cm），保留一位小数。树干高度不足30 cm时免予测量。枝条总量统计：在观测样株上不同部位选择3～5个骨干大枝，统计短枝、中枝、长枝、超长枝数量，求其平均值，再乘以骨干大枝数量，获得观测样株的枝条总量。苹果树生长量观测记录表见表3.9。

表3.9 苹果树生长量观测记录（样表）

观测项目	果树生长量					最大值	最小值	平均值
	树1	树2	树3	树4	树5			
树体高度/m								
树体冠径/m（东西-南北）								
树干高度/cm								
树干周长/cm								
备注								

3.4 苹果产量监测方法

在苹果生产过程中，为了了解和掌握新技术、新品种推广应用所产生的效益情况，或为解决果园纠纷问题取证，需要获得果园产量数据，在果实收获前，可通过果园测产的方法获得，测产不同于凭借经验对果园的估产，测产数据更加接近于实际产量。目前。苹果气象业务服务中采用的方法如下。

随机取样：根据果园大小、生产条件、地块形状选择，一般5亩以下的果园，生产条件基本一致，可随机抽取2个测产地段；如果生产条件不一致，可多选几个测产地段。

确定样本株：在测产地段，采用五点法确定样本株，即4个角和中心地段各选定1点，边行树不得入选。单株为1个样本株。

依树划等份：样本株确定后，根据其生长情况、果实在枝干分布情况，将样本株划分为 2 份、4 份、6 份、8 份、10 份。

采摘果实称重量：采摘样本株若干等份的果实，称其重量，再乘以等份数，换算成样本株的产量。如某样本株果实分布较均匀，被分为 10 个等份，采摘其中 1 个等份果实，称重为 3 kg，3 kg×10 个等份＝30 kg，为该样本株的产量。把 5 个样本株的产量加在一起，除以 5，为每个样本株的平均产量。

求得亩产量：按果园株行距折算面积，计算亩株数，乘以样本株平均产量，即为果园的亩产量。

3.5 苹果品质监测技术与方法

3.5.1 苹果品质监测技术

视觉检测技术：利用机器视觉系统对苹果的外观进行监测，包括颜色、大小、形状、表面缺陷等。这种方法能够快速、准确地评估苹果的外观品质。

光谱技术：通过分析苹果的光谱反射或透射特性，评估其内部品质，如糖度、酸度、水分含量等。光谱技术可以无损地评估苹果的内在品质，且对苹果无损害。

化学分析：通过化学方法分析苹果中的化学成分，如糖分、酸度、维生素含量等，以评估其营养价值和风味。这种方法可以提供详细的化学成分信息，但需要破坏性采样。

声学监测技术：利用声学原理监测苹果的内部结构、成熟度和新鲜度。通过分析苹果对声音的响应，可以间接评估其内部品质。

物理特性监测：通过测量苹果的硬度、密度等物理特性，评估其成熟度和新鲜度。这种方法适用于在线监测系统，能够快速评估大量苹果的品质。

人工智能与机器学习：结合上述技术，利用人工智能和机器学习算法对苹果品质进行分类和预测。通过训练模型，可以实现对苹果品质的精确评估和预测。

这些技术与方法各有特点，可以根据实际需求和应用场景选择合适的方法进行苹果品质监测。

3.5.2 气候品质监测内容及方法

农产品气候品质是利用天气气候要素对农产品品质影响的优劣等级进行评定，

需要开展品质数据获取、构建气候品质指标以及建立气候品质评价模型等工作。苹果气候品质指标研究是开展其气候品质认证与监测的基础。

苹果气候品质监测内容包括：单果重、可溶性固形物含量和果实硬度。通常以某品种苹果特级、一级和二级分级指标为标准，通过多元逐步回归方法，建立果实品质指标与气象因子间的回归方程，从而建立定量化的气候品质认证模型。

刘璐等(2018)通过分析陕西红富士苹果果实品质与气象条件的关系，发现单果重和可溶性固形物与膨大期降水量和着色成熟期平均最低气温呈显著正相关关系，果径与全生长季平均气温呈显著负相关关系；硬度与幼果期日较差呈极显著正相关关系，这符合幼果期是果实细胞分裂的关键期，日较差越大，细胞结构越密，果实硬度越大的生理特性；可滴定酸含量与着色成熟期降水量呈显著正相关；着色成熟期的平均最低气温及降水量分别影响苹果可溶性固形物和可滴定酸含量，着色成熟期是各生育期中对苹果品质，尤其是对果实风味影响最大的生育期(表 3.10)。

根据这些气候品质指标以及苹果生长期间的天气情况可实现对苹果的气候品质监测与评价。

表 3.10　陕西红富士苹果气候品质指标(刘璐 等,2018)

评价等级	红富士苹果品质评价指标					陕西红富士苹果气候品质指标				
	W/g	D/mm	F (N·cm^{-2})	S/%	T/%	X_3_R	$X_2\_\overline{T}$	$X_2\_T_d$	$X_4\_T_i$	X_4_R
特级	≥250	≥85	>6.5	≥13	≤0.4	≥134.9	≤17.5	>7.9	≥6.1	≤79
一级	200～250	80～85	>6.5	≥12.5	≤0.4	66.7～134.9	17.5～23.6	>7.9	4.6～6.1	≤79
二级	135～200	70～80	>6.5	≥12.5	≤0.4	21.2～66.7	23.6～29.7	>7.9	≤4.6	≤79

注：W 为单果重，D 为果径，F 为果实硬度，S 为可溶性固形物含量，T 为可滴定酸含量。

3.6　果园土壤水分监测

土壤水分是判定果园果树旱涝情况的重要标准，它可以反映出区域植被对水分的利用现状，用来分析果树需水耗水规律、预测果树生长状况。目前，农业气象中土壤水分观测主要使用烘干法、TDR 法(Time Domain Reflectometry，时域反射法)、中子仪法等，土壤表层含水量测量还可采用红外反射与近红外反射法等。

土壤水分传感器技术。这是一种端云一体的多深度土壤水分监测传感器，可以实现模拟感知电路、A/D 转换、无线发送电路的一体化设计。传感器将数据通过

GSM/GPRS 方式无线传输至云服务器平台，通过微信扫码登录服务器可查看监测数据。由于监测设备无须额外的供电和集成其他设备组网，可以实现自动监测、自动上传数据。此外，还有一些新的科学技术，如 X 射线断层技术、核磁共振技术（NMR）和 PT（分离示踪剂法）已经应用到土壤水分测量技术之中。但这些新技术还需要进一步地提高和推广。

烘干法是传统的土壤水分监测方法。该方法中，利用土钻进行各深度土层取土，并在 105 ℃条件下，将取出的土壤进行烘干，烘干前后分别称重，烘干后失去的水分即为土壤的水分含量。该方法比较耗时耗力，但结果较准确，常用于其他现代技术的测定校正。

TDR 土壤水分测量法采用非接触式土壤水分测量仪、时域反射原理为基础的传感器（图 3.9）。能够针对不同深度土壤的水分含量进行动态观测，多采用分层设点的观测结构，地下土壤通常间隔 10 cm 配置一个土壤温湿度测点。安置 TDR 土壤水分观测仪前需先埋入一根塑料管，探头可在塑料管中上下移动，实现对各层土壤水分含量的动态观测。也因为该测量方式，仪器维修方便，循环使用率高，并具有不受土壤中盐离子影响，避免电力对土壤及土壤中植物干扰的优点。除此之外，还有重要的一点就是 TDR 能在结冰下测定土壤水分，这是其他方法无法比拟的。另外，TDR 能同时监测土壤水盐含量，且前后两次测量的结果几乎没有差别。土壤自动观测站通常采用该原理的传感器，对土壤水分进行实时采集与传输，有测速快、简单方便的优点，但应用中需要对传感器进行较多的校正工作，以保证数据的稳定性、准确性。

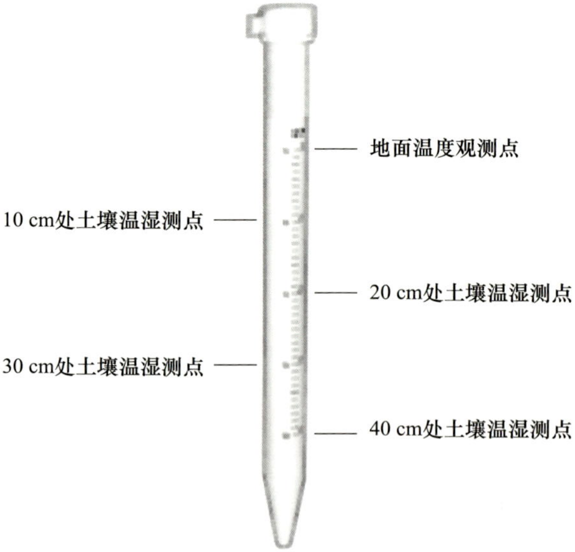

图 3.9　TDR 土壤水分测量仪示意图

中子仪法(图 3.10)。中子水分仪采用低强度同位素中子源进行土壤含水量测定,使用中子仪进行土壤含水量测定时,需首先埋设测量导管,但埋设后不用扰动土壤,每次测量的位置和条件一致,利于得到被测土壤的长期完整资料,特别适用于深层土壤含水量的测量与水分动态变化观察。其优点是不用采样,测速快,精度高,可直接读取含水量值。缺点是有辐射,且需要人工操作。

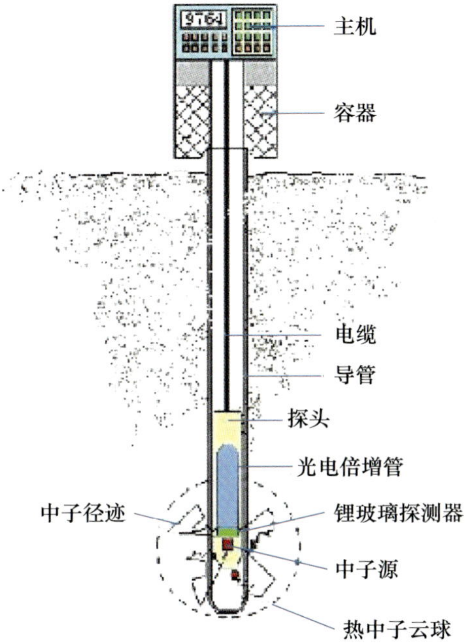

图 3.10　中子土壤水分测量仪示意图

红外与近红外反射法。当红外或近红外辐射从土壤中反射或透射时,辐射的衰减情况就可以反映土壤中水的含量,主要用于测量土壤表层含水量。这种方法非接触土壤,但受土壤表面粗糙程度和水分孔隙充满状况的影响。如果要测量土壤深层含水量,就必须对土壤进行开槽测量。

3.7　果园小气候监测

果园小气候不仅直接影响果树的光合、呼吸及生长发育,而且对果园土壤有机质分解、养分的迁移转化、水热交换、生物多样性等可产生重要影响。果园小气候观测是对土壤—果树—近地气层中表征小气候特点的各种气象要素的观测与记载,目的在于揭示各种小气候形成过程中的特点及其变化规律,如时空分布、能量收支和输送等。加强果园小气候因子的定位观测，可为果园生态系统功能评价及优化配置提供依据，对探索科学的果园种植技术具有重要作用。

果园小气候的观测内容包括气温、降水量、相对湿度、风速、太阳辐射、地表光照度、二氧化碳浓度和表层土壤温度和湿度等。通过气象要素的观测，可得到果园的光照、辐射、透光率等吸光特征，以及各气象要素与果树生长发育的相互影响结果。

观测手段方面，除仍用某些常规仪器外，当前多用精度和灵敏度较高的隔测或遥测仪器。为减少观测的时差，观测时应力求读数迅速。观测前应对所用仪器进行检定，以保证观测资料的可靠性。随着电子计算机技术的发展，目前果园小气候的观测手段有所改进，小气候观测仪器已能做到多要素自动连续采集，数字显示，自动记录贮存，以及打印和数据的自动化处理。近些年来多在果园建设智能小气候观测站，采用先进的微电脑技术、传感器技术、自动控制技术，通常果园小气候智能观测系统包含监控平台、采集系统、通信系统、传感器系统、供电系统，利用覆盖面广的GPRS或4G/5G网络传输数据，利用智能人机界面和电脑、手机实现远程图像数据采集监测功能，从而达到远程无线随时随地的农业气候监测。

观测位置方面，冠层上方一般包括常规气象六要素（环境温度、气压、环境湿度、风向、风速、降雨量）、光合有效辐射、总辐射、日照时数、冠层温度等的要素观测；土壤层一般包括地温以及地表土壤湿度观测，果园的土壤水分观测深度一般较深，至少需要1～2 m；棵间垂直梯度主要应用涡度相关法（图3.11），观测水汽与二氧化碳通量密度、三维风速等，应用该方法可观测果园—地表—大气间的水汽与二氧化碳传输，对研究果园小气候系统内的水碳循环以及资源优化管理等方面意义重大。

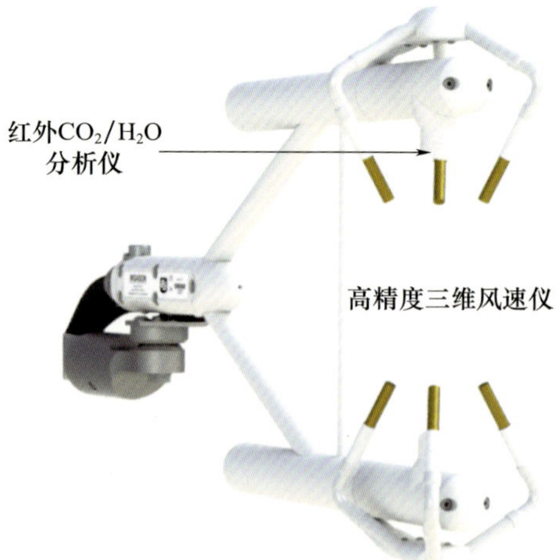

图3.11　典型涡度观测仪器示意图

3.8　苹果树气象灾害监测方法

目前苹果气象灾害监测主要依托于标准化的观测体系，包括观测站网、观测网络传输系统、监控运维保障系统。观测站网将气象要素数据以及果树生长监测数据传输至全国综合气象信息共享平台（大数据云平台），农业气象相关部门会实时关注最新信息进行灾害预报与预警。

3.8.1　气象灾害监测内容、时间、范围

内容：花期冻害、花期低温阴雨、果实膨大期干旱、夏季高温热害、冰雹灾害（5—9月）、着色—成熟期连阴雨、越冬期冻害。

时间：一般在灾害天气出现后及时进行观测。遇有干旱、热害、越冬冻害3种受害期较长，受灾症状具有延迟显现特点的灾害，应根据灾害持续时间、发生程度，在灾害天气过程中或结束后进行一次或多次观测。

范围：一般情况下，以灾害发生区域为主。遇有持续性，或大面积，或严重气象灾害，应进行全产区调查。

3.8.2　苹果树气象灾害受灾症状观测与记录

苹果树气象灾害发生后，对受害特征的记录一般应包含受害部位、症状和程度，包括整个植株及其特定器官（根、干、枝、叶、花、果实等）的受害症状和程度记录（表3.11和表3.12）。

表3.11　苹果树气象灾害受害部位及观测描述用语

受害部位	灾害描述常见用语
植株	整个植株倒伏及其程度：约15°、45°、60°、90°等；被水淹没程度：下部、一半、全部等；干枯、死亡等
根	变色；被水淹没或部分外露、全部外露等
干和枝	枝梢受害；上部或树干基部某部位受害；干枝变色、干枯、折断及部位等
叶	叶片边缘或植株上部、下部叶片完全变色，卷缩凋萎，干枯，脱落，腐烂等
花蕾、花瓣	植株上部或下部花蕾、花瓣变色、脱落；雄蕊、雌蕊柱头变色；子房变色等
果实或种子	停止生长、皱缩等；变色、灼伤等；未正常成熟、干瘪、脱落、腐烂等

表 3.11 所列为常见苹果气象灾害发生后整个植株或特定部位可观测到的受害症状，在实际观测中，应根据灾害影响，最大限度准确而详细描述、记录果树各部位受害症状。

表 3.12　苹果树气象灾害观测记录(样表)

<table>
<tr><td>灾害种类</td><td colspan="3"></td></tr>
<tr><td>发生时间</td><td></td><td>观测样地</td><td></td></tr>
<tr><td>成灾范围、地点与面积/hm^2</td><td colspan="3"></td></tr>
<tr><td rowspan="6">受灾症状</td><td>花/蕾</td><td colspan="2"></td></tr>
<tr><td>叶</td><td colspan="2"></td></tr>
<tr><td>果</td><td colspan="2"></td></tr>
<tr><td>枝/干</td><td colspan="2"></td></tr>
<tr><td>根</td><td colspan="2"></td></tr>
<tr><td>全植株</td><td colspan="2"></td></tr>
<tr><td>器官受灾率</td><td colspan="3">约 5%□　约 10%□　约 20%□　约 30%□　约 50%□
约 70%□　约 90%□　或者您认为约________</td></tr>
<tr><td>树体受灾率</td><td colspan="3">约 5%□　约 10%□　约 20%□　约 30%□　约 50%□
约 70%□　约 90%□　或者您认为约</td></tr>
<tr><td>致灾天气气候情况</td><td colspan="3"></td></tr>
<tr><td>灾前防御、灾后救灾措施</td><td colspan="3"></td></tr>
<tr><td>产量损失与树势影响评估</td><td colspan="3"></td></tr>
<tr><td colspan="4">其他补充说明：</td></tr>
</table>

3.8.3　苹果树气象灾害致灾要素平行观测与参考性致灾临界值

苹果树花期冻害、花期低温阴雨，果实膨大期干旱、高温热害，5—9 月冰雹灾害，着色—成熟期连阴雨，越冬期冻害致灾要素及其参考性致灾等级临界值见表 3.13。

表 3.13 苹果树 7 种气象灾害致灾要素观测时间、参考性致灾临界值及其致灾程度

灾害类型	观测时段	观测气象要素	临界指标*	轻度范围*	中度范围*	重度范围*
花期冻害	3 月下旬—5 月上旬	日最低气温 T_{min}/℃	0	$-2<T_{min}<0$	$-4<T_{min}<-2$	$T_{min}<-4$
花期低温阴雨	3 月下旬—5 月上旬	气温日较差 T_R/℃；降水量≥0.1 mm 日数 P_d/d	10,1	$T_R\leqslant10$，$1\leqslant P_d\leqslant3$	$T_R\leqslant10$，$4\leqslant P_d\leqslant5$	$T_R\leqslant10$，$P_d\geqslant6$
果实发育、膨大期干旱	5—8 月	降水距平百分率 P_a/%	一般采用月尺度降水距平百分率	$-50<P_a$	$-70<P_a\leqslant-50$	$P_a\leqslant-70$
高温热害	6—7 月（果实发育、成花期）	日最高气温 T_G 及高温持续天数	35	$35\leqslant T_G$（3—4 天）	$35\leqslant T_G$（5—7 天）	$35\leqslant T_G$（8 天及以上）
冰雹灾害	5—9 月	冰雹	记录冰雹持续时间、最大雹径/mm			
着色—采收期连阴雨	9 月上旬—10 月中旬（着色—成熟期）	降水量≥0.1 mm 的日数 P_d/d	6	$6\leqslant P_d<10$	$10\leqslant P_d<15$	$P_d\geqslant15$
越冬期冻害	12 月—翌年 2 月	最低气温/T_{min}℃	−20	$-24\leqslant T_{min}<-20$	$-28\leqslant T_{min}<-24$	$-28<T_{min}$

注：* 为资料性参考内容，因各产区之间气候差异、主栽品种差异等，可根据当地实际情况对相关指标进行调整或修订。

3.8.4 苹果树气象灾害影响程度估算

苹果树受气象灾害的影响程度采用苹果树单株受害百分率和苹果树部位受害百分率来表述。

苹果树单株受害百分率：将观测样地或调查果园分为东、西、南、北、中 5 个样本区，每个样本区苹果树不少于 3 株。统计 5 个样本区受害株数（不论受害轻重），获取 5 个样本区总株数和总受害株数，采用下式计算该观测样地或调查果园苹果树单株受害百分率。

苹果树单株受害百分率（%）＝受害株数/调查总株数×100（%）　　(3.1)

苹果树部位受害百分率。对观测样株上不同受害部位进行受害百分率统计。采用式（3.2）计算苹果树部位受害百分率。

苹果树部位受害百分率（%）＝受害总部位数/调查总部位数×100（%）　(3.2)

3.8.5 其他应记录事项

一是如果某次灾害仅某些地方植株受害，必须概述这些地方的地形、土壤特征、苹果树品种和采取技术措施等。二是灾害发生后采取的减灾救灾技术措施和灾害后恢复情况也应详细记录。三是根据植株和部位的受害症状、受害百分率以及预计灾害对未来产量的影响，综合评定受害程度(分轻、中、重)，进行记录。苹果树主要气象灾害受害症状及其对应等级见表 3.14。

表 3.14 苹果树主要气象灾害受灾程度及其对应受灾症状

灾害名称	受灾程度	受灾症状
花期冻害	轻	花瓣呈黄褐色，内圈雄蕊花药、所有花丝、子房均完好。受冻率 30%，灾损率<10%
	中	雄蕊轻微受冻发黄；雄蕊花药呈黄褐色，花丝发红且变形，子房局部发黑。受冻率 30%～80%，灾损率 10%～30%
	重	雄蕊严重受冻，柱头全黑，花丝全黑、变形；雄蕊花粉头内部变黑，花丝变黑；子房内部全部变黑。受冻率>80%，灾损率>30%
花期低温阴雨	轻	花期遇有 1～3 d 低温阴雨天气，并致使坐果率下降约 30%以下
	中	花期遇有 3～5 d 低温阴雨天气，并致使坐果率下降约 30%～50%
	重	花期遇有 5 d 以上低温阴雨天气，并致使坐果率下降约 50%以上
果实膨大期干旱	轻	叶片略显萎蔫；果实膨大缓慢，着色不良
	中	叶片萎蔫明显，色泽由绿略转黄；果实膨大缓慢，部分果实果肩出现纹裂
	重	叶片萎蔫；果实停止膨大，水分流失，出现果实萎蔫，脱落现象
夏季高温热害	轻	35 ℃以上高温天气持续 3～4 d，果实着色受影响，果园出现日灼果
	中	35 ℃以上高温天气持续 5～7 d，果实膨大缓慢，着色差，果实成熟一致性受到影响，果园出现日灼果
	重	35 ℃以上高温天气持续 8 d 及以上，果实膨大缓慢，着色差，果实成熟一致性受到影响，果园日灼果率增大，苹果花芽分化受阻
冰雹灾害	轻	冰雹直径较小、降雹时间较短，果树叶片受损明显、部分果实受损，商品率下降
	中	冰雹直径较大或降雹时间较长，果树叶片、枝干普遍受伤，果实受损率高，商品率严重下降，甚至当年绝收
	重	冰雹直径大、降雹时间长，果树叶片、枝干普遍受伤，部分树皮开裂、树枝折断，果树抗逆性、病虫害风险增大，当年绝收，并影响未来 2～3 年的产量
着色—成熟期连阴雨	轻	苹果果实着色—成熟期内出现 6～9 d 的阴雨天气，果实着色缓慢，部分果实着色不全或色泽不佳，受果实外观影响优果率有所降低
	中	苹果果实着色—成熟期内出现 10～14 d 的阴雨天气，果实普遍着色缓慢、着色不全或色泽不佳，果实着色差异化增大，受果实外观影响优果率降低 10%以下
	重	苹果果实着色—成熟期内出现 15 d 及以上的阴雨天气，果实普遍着色缓慢、着色不全或色泽不佳，果实着色整体差异化明显，受果实外观影响优果率降低 10%以上

续表

灾害名称	受灾程度	受灾症状
越冬冻害	轻	一般表现为1～2年生的幼枝或新移栽的幼树枝条受冻后髓部变色，老树幼枝受冻对果树整体影响有限；新移栽幼树受冻可采取修剪或补栽措施降低损失，冻害总体对成龄果园来年产量影响有限或不明显
	中	果树出现枝条髓部、木质部受冻变色或部分花芽受冻干枯死亡，或出现有部分果树根茎部受冻，部分果树树干有轻微纵裂现象，对果树来年产量有影响
	重	果树枝条韧皮部和形成层受冻，部分花芽受冻干枯死亡，或出现有部分果树树干受冻纵裂，部分果树根茎受冻，重者死树，明显影响果树来年产量

第 4 章

苹果农用天气预报

4.1 苹果农用天气预报技术概述

苹果农用天气预报技术是一种利用气象数据和信息来预测苹果树生长及环境的技术。这项技术可以帮助农民和农业从业者了解未来的天气情况，从而合理安排农业生产活动，减少因天气变化带来的损失。苹果农用天气预报技术流程可分为以下几个步骤：气象数据收集和分析，通过布置在果园周围的气象观测设备，收集温度、湿度、风速、降雨量、果温、果径、树干茎流等数据，并进行分析和处理，以了解当前的天气状况和果树长势；预报模型建立和优化，基于历史气象数据和农业知识，建立预报模型，并通过机器学习和优化算法不断提高预报的准确性和精度；天气预报产品开发和发布，根据预报模型的结果，开发出适合农业生产需要的天气预报产品，并及时发布给农民和农业从业者。

目前苹果农用天气预报产品包括苹果物候期预报、气象条件适宜度预报、主要农事活动适宜度预报以及主要气象灾害预报预警。通过应用苹果农用天气预报技术，农民和农业从业者可以更好地了解未来的天气状况，合理安排农业生产活动，提高农业生产效率和经济效益。同时，这种技术也可以帮助减少因天气变化带来的损失，保障农业生产的可持续发展。

4.2 苹果树物候期预报

4.2.1 物候期预报方法

物候期预报方法是农业气象学中的一个重要领域，其目的是通过分析气象条件与植物生长发育之间的关系，主要分为静态物候模型与动态物候模型两类。

静态物候模型（统计模型）主要包括：数理统计法、多元回归法、相关分析法。优点主要是简单易用，易于解释，可通过正则化避免过拟合。缺点主要有三方面：一是相关并不代表因果，植被对环境因子的非线性响应；二是不同环境因子间交互作用；三是无法区分年际波动和趋势的贡献。

动态物候模型（机理模型、基于过程的模型）主要包括：顺序模型、平行模型、深度休眠模型、热时模型四类。优点主要是两方面：一是有利于探讨机制、估算不同驱动因子贡献；二是可以预测未来的变化。缺点主要有三方面：一是简化复杂的生态过程所导致的不确定性；二是参数所带来的不确定性；三是没有考虑所有的过程，如降雨、空气湿度，风速等。

4.2.2　苹果树始花期预报方法

苹果树始花期是表征苹果果实开始发育的重要指示物候期，始花期的确定对花期冻害风险发生等级预估以及影响评估非常重要。开花过早，花期遭遇低温冻害的风险明显增加，花期冻害对苹果产量、品质及商品率产生显著影响；开花过晚，气温偏高，开花期缩短，且易遭遇高温引起的“穹花”和“药害”，影响苹果授粉受精和坐果率。苹果树始花期预报可以指导果农采取措施适当调控开花期，避免开花过早或过晚对苹果生产的不利影响。相关研究表明，苹果树始花期与气象条件有明显的相关关系，可利用苹果树开花前期的气温、降水、日照等气象因子与始花期观测资料，进行苹果树始花期预报研究。使用最多的是开花前期各类积温要素，如利用稳定通过 0 ℃、3 ℃、5 ℃、10 ℃的界限温度期间内的积温、初花前期平均气温等因子预测（表 4.1，表 4.2）。目前，已建立了富士系苹果树始花期预报模型，并且建立了标准化苹果树始花期预报服务流程，每年开展全国、陕西苹果树始花期预报服务（图 4.1）。

表 4.1　陕西分果区精细化苹果树始花期预报模型

果区	预报模型
关中果区	$Y=115.963+0.016JIW_{52}-0.148JIW_{53}$
渭北东部果区	$Y=108.141-0.107JIW_{31}$
渭北西部果区	$Y=123.057-0.117JIW_{55}$
延安果区	$Y=121.185-0.123JIW_{54}$

注：JIW 表示有效积温，JIW 右下角的两位数字，个位上的数字代表时段号，十位数的数字代表积温计算的临界温度。

表 4.2 北方苹果主产区始花期预测模型及检验结果

地区	预报模型	R^2	<3 d/%	<5 d/%
山东烟台福山	$Y=163.564-3.977T-0.115S$	0.701	60	80
山西万荣	$Y=140.582-3.188T-0.057S$	0.866	75	90
陕西洛川	$Y=127.9-2.484T_g$	0.543	70	85
陕西旬邑	$Y=127.75-0.2337T_g$	0.434	60	80
新疆阿克苏	$Y=120.438-4.958T_g$	0.514	40	85

注：T、T_g和 S 分别代表关键影响时段内平均气温、平均地温和总日照时数。<3 d 指实测值与预测值相差小于 3 d 的比例，<5 d 指实测值与预测值相差小于 5 d 的比例。

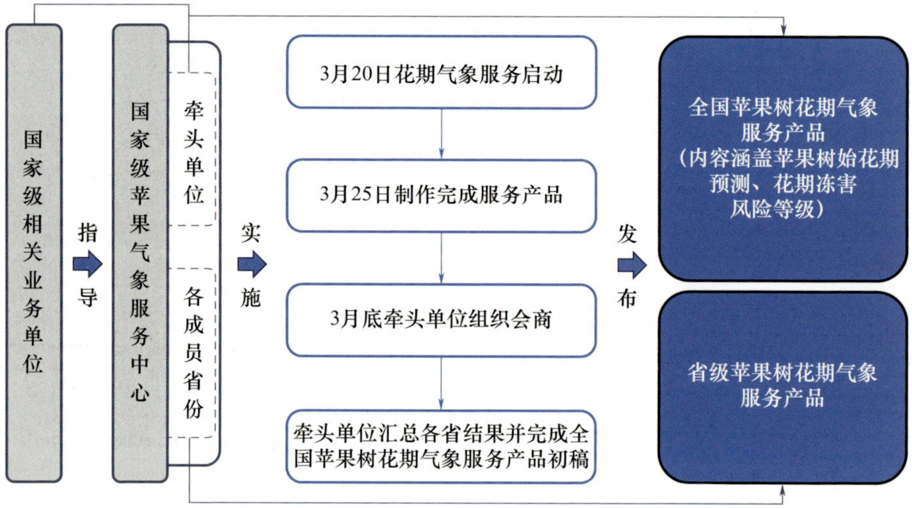

图 4.1 全国苹果树花期气象服务业务流程图

4.3 气象条件适宜度预报

气象条件适宜度预报产品是结合苹果树主要生育期对气候生态环境的生理生态需求和代表站物候观测资料，选取天气状况、日平均气温、空气相对湿度、风速等气象因子，分析苹果树主要生育期生理需求与气候生态环境的供需矛盾，评价气象条件的利弊，能够帮助果业技术人员和广大果农全面了解和掌握果园气候生态环境特点，有针对性地采取措施，将资源优势转化为生产优势。陕西苹果树关键生育期生长适宜性评价指标见表 4.3。

表 4.3　苹果树主要生育期气象要素评价指标

物候期	天气状况		日平均气温/℃		风速/(m/s)		空气相对湿度/%	
	适宜	不适宜	适宜	不适宜	适宜	不适宜	适宜	不适宜
开花期	晴天或多云	雪、雨夹雪、沙尘、霜冻	15～20	<14 或>25	<5	>9	60～70	<40 或>80
幼果期	多云	干旱、冰雹	19～21	<16 或>25	<5	>9	60～70	<40 或>80
膨大期	多云	伏旱、冰雹、暴雨	20～27	<18 或>30	<5	>9	65～74	<40 或>80
果实着色期	晴天或多云	连阴雨	18～22	<14 或>28	<5	>9	65～74	<40 或>80

苹果树生长在大气环境中，气象因子的影响既有单因子的主导作用，也有多因子之间相互制约的综合影响效应。选取线性隶属函数建模方法，分别建立陕西苹果树关键生育期生长适宜性预报模型(表 4.4)，开展陕西苹果树生长适宜气象等级预报服务。

表 4.4　陕西苹果树关键生育期气象条件适宜性预报模型

生育期	生育时段	适宜性评价模型	主要气象问题
开花期	4 月上旬—4 月下旬	$I=0.2I_w+0.6I_t+0.1I_f+0.1I_u$	低温冻害及高温引起的“弯花”和“药害”
幼果期	5 月上旬—5 月下旬	$I=0.3I_w+0.5I_t+0.1I_f+0.1I_u$	干旱
果实膨大期	6 月上旬—8 月下旬	$I=0.3I_w+0.3I_t+0.2I_f+0.2I_u$	高温热害、伏旱
果实着色期	9 月上旬—9 月下旬	$I=0.5I_w+0.3I_t+0.1I_f+0.1I_u$	低温、连阴雨

注：I 表示苹果生育期气候适宜性预报值，I_w 表示天气状况，I_t 表示气温，I_f 表示风速，I_u 表示空气相对湿度；当预报值 $I\geqslant 0.7$ 时预报为适宜，$I<0.3$ 时预报为不适宜，$0.3\leqslant I<0.7$ 时预报为较适宜。

4.4　主要农事活动适宜度预报

在综合文献资料和果业生产调查基础上，选择天气状况、气温、日较差、风速和空气相对湿度等气象因子指标，研究开发了苹果生产套袋、除袋、着色、农药喷洒、果园冬春灌溉气象指数等农事活动农用天气预报产品，有利于帮助果农综合判断气象预报信息，科学合理开展农业生产活动，提高农事活动效率。苹果生产主要农事活动适宜性评价指标见表 4.5。

表 4.5 苹果生产农事活动适宜性评价指标

农事活动	天气状况		日平均气温/℃		日较差/℃		风速/(m/s)		空气相对湿度/%	
	适宜	不适宜	适宜	不适宜	适宜	不适宜	适宜	不适宜	适宜	不适宜
套袋	多云且48 h无雨	晴天或雨天	18～22	<18或>25			<3	>5		
除袋	多云且48 h无雨	晴天或雨天	10～13	<10或>16	>10	<8	<3	>5		
着色	—	雨天或阴天	8～11	>15或<8	>10	<8				
农药喷洒	多云且48 h无雨	晴天或雨天	18～22	<18或>26			<3	>5	60～80	<30或>80
冬春灌溉	—	雨雪天气	2～4	<0或>4						

在确定农事活动气象指标的基础上，设定隶属函数为线性关系，将气象因子指标作为模糊集合，利用模糊集的隶属函数来计算单项指标的评判值，据此建立各气象指标适宜度隶属函数模型，再利用线性加权求和的方法，建立各农事活动气象指数预报模型，进行综合量化评估。以苹果除袋指数为例，其解袋气象条件适宜度隶属函数模型为：

$$\mu(I_w)=\begin{cases}1 & \text{多层或阴天}\\ 0 & \text{雨天或晴天}\end{cases}\qquad \mu(I_t)=\begin{cases}1 & 10\leqslant I_t\leqslant 13\\ \dfrac{16-I_t}{3} & 13<I_t\leqslant 16\\ 0 & I_t<10\text{ 或 }I_t>16\end{cases}$$

$$\mu(I_c)=\begin{cases}1 & I_c>10\\ \dfrac{I_c-8}{2} & 8<I_c\leqslant 10\\ 0 & I_c\leqslant 8\end{cases}\qquad \mu(I_f)=\begin{cases}1 & I_f<3\\ \dfrac{5-I_f}{2} & 3\leqslant I_f<5\\ 0 & I_f\geqslant 5\end{cases}$$

上述隶属函数模型中，I_w 为天气现象，I_t 为日平均气温，I_c 为日较差，I_f 为风速，I_u 为空气相对湿度。

根据不同气象要素对各农事活动的影响程度，采用专家打分法，给各个气象因子赋予不同的权重系数：$a_i=(a_1,a_2,a_3,\cdots,a_i)$，($a_i$ 为第 i 气象因子的权重系数，$0<a_i\leqslant 1$，$\sum a_i=1$)；然后建立其预报模型：$I=\sum u(I_i)\times a_i$，其中 $u(I_i)$为第 i 个气象因子的隶属度；最后依据预报值 I 判断农事活动适宜气象条件等级，当预报值$I\geqslant 0.7$ 时预报为适宜，$I<0.3$ 时预报为不适宜，$0.3\leqslant I<0.7$ 时预报为较适宜。据此方法分别建立苹果生产主要农事活动气象指数预报模型(表 4.6)，开展苹果生产农事

活动适宜气象条件等级预报服务。

表 4.6　苹果生产农事活动气象指数预报模型

气象指数	预报模型
套袋气象指数	$I=0.5I_w+0.3I_t+0.2I_f$
除袋气象指数	$I=0.5I_w+0.25I_t+0.15I_c+0.1I_f$
着色气象指数	$I=0.6I_w+0.15I_t+0.25I_c$
农药喷洒气象指数	$I=0.5I_w+0.25I_t+0.15I_f+0.1I_u$
果园冬灌气象指数	$I=0.4I_w+0.6I_t$

4.5　主要气象灾害影响预报预警与评估方法

苹果树气象灾害的预报预警主要通过对历史数据的统计分析与天气预报相结合的方式进行。苹果树的常见气象灾害包括花期冻害、高温热害、干旱、冰雹、连阴雨等都已通过对历史数据的分析，基于天气预报、统计方法、模型等计算了灾害影响等级，得出了灾害发生指数。服务部门会通过天气预报与灾害指标撰写预报预警材料，发放到各相关部门。

使用常规气象要素定义苹果主要气象灾害的程度，从气象指标角度反映灾害程度。根据能够反映气象灾害特征、状况和强度的原则，分别设计了花期冻害、高温热害、伏旱指数、冰雹灾害指数和连阴雨指数 5 种苹果气象灾害指数预报模型，并设强、偏强、中等、偏弱和弱五个等级。

4.5.1　花期冻害指数

苹果树冻害主要为花期冻害，春霜冻是影响北方果树产量和品质的主要原因之一，针对黄土高原优势苹果产业带主栽品种进行冻害指标研究，形成气象行业标准《富士系苹果花期冻害等级》(QX/T 392—2017)(全国农业气象标准化技术委员会，2017)，刘璐等(2018)和柴芊等(2010)分别根据子房和花粉的受冻临界温度进行冻害指标划定，并分别建立风险评估模型和预测预报模型，确定不同地区花期冻害重点防御时间；杨小利(2014)根据花期冻害实地调查情况，将花期冻害分为 3 个等级，并以实际灾损率作为指标研究花期冻害风险区划；屈振江等(2016a)以 2013 年 4 月全国苹果主产区一次典型的大面积花期冻害过程为基础，利用不同地理分布的灾害发生点的数据和气象环境背景，通过最大熵模型建立花期冻害与气象的关系模型，提取主要致灾因子及阈值范围，在此基础上利用历史气候背景资料对全国苹果主产区的花期冻害风险进行评估，认为花期冻害风险较高的区域位于北疆、黄土高原西部和北部及川西高原，而渤海湾和黄河故道产区风险相对较低。

根据苹果花期低温冻害指标，设计花期冻害指数为

$$H_a = N_{T_e} \leqslant 5 / \overline{T} \tag{4.1}$$

式中，H_a 为花期冻害指数，$N_{T_e} \leqslant 5$ 为开花期日极端最低气温小于等于 5 ℃的日数，$\overline{T}$ 为开花期平均气温。

4.5.2 高温热害指数

果实膨大期气温超过 35 ℃时，会严重影响光合营养的积累，抑制果实膨大，影响果实含糖量，降低果品品质。因此，选择苹果果实膨大期 6—8 月日最高气温≥35 ℃日数和降水日数，设计高温热害指数为：

$$G_r = N_{T_g \geqslant 35} / N_{R \geqslant 0.1} \tag{4.2}$$

式中，$N_{T_g \geqslant 35}$ 为果实膨大期日最高气温≥35 ℃的日数，$N_{R \geqslant 0.1}$ 为降水量≥0.1 mm 的降水日数。

4.5.3 干旱指数

干旱预警与评估主要有采用单个指标或指数、多个指标或指数以及复合指数法。目前国内外对苹果树干旱的研究，主要基于果园控制试验，研究干旱条件对苹果树生理生化、产量与品质的影响。苹果干旱判识指标研究相对较少，多基于苹果树水分供需特征、土壤水分等农业干旱指标进行评价。国内外学者对苹果干旱灾害的研究，主要包括干旱对苹果树的生长影响以及干旱指标等方面。常用干旱评价指标包括降水距平、干燥度以及降水与土壤水分综合指标。

伏旱是一种伏期长期干燥少雨稳定的气候现象，表现为缺乏足够的降水，反映的是气候水热平衡特性。常规多用降水量距平来讨论伏旱，但是由于降水距平百分率对于平均值的依赖较大，对于降水空间分布极不均匀的陕西果业基地不宜使用统一的降水距平百分率标准，应当确定一个能够反映伏期降水特征、干旱状况和伏旱强度，并且物理意义明确的指标来表征伏旱特点，据此设计伏旱指数为

$$F_h = N_{R=0} / R_{7中-8上} \tag{4.3}$$

式中，F_h 为伏旱指数，$N_{R=0}$ 为伏期（7 月中旬—8 月上旬）无降水日数，该日数越大，伏旱强度可能越强；$R_{7中-8上}$ 为伏期（7 月中旬—8 月上旬）降水量，该值越小伏旱可能越严重。该伏旱指数表达式的物理意义为伏期每毫米降水量需要维持的无降水（伏旱）日数。F_h 越大，伏旱越严重；反之则越轻。

4.5.4 冰雹灾害风险指数

冰雹灾害预报难度较大,梁铁等(2015)针对苹果果区冰雹灾害分布特征以及风险进行了区划研究,建立了陕西苹果果区冰雹灾害风险评估模型,将多年平均冰雹日数作为致灾因子危险性评价指标,各县苹果产量数据作为灾害风险承载体易损性评价指标,各县高炮、火箭数量作为冰雹灾害防御能力评价指标,按照下式进行冰雹灾害风险指数构建:

$$\mathrm{FDRI}=\mathrm{VH}\times \mathrm{wh}+\mathrm{VS}\times \mathrm{ws}+(1-\mathrm{VR})\times \mathrm{wr} \tag{4.4}$$

式中:FDRI 为苹果树冰雹灾害风险指数,用于表示冰雹灾害的风险程度,其值越大,表示冰雹灾害风险越大;VH、VS、VR 分别为致灾因子危险性指数、承灾体易损性指数、防灾抗灾能力指数;wh、ws、wr 分别为各评价因子的权重,权重大小依据各因子对冰雹灾害的影响程度大小,采用实地调查结合冰雹灾情资料确定。

4.5.5 连阴雨灾害指数

连阴雨天气的定义为测站连续 4 d 及以上,日降水量≥0.1 mm,且测站过程降水>20.0 mm 的降水天气。观测站点降水连续日数为 5 d 及 5 d 以上,连阴雨期间允许有 1 d 的微量降水或无降水间隔,其余日降水量≥0.1 mm,连续降水过程的总降水量>20.0 mm;观测站点连续 2 d 无≥0.1 mm 的降水,则认为连阴雨天气结束。近 10 年来的陕西苹果气象服务中发现在苹果摘袋、着色和采收时期,尤其是着色和采收期,持续 3 d 的连阴雨,以及连阴雨或连阴天所带来的低温天气即可对苹果着色、果面光滑度产生影响,且影响程度随连阴雨天气长度的增加而增加,但与过程降水量的多寡关系不大。据此设计连阴雨灾害指数为:

$$L_{\mathrm{u}}=N_{r\geqslant 3}/N_{R=0} \tag{4.5}$$

式中:L_{u} 为连阴雨指数;$N_{r\geqslant 3}$ 为 9 月中旬—10 月上旬降水(降水量≥0.1 mm)连续 3 d及以上的日数,该日数越多,连阴雨危害越重;$N_{R=0}$ 为 9 月中旬—10 月上旬无降水日数,该日数越多,连阴雨危害越轻。

第5章

苹果产量与气候品质预测评价

5.1 苹果气象产量预测流程

(1)数据准备

收集苹果基地县的单产数据，这是预测的基础。

(2)趋势产量拟合

利用2年滑动平均、3年滑动平均、5年滑动平均以及二次多项式拟合等方法，对基地县的苹果趋势产量进行拟合。这样可以从单产中分离出气象产量。

(3)气候因子分析

应用灰色关联分析方法，分析最高气温、最低气温、平均气温、高温热害日数、开花期霜冻日数、冬季休眠期低温冻害日数、气温年较差、太阳总辐射、蒸发皿蒸发量、积温、降水量、风速等多个气候因子与苹果基地县气象产量的关联度。通过分析，提取出影响基地县气象产量的主控因子。

(4)主控因子的提取

按照气象因子影响程度及获取的便利性，确定影响苹果产量的主要气象因子。

(5)预测模型构建

利用支持向量机(SVM)等定量预测模型，基于提取出的主控因子，对更长时间段的气象产量进行预测，这种方法综合了统计学和气象学的原理，通过分析历史数据和气象因子，建立了苹果产量与气象条件之间的关联模型，从而实现对未来苹果气象产量的预测。

5.2　基于统计学的苹果产量预测方法

苹果产量预测是基于苹果产量调查预测模型、气象因子非线性预测模型和多因子线性回归预测模型综合分析结果的基础上开展的。陕西苹果产量预报是建立基于调查数据的苹果产量调查预测模型，计算并预测陕西全省苹果气象产量，对苹果单产非线性预测模式以及多因子线性回归预测模式计算结果进行修订后的结果。陕西苹果产量预测业务流程如图 5.1。

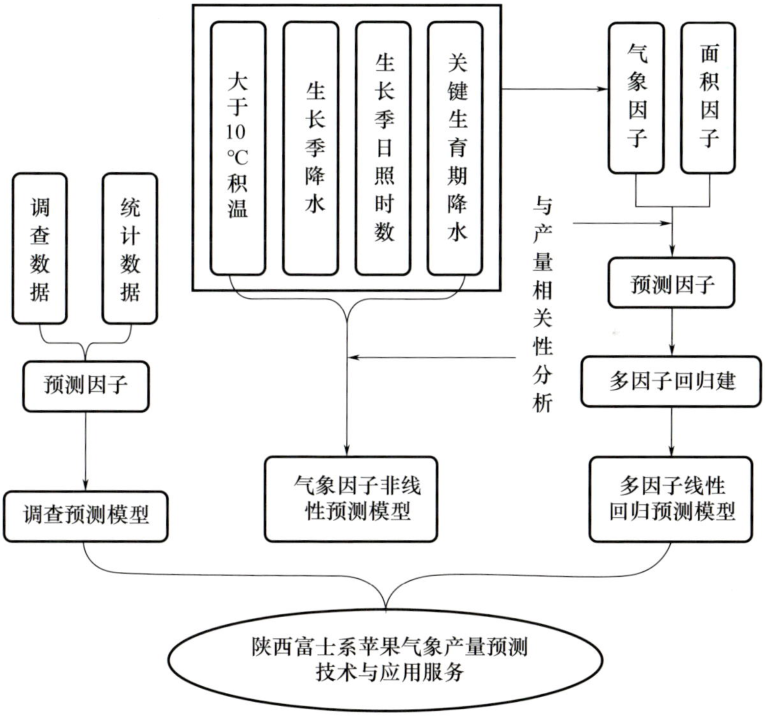

图 5.1　陕西苹果果品产量预测业务服务技术与应用流程图

5.2.1　基于苹果产量调查的预测模型构建

苹果产量调查预测模型是通过调查每年采收前一个月(陕西确定为 8 月底)苹果园定点、定园、定株获取的果树平均挂果量数据 $N_{挂}$、平均单果重数据 $G_{单}$，以及上一年《陕西省果业发展公报》等获取的当年苹果种植总面积 $S_{总}$、新增苹果挂果面积 $S_{挂}$ 等预测因子数据的基础上，建立苹果产量调查预测模型：$G_{总}=(S_{总}+S_{挂})\times N_{挂}\times$

$G_{单}$，计算获取苹果产量调查预测模型预测结果。

5.2.2 苹果产量非线性预测模式

以气候条件、生态环境、产业规模、技术水平均具有代表性为原则，选取陕西省洛川（延安）、旬邑（渭北西部）、白水（渭北东部）、礼泉和凤翔（关中西部）分别代表各果区，以各代表县主要生育期气象条件为基础，利用统计方法，分各果区及全省两级，建立主要气象因素与苹果产量的关系模型（表 5.1—表 5.7），以此对苹果气象产量单（总）产进行预测。

各表中的模型参数：$\sum T_{\geqslant 10}$ 为苹果树生长季日平均气温≥10 ℃积温（℃·d）；$R_{生长季}$ 为苹果树生长季降水量（mm）；$S_{生长季}$ 为苹果树生长季日照时数（h）；$R_{主要生长}$ 为苹果树主要生长季降水量（mm）；$\hat{Y}_D$ 为苹果亩产量预测值（kg/亩）；r 为单产与气象因子间的线性相关系数；r_α 为 r 的临界值，$\alpha=0.05$，置信水平为 95%；R_b：非线性相关比，R_b 越接近 1，非线性回归效果越显著。

表 5.1　洛川苹果单产气象因子非线性回归预测模式

因子	预测方程	r	$r_\alpha(\alpha=0.05)$	R_b
$\sum T_{\geqslant 10}$	$\hat{Y}_D=499.7813\exp(0.00033\sum T_{\geqslant 10})$	0.6177	0.5530	0.6256
$R_{生长季}$	$\hat{Y}_D=920.4768\exp(0.00093R_{生长季})$	0.7148	0.5760	0.7203
$S_{生长季}$	$\hat{Y}_D=421.4445\exp(0.00095S_{生长季})$	0.7105	0.7540	0.7266
$R_{主要生长季}$	$\hat{Y}_D=1010.4012\exp(0.00083R_{主要生长季})$	0.6054	0.5760	0.6125

表 5.2　旬邑苹果单产气象因子非线性回归预测模式

因子	预测方程	r	$r_\alpha(\alpha=0.05)$	R_b
$\sum T_{\geqslant 10}$	$\hat{Y}_D=169.2463\exp(0.00072\sum T_{\geqslant 10})$	0.6873	0.6320	0.6744
$R_{生长季}$	$\hat{Y}_D=1023.0272\exp(0.00055R_{生长季})$	0.7250	0.7070	0.7100
$S_{生长季}$	$\hat{Y}_D=469.3712\exp(0.00068S_{生长季})$	0.7425	0.6320	0.7632
$R_{主要生长季}$	$\hat{Y}_D=770.2022\exp(0.00017R_{主要生长季})$	0.8662	0.6660	0.8561

表 5.3　白水苹果单产气象因子非线性回归预测模式

因子	预测方程	r	$r_\alpha(\alpha=0.05)$	R_b
$\sum T_{\geqslant 10}$	$\hat{Y}_D=228.6950\exp(0.00052\sum T_{\geqslant 10})$	0.7006	0.5530	0.6748
$R_{生长季}$	$\hat{Y}_D=902.4154\exp(0.00119R_{生长季})$	0.8788	0.7070	0.8775
$S_{生长季}$	$\hat{Y}_D=372.9425\exp(0.00106S_{生长季})$	0.7777	0.8780	0.8036
$R_{主要生长季}$	$\hat{Y}_D=1023.2530\exp(0.00096R_{主要生长季})$	0.7741	0.7070	0.7696

表 5.4 礼泉苹果单产气象因子非线性回归预测模式

因子	预测方程	r	$r_\alpha(\alpha=0.05)$	R_b
$\sum T_{\geqslant 10}$	$\hat{Y}_D=875.0712\exp(0.00018\sum T_{\geqslant 10})$	0.5754	0.8780	0.5790
$R_{生长季}$	$\hat{Y}_D=1121.6462\exp(0.0017R_{生长季})$	0.8564	0.7070	0.8332
$S_{生长季}$	$\hat{Y}_D=571.3911\exp(0.00093S_{生长季})$	0.6441	0.6320	0.6375
$R_{主要生长季}$	$\hat{Y}_D=1093.7321\exp(0.0016R_{主要生长季})$	0.7190	0.7070	0.7262

表 5.5 凤翔苹果单产气象因子非线性回归预测模式

因子	预测方程	r	$r_\alpha(\alpha=0.05)$	R_b
$\sum T_{\geqslant 10}$	$\hat{Y}_D=122.6651\exp(0.00064\sum T_{\geqslant 10})$	0.8461	0.7070	0.8200
$R_{生长季}$	$\hat{Y}_D=286.1191\exp(0.0035R_{生长季})$	0.8486	0.7540	0.8723
$S_{生长季}$	$\hat{Y}_D=6.1297\exp(0.00581S_{生长季})$	0.7530	0.6660	0.7611
$R_{主要生长季}$	$\hat{Y}_D=1013.0567\exp(0.0017R_{主要生长季})$	0.6839	0.7540	0.6909

表 5.6 陕西省苹果平均单产气象因子非线性回归预测模式

因子	预测方程	r	$r_\alpha(\alpha=0.05)$	R_b
$\bar{R}_{4(主要生长季)}$	$\hat{\bar{Y}}_D=2283.8213\exp\left(-\frac{140.2427}{\bar{R}_{4(主要生长季)}}\right)$	0.8270	0.8780	0.889

注：$\bar{R}_{4(主要生长季)}$：4 站（洛川、白水、旬邑、礼泉）主要生长季降水量；$\hat{\bar{Y}}_D$：陕西省苹果平均亩产量预测值（kg/亩）。

表 5.7 全省苹果总产量增(减)百分率气象因子非线性回归预测模式

因子	预测方程	r	$r_\alpha(\alpha=0.05)$	R_b
$\bar{R}_{4(主要生长季)}$	$\hat{\bar{Y}}(\%)=1349.0695\exp\left(-\frac{1775.2666}{\bar{R}_{4(主要生长季)}}\right)$	0.9258	0.8780	0.775

注：$\bar{R}_{4(主要生长季)}$：4 站（洛川、白水、旬邑、礼泉）主要生长季降水量；$\hat{\bar{Y}}(\%)$：陕西省苹果总产量增（减）产%预测值。

5.2.3 苹果产量多因子线性回归预测模式

为了提高苹果产量预测水平，提高预测准确度及预测精度，设计了同时包括气候因子和面积因子等多因子定量的预测模式，利用多因子回归方法，实现对全省各基地县的分县定量预测。

各模型参数：X_1：$\sum T \geqslant 10$ ℃ 为苹果生长季日平均气温≥10 ℃的积温，热量条件的定量指标；X_2：$R_{生长季}$ 为苹果生长季降水量，水分条件的定量指标；X_3：$S_{生长季}$ 为苹果生长季日照时数，光照条件的定量指标；X_4：$R_{主要生长季}$ 为苹果主要生长季降水量，是旺长期水分条件的定量指标；X_5：$S_{挂}$ 为挂果面积，是苹果增产的面积因素的定量指标；X_6：$S_{盛}$为进入盛果期的结果面积，是面积因子中对总产量贡献较大的定量指标。

建模的主要步骤如下。

(1)将各个因子与苹果产量进行相关分析，将通过显著性检验的因子，按 r 大小排序，找出 4～5 个因子。

① 单因子相关系数计算

对于产量 Y 和因子 X 一组数据(X_i,Y_i)，$i=1,2,\cdots,n$，其中 n 为资料样本数。

$$r=\frac{\sum_{i=1}^{n}(X_i-\overline{X})(Y_i-\overline{Y})}{\sqrt{\sum_{i=1}^{n}(X_i-\overline{X})^2}\sqrt{\sum_{i=1}^{n}(Y_i-\overline{Y})^2}} \tag{5.1}$$

式中，$\overline{X}=\frac{1}{X}\sum_{i=1}^{n}X_i$；$\overline{Y}=\frac{1}{n}\sum_{i=1}^{n}Y_i$。

② 相关系数显著性检验

设 $\alpha=0.05$，用 $n-2$ 查系数检验表得出 r_α，若计算得出的 $r\geqslant r_\alpha$，认为 Y_i 与 X_i 相关关系显著，否则不显著。

③ 因子的确定

将通过显著性检验的因子，按 r 大小排序，找出 4～5 个因子。

(2)筛选出预报因子后，对多因子进行回归建模

① 构造协方差矩阵

以 5 因子为例，构造 L(5×5)矩阵

$$L_{5\times5}=\begin{pmatrix}L_{11} & L_{12} & L_{13} & L_{14} & L_{15}\\ L_{21} & L_{22} & L_{23} & L_{24} & L_{25}\\ L_{31} & L_{32} & L_{33} & L_{34} & L_{35}\\ L_{41} & L_{42} & L_{43} & L_{44} & L_{45}\\ L_{51} & L_{52} & L_{53} & L_{54} & L_{55}\end{pmatrix} \tag{5.2}$$

对角元素：

$$\begin{aligned}L_{11}&=\sum_{i=1}^{n}(X_{1i}-\overline{X}_1)^2\\ L_{22}&=\sum_{i=1}^{n}(X_{2i}-\overline{X}_2)^2\\ &\cdots\cdots\\ L_{55}&=\sum_{i=1}^{n}(X_{5i}-\overline{X}_5)^2\end{aligned} \tag{5.3}$$

其他元素：

$$
\begin{aligned}
L_{12} &= \sum_{i=1}^{n}(X_{1i}-\overline{X}_1)(X_{2i}-\overline{X}_2)\\
L_{13} &= \sum_{i=1}^{n}(X_{1i}-\overline{X}_1)(X_{3i}-\overline{X}_3)\\
&\cdots\cdots\\
L_{54} &= \sum_{i=1}^{n}(X_{5i}-\overline{X}_5)(X_{4i}-\overline{X}_4)
\end{aligned}
\tag{5.4}
$$

式中，n 为因子样本数，$\overline{X}_{1\sim5}$ 因子平均值。

$$
\overline{X}_j = \frac{1}{n}\sum_{i=1}^{n}X_{ji} \tag{5.5}
$$

$j=1,2,\cdots,5$ 为因子个数，$i=1,2,\cdots,n$ 为因子样本数。

5 因子与产量构造 $L(5\times1)$ 矩阵如下：

$$
L_{5\times1} = \begin{pmatrix} L_{10}\\ L_{20}\\ L_{30}\\ L_{40}\\ L_{50} \end{pmatrix} \tag{5.6}
$$

其中各元素：

$$
\begin{aligned}
L_{10} &= \sum_{i=1}^{n}(X_{1i}-\overline{X}_1)(Y_i-\overline{Y})\\
L_{20} &= \sum_{i=1}^{n}(X_{2i}-\overline{X}_2)(Y_i-\overline{Y})\\
&\cdots\cdots\\
L_{50} &= \sum_{i=1}^{n}(X_{5i}-\overline{X}_5)(Y_i-\overline{Y})
\end{aligned}
\tag{5.7}
$$

产量平均值为：

$$
\overline{Y} = \frac{1}{n}\sum_{i=1}^{n}Y_i \tag{5.8}
$$

② 解 5 阶线性方程组：

设产量与 5 因子的线性回归方程为：

$$\hat{Y}=b_0+b_1X_1+b_2X_2+b_3X_3+b_4X_4+b_5X_5 \tag{5.9}$$

则 5 因子回归方程的正规方程组为：

$$\begin{pmatrix} L_{11} & L_{12} & L_{13} & L_{14} & L_{15} \\ L_{21} & L_{22} & L_{23} & L_{24} & L_{25} \\ L_{31} & L_{32} & L_{33} & L_{34} & L_{35} \\ L_{41} & L_{42} & L_{43} & L_{44} & L_{45} \\ L_{51} & L_{52} & L_{53} & L_{54} & L_{55} \end{pmatrix} \begin{pmatrix} \hat{b}_1 \\ \hat{b}_2 \\ \hat{b}_3 \\ \hat{b}_4 \\ \hat{b}_5 \end{pmatrix} = \begin{pmatrix} L_{10} \\ L_{20} \\ L_{30} \\ L_{40} \\ L_{50} \end{pmatrix} \tag{5.10}$$

用 Guass/Jordan 消去法求解正规方程组得回归系数 $\hat{b}_{1\sim5}$，常数项为：

$$\hat{b}_0=\overline{Y}-\hat{b}_1\overline{X}_1-\hat{b}_2\overline{X}_2-\hat{b}_2\overline{X}_3-\hat{b}_4\overline{X}_4-\hat{b}_5\overline{X}_5 \tag{5.11}$$

③ 回归效果显著性检验

回归平方和：

$$U=\sum_{i=1}^{n}(\hat{Y}_i-\overline{Y})^2 \tag{5.12}$$

残差平方和：

$$Q=\sum_{i=1}^{n}(Y_i-\hat{Y}_i)^2 \tag{5.13}$$

统计量：

$$F=\frac{U/m}{Q/(n-m-1)} \tag{5.14}$$

式中，n 为资料样本数，m 为因子个数。

取 $\alpha=0.05$，依自由度 $f_1=m$，$f_2=n-m-1$，查 F 的临界值得 F_α。若算得的 $F\geqslant F_\alpha$，认为回归效果是显著的，否则是不显著的。

回归方程的标准差：

$$S_r=\sqrt{\frac{1}{n-m-1}\sum_{i=1}^{n}(Y_i-\hat{Y}_i)^2} \tag{5.15}$$

S_r 越小，回归效果越好，S_r 越大回归效果越差。

④ 独立样本预测试验

用 2001—2008 年($n=8$)资料建模，对 2009 年 Y 进行预测试验，得到的预报误差为 $\Delta Y_1=Y_{2009}-\hat{Y}_{2009}$；用 2001—2007 年($n=7$)资料建模，对 2008 年 Y 进行预测试验，得到预报误差 $\Delta Y_2=Y_{2008}-\hat{Y}_{2008}$；用 2001—2006 年($n=6$)资料建模，对 2007 年 Y 进行预测试验，得到预报误差 $\Delta Y_3=Y_{2007}-\hat{Y}_{2007}$；根据预报误差 ΔY_1、ΔY_2、ΔY_3 确

定出正误差平均值$+\Delta\bar{Y}$和负误差平均值$-\Delta\bar{Y}$。

⑤ 预测值的误差订正

a. 理论误差订正

$$\hat{Y} \pm U_{\alpha} S_{r} \tag{5.16}$$

其中,U_{α}是信度为α时的系数,S_{r}为回归方程的标准差。

当$\alpha=0.1$时,$U_{\alpha}=1.64$;$\alpha=0.05$时,$U_{\alpha}=1.96$;$\alpha=0.01$时,$U_{\alpha}=2.57$;$\alpha=0.001$时,$U_{\alpha}=3.29$。

b. 理论置信区间估计

$\hat{Y}\pm1.64S_{r}$,$\beta=90\%$;$\hat{Y}\pm1.96S_{r}$,$\beta=95\%$;$\hat{Y}\pm2.57S_{r}$,$\beta=99\%$;$\hat{Y}\pm3.29S_{r}$,$\beta=99.9\%$。$\beta=1-\alpha$为置信水平。

样本数n与因子个数m的关系,理论上认为:$n=(5\sim10)m$;就是说为了保证回归方程有较好的稳定性,样本数应该足够大。

5.3 基于CanESM5模式的未来气候变化对苹果产量的影响预测

准确预测气候变化对苹果产量的影响对农业决策和风险管理至关重要。选取陕西省30个苹果基地县作为研究对象,利用2000—2022年的气象和单产数据,通过HP滤波法分离出了苹果气象产量,并利用斯皮尔曼和灰色关联分析筛选出与之相关性较大的前10个关键气象因子;使用MLR、BP、SVR和RF模型进行预测,并选择出效果最好的机器学习模型;最后,在CanESM5模式(Canadian Earth System Model version 5)下考虑SSP2-RCP4.5和SSP5-RCP8.5情景,预测2050年前陕西苹果基地县苹果气象产量变化。结果显示,不同基地县的苹果气象产量受到不同的气象影响因子影响;RF模型展现出最高的预测精度,对于苹果气象产量有着最佳效能;同时,CanESM5模式下气候变化对于未来苹果气象产量将会有显著影响,其中SSP5-RCP8.5情景更加严峻。

5.3.1 数据与方法

5.3.1.1 研究区概况

陕西苹果产区共有30个苹果基地县,位于海拔高度为500~1400 m的黄土高原(106.5°—110.27°E,34.21°—36.53°N),属大陆季风性气候。研究区域的年平均气温在4.2~17.91 ℃,年平均降雨量在360~750 mm,平均风速为1.21 m/s,基地县苹果种植面积约为 45.27 万 hm^2，产量约为 24.07 万 t(图 5.2)。

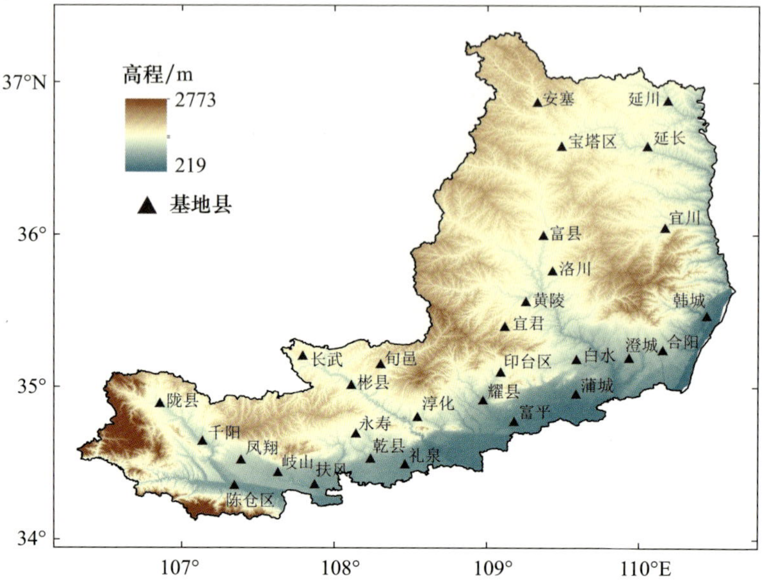

图 5.2　研究区域及苹果基地县位置分布

5.3.1.2　数据来源与处理

苹果产量数据采用陕西 30 个苹果基地县 2000—2022 年的逐年苹果单产统计数据，选取研究区域内 30 个气象站点 2000—2022 年的气象要素，包括气温(最高温、最低温、平均气温)、逐日降水、风速。

选用 CMIP6 公布的 CanESM5 模式，在 SSP2-RCP4.5 和 SSP5-RCP8.5 组合情景下，分析未来气候对苹果产量的影响。以中国区域地表气象要素驱动数据集(CMDF)格点降水和温度为实测参考，在将模式双线性插值至 0.25°网格的基础上，用等距离累积分布函数法，对模式的日降水、最高温度和最低温度进行降尺度偏差校正。统计降尺度后模式月降水量、最高温度和最低温度的平均绝对误差大幅度下降，与实测值相关性接近于 1。采用 Python 软件，提取苹果基地县的 CanESM5 模式气象数据。

5.3.1.3　模型输入特征变量和目标变量

(1)模型输入特征变量

西北地区苹果树生育期(本年 11 月—次年 10 月)分为 6 个时期如表 5.8 所示，本文以不同生育期的风速 W、平均气温 T、最高气温 T_{max}、最低气温 T_{min}、降雨量以及年温差 AT 作为苹果气象产量预测模型的输入特征变量，总计 26 个特征。

表 5.8　苹果树生育期

全生育期	落叶期	休眠期	萌芽幼果期	果实膨大期	着色成熟期
本年 11 月—次年 10 月 r	本年 11 月	本年 12 月—次年 2 月	次年 3—5 月	次年 6—8 月	次年 9—10 月

(2)模型目标变量

将苹果产量分解为两部分:趋势产量和气象产量。趋势产量用于描述苹果产量的长期变化趋势,是根据历史数据和发展趋势所预测的理论最高产量水平;气象产量是受气候因素影响的苹果产量。苹果产量在长时间尺度和短时间尺度分别具有平稳性和波动性,而 HP 滤波法是从原始信号中分离出低频趋势成分和高频周期或噪声成分,在产量分离中应用广泛,并且效果显著。因此,采用 HP 滤波法,以损失函数最小为原则,对苹果产量 g_t 进行趋势产量 y_t 和气象产量 y_w 的分离,损失函数如下:

$$\text{损失函数} = \min\left\{\sum_{t=1}^{n}(y_t - g_t)^2 + \lambda\sum_{t=1}^{n}\left[(g_{t+1} - g_t) - (g_t - g_{t-1})\right]^2\right\} \tag{5.17}$$

式中,λ 为决定参数,取值 100。

5.3.1.4　苹果气象产量模拟模型

为了优化模型的输入特征,首先对一系列输入特征变量进行皮尔曼相关系数的详尽筛选,以精准剔除那些共线性强、信息冗余的变量。经过严格的筛选后,保留独具特色的变量,并对这些变量进行灰色关联分析,获取了与苹果气象产量关联性最强的前 10 个特征变量,将这些变量视为模型的输入因子。以选定的气象因子作为自变量数据集,30 个苹果基地县的苹果气象产量作为因变量数据集,形成一个数据库。数据库中的一部分数据用于训练机器学习模型,以确保模型能够准确学习数据的内在规律;另一部分数据则用于验证模型的实际表现,以确保模型的稳定性和泛化能力。

选取了 4 种具有代表性的机器学习模型。进行训练,分别是多元线性回归模型(MLR)、随机森林模型(RF)、BP 神经网络模型(BP)和支持向量机模型(SVR)。每一种模型都有其独特的优点和适用场景,通过对比它们的表现,找到最适合预测苹果气象产量的模型。

5.3.1.5　模型精度评价

采用以下指标对模型的性能和准确性进行评估。

(1)均方根误差(RMSE)

RMSE 衡量的是预测值与真实值之间的偏差,RMSE 越小,模型预测效果越好。

$$\mathrm{RMSE}=\sqrt{\frac{1}{N}\sum_{i=1}^{N}(Y_i-f(x_i))^2} \tag{5.18}$$

式中，$f(x_i)$为预测值，Y_i为真实值，N为样本数。

(2)平均绝对误差(MAE)

MAE表示预测值与真实值的吻合程度，MAE越小，误差越小，模型预测效果越好。

$$\mathrm{MAE}=\frac{1}{N}\sum_{i=1}^{N}|f(x_i)-Y_i| \tag{5.19}$$

式中，$f(x_i)$为预测值，Y_i为真实值，N为样本数。

5.3.2 结果与分析

5.3.2.1 气象产量的年变化

图5.3展示了2000—2022年苹果平均单产、气象产量以及变化率的空间分布情况。其中，基地县苹果平均单产为4994.65～29704.25 kg/hm²(图5.3a)，并以510.74 kg/(hm²·a)的速率增长(图5.3d)。苹果气象产量变化为－0.0006～0.0909 kg/hm²(图5.3b)；近23年，各基地县苹果气象产量以－0.014～0.008 kg/(hm²·a)的速率变化，波动较小(图5.3c)。

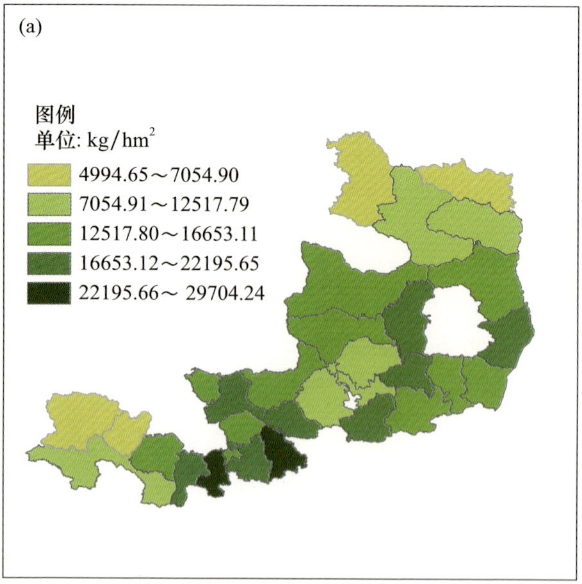

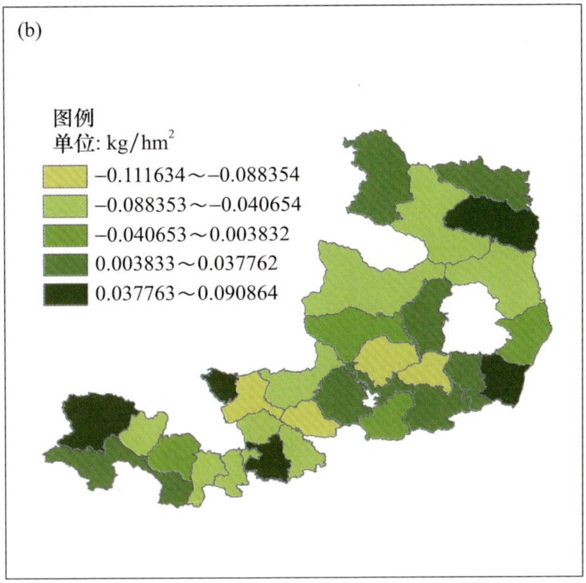
(b)
图例
单位: kg/hm²
−0.111634～−0.088354
−0.088353～−0.040654
−0.040653～0.003832
0.003833～0.037762
0.037763～0.090864

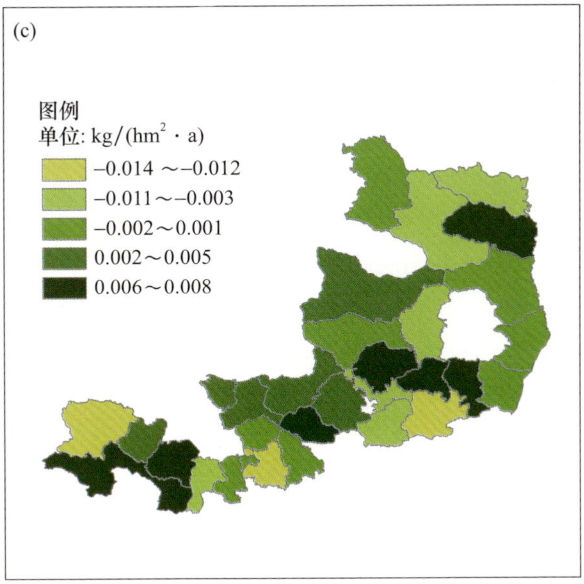
(c)
图例
单位: kg/(hm²・a)
−0.014 ～−0.012
−0.011～−0.003
−0.002～0.001
0.002～0.005
0.006～0.008

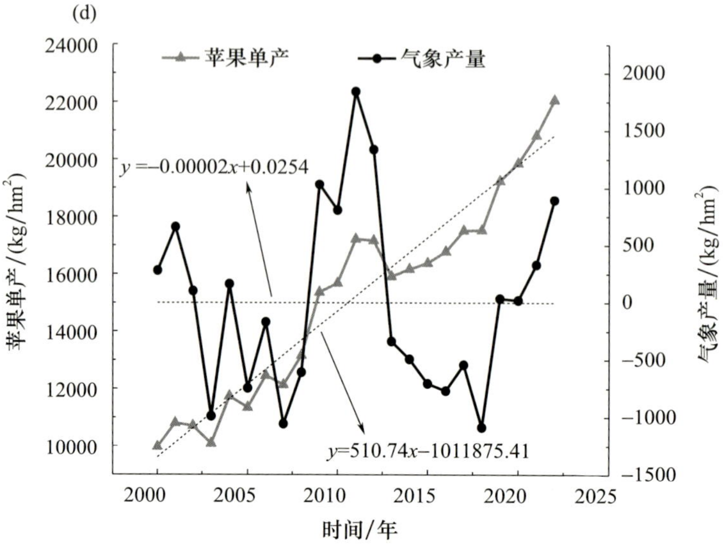

图 5.3 2000—2022 年基地县苹果平均单产与气象产量空间分布及变化

(a)苹果单产空间分布；(b)苹果气象产量空间分布；(c)苹果产量变化倾向率空间分布；(d)苹果单产和气象产量变化

5.3.2.2 影响苹果产量的气象特征变量

为了避免 26 个特征变量之间共线性对模型精度的影响，采用斯皮尔曼相关性热图，分析了 30 个苹果基地县输入因子的相关关系（以陕西省延安市安塞区为例，见图 5.4），排除共线性大的输入因子；在此基础上，采用灰色关联分析法，分析筛选后的特征变量与目标变量之间的相关性，以相关性较大的前 10 个特征变量作为模型输入变量，如表 5.9 所示。

图 5.4 为 2000—2022 年安塞区特征变量与目标变量的关联热图，红色表示正相关，蓝色表示负相关，颜色越深相关性越强。可以看出，不同生育期的 T 之间相关性较小（$P<0.4$），但 T 与 T_{max} 和 T_{min} 之间的相关系数较大，存在较强共线性；不同生育期的 W 之间相关系数基本在 0.8 以上，其中 W_3 与 T 的相关性相对较小；R 与 T 之间的相关系数在 0.5 以下，并且不同生育期 R 之间相关性较小；AT 与不同生育期的特征变量相关性较小（$P<0.5$）。因此，通过特征变量与目标变量的关联热图，筛选出安塞区共线性较小的 12 个特征变量：W_3，T_1，T_2，T_3，T_4，T_5，$Rain_1$，$Rain_2$，$Rain_3$，$Rain_4$，$Rain_5$，AT。

在此基础上，采用灰色关联分析法，分析区的目标变量与 12 个特征变量之间的相关性，最终选取相关性较大的前 10 个特征变量作为区苹果气象产量预测模型的输入变量：$Rain_1$，$Rain_4$，T_2，T_3，T_5，T_4，AT，T_1，W_3，$Rain_2$。其他基地县预测模型输入因子的选取同区一致。

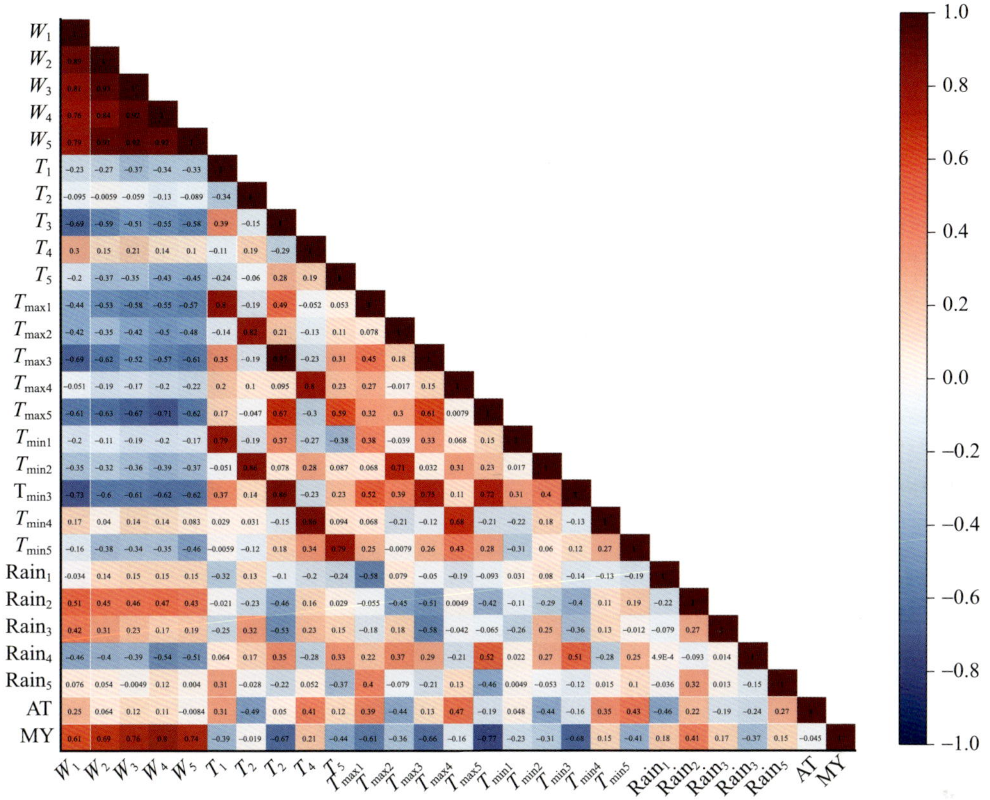

图 5.4 安塞县特征变量与目标变量的关联热图

表 5.9 苹果基地县苹果气象产量预测模型输入因子

基地县	因素 1	因素 2	因素 3	因素 4	因素 5	因素 6	因素 7	因素 8	因素 9	因素 10
安塞	$Rain_1$	$Rain_4$	T_2	T_3	T_5	T_4	AT	T_1	W_3	$Rain_2$
延川	T_2	T_{min2}	$Rain_2$	W_5	T_1	T_{max1}	AT	T_{min5}	T_{min4}	T_3
延长	W_1	T_1	$Rain_4$	$Rain_1$	T_3	T_{max4}	T_{max5}	T_{min4}	AT	$Rain_2$
宜川	T_1	T_5	T_2	$Rain_5$	$Rain_4$	AT	T_3	$Rain_1$	W_1	$Rain_2$
长武	W_5	T_1	T_3	T_5	T_{max1}	T_{max2}	T_{max5}	$Rain_2$	$Rain_4$	$Rain_5$
富县	$Rain_5$	T_2	T_3	$Rain_4$	AT	T_1	T_4	W_4	$Rain_2$	$Rain_1$
旬邑	$Rain_5$	T_1	T_2	T_4	T_{min5}	$Rain_4$	T_3	$Rain_2$	$Rain_1$	W_5
白水	$Rain_5$	T_{max3}	T_{max1}	AT	$Rain_4$	T_3	T_4	T_{max5}	T_1	$Rain_2$
洛川	$Rain_4$	$Rain_5$	T_3	T_2	AT	T_4	T_1	$Rain_2$	T_{max5}	$Rain_1$
黄陵	T_4	T_{max1}	AT	T_{max3}	$Rain_4$	W_5	$Rain_5$	$Rain_2$	$Rain_3$	T_{max2}
宜君	W_1	T_2	$Rain_4$	AT	$Rain_1$	$Rain_2$	$Rain_5$	T_4	T_1	T_3
蒲城	AT	T_3	$Rain_4$	T_4	T_{max5}	T_1	$Rain_1$	$Rain_5$	W_1	$Rain_2$

续表

基地县	因素 1	因素 2	因素 3	因素 4	因素 5	因素 6	因素 7	因素 8	因素 9	因素 10
澄城	AT	T_{max3}	T_{max1}	T_{max4}	T_{max5}	T_3	$Rain_5$	T_1	$Rain_2$	$Rain_4$
合阳	$Rain_5$	$Rain_4$	T_{max2}	AT	T_{max5}	T_3	T_4	T_{min3}	W_1	T_1
韩城	W_1	T_{min5}	$Rain_1$	T_4	T_3	T_1	$Rain_4$	$Rain_3$	$Rain_2$	$Rain_5$
陇县	$Rain_4$	$Rain_3$	$Rain_5$	T_{max3}	AT	T_{max5}	T_3	T_4	T_1	T_{max2}
千阳	$Rain_4$	T_1	AT	T_{max4}	T_3	$Rain_5$	T_{max5}	T_{max2}	$Rain_1$	$Rain_2$
彬县	$Rain_1$	T_1	T_2	$Rain_2$	$Rain_4$	W_2	T_5	W_3	AT	$Rain_5$
岐山	$Rain_2$	$Rain_4$	T_1	$Rain_5$	T_2	$Rain_1$	T_5	$Rain_3$	T_4	AT
凤翔	$Rain_2$	T_{max2}	T_1	T_3	AT	T_{max5}	T_4	$Rain_4$	$Rain_5$	W_1
扶风	T_{min2}	$Rain_4$	T_{max3}	AT	T_{max1}	T_{max2}	T_1	T_{max4}	$Rain_5$	T_{max5}
礼泉	$Rain_3$	$Rain_2$	$Rain_4$	T_1	T_3	T_{min2}	$Rain_1$	$Rain_5$	T_{max4}	AT
永寿	T_1	T_3	$Rain_4$	W_2	AT	T_4	T_{max2}	$Rain_5$	T_{max5}	$Rain_1$
淳化	$Rain_5$	$Rain_4$	AT	T_{max2}	T_3	T_{max4}	T_{max5}	T_1	W_3	$Rain_2$
乾县	T_{max3}	T_3	$Rain_4$	AT	T_1	$Rain_5$	T_4	T_{max5}	$Rain_1$	$Rain_2$
富平	$Rain_5$	T_1	$Rain_2$	W_5	W_4	T_2	T_{max3}	W_1	$Rain_3$	T_4
铜川市印台区	$Rain_5$	T_1	AT	T_5	T_{max3}	T_4	$Rain_4$	T_{min1}	T_{max2}	$Rain_1$
铜川市耀州区	W_1	T_{min5}	T_3	$Rain_4$	T_{min1}	T_4	$Rain_5$	T_1	$Rain_2$	$Rain_1$
宝鸡市陈仓区	$Rain_1$	$Rain_3$	$Rain_2$	T_1	T_2	AT	T_4	$Rain_4$	W_2	$Rain_5$
延安市宝塔区	$Rain_1$	$Rain_4$	T_2	T_3	T_5	T_4	AT	T_1	W_1	$Rain_2$

5.3.2.3 苹果气象产量不同预测模型精度分析

对影响苹果产量的气象特征变量进行筛选后，利用选出的变量作为输入变量，苹果气象产量作为输出变量，进行不同预测模型的训练。以2000—2019年的600组数据作为训练集，2020—2022年的60组数据作为测试集，使用30个苹果基地县的MAE平均值和RMSE平均值，对支持向量机模型(SVR)、线性回归模型(MLR)、BP神经网络模型(BP)、随机森林模型(RF)的预测精度进行评价，评价结果见表5.10。

表 5.10 4 种模型的模拟表现

模型名称	RMSE	MAE
SVR	1.322	1.142
MLR	1.790	1.550
BP	1.413	1.283
RF	0.999	0.847

采用4种模型，对30个基地县的历史苹果气象产量进行预测，结果显示，RF模型的RMSE和MAE的值最小，预测效果最好。因此，采用RF模型，在CanESM5

模式的 SSP2-RCP4.5 和 SSP5-RCP8.5 两种情景下，预测陕西 2023—2050 年苹果气象产量的变化趋势。

5.3.2.4 苹果气象产量预测

对 2023—2050 年气候变化对苹果气象产量的影响分析后，发现根据 SSP2.0-RCP4.5 和 SSP5.0-RCP8.5 两种气候情景的模拟，苹果气象产量的变动范围表现出了显著的差异。在 SSP2.0-RCP4.5 情景下，苹果气象产量的变化幅度为−1717.36～1277.72 kg/hm^2，年变化率介于−30.41～16.31 kg/(hm^2 · a)(图 5.5a，图 5.5b)。而在 SSP5.0-RCP8.5 情景下，苹果气象产量的变化幅度为−1460.17～856.77 kg/hm^2，

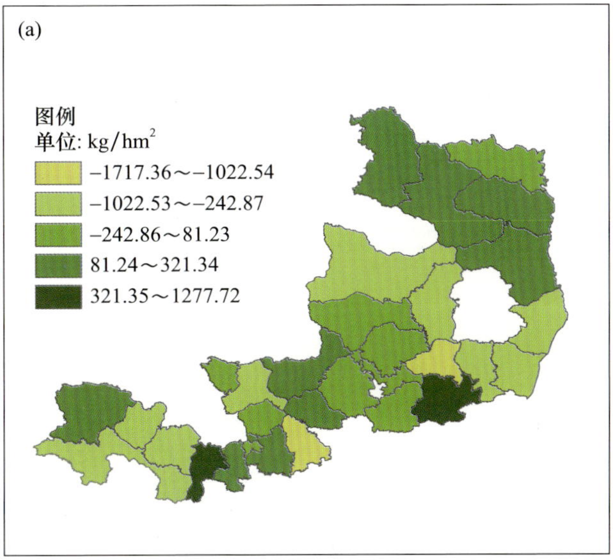

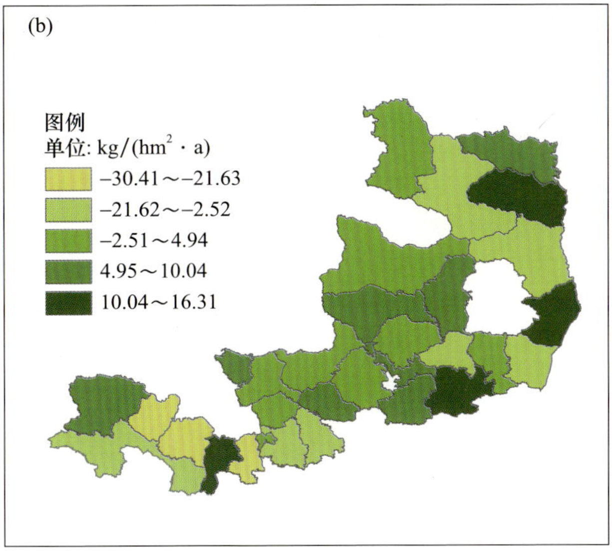

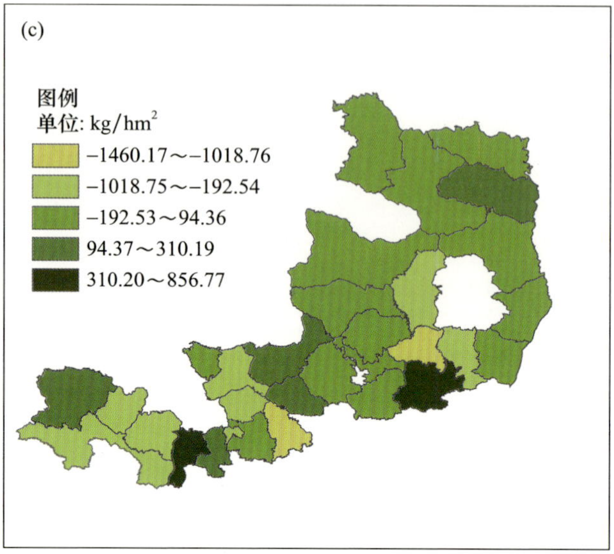

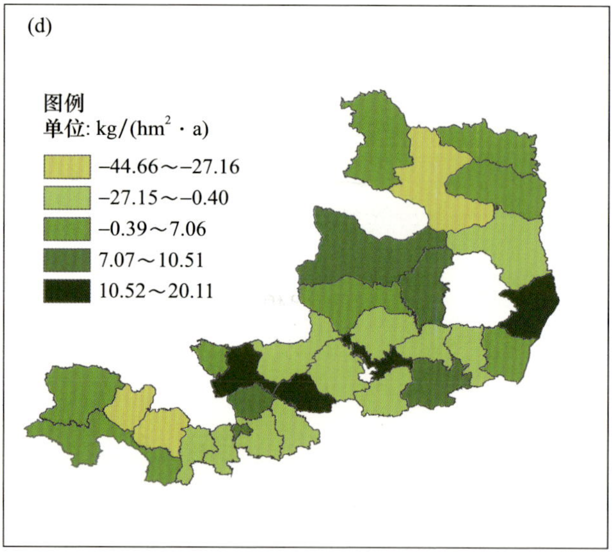

图 5.5　2023—2050 年 SSP-RCP 情景下基地县苹果气象产量空间分布及变化率

(a)SSP2.0-RCP4.5 情景下气象产量分布；(b)SSP2.0-RCP4.5 情景下气象产量变化率；
(c)SSP5.0-RCP8.5 情景下气象产量分布；(d)SSP5.0-RCP8.5 情景下气象产量变化率

年变化率范围为−44.66～20.11 kg/(hm^2 · a)(图 5.5c,图 5.5d)。苹果气象产量在 SSP5.0-RCP8.5 情景下的年变化率范围大于 SSP2.0-RCP4.5 情景。

进一步预测结果显示,无论是 SSP2.0-RCP4.5 还是 SSP5.0-RCP8.5 情景,凤翔、扶风、千阳、白水、礼泉、乾县、延安宝塔区和宜川的苹果气象产量均呈现出下降的趋势；陇县、铜川印台区、韩城、蒲城、彬州、淳化、永寿、长武、安塞、富县、黄陵、洛川、延川和延长的苹果气象产量均呈现增加趋势。在 SSP2.0-RCP4.5 情景下，宝鸡陈仓区、合阳的苹果气象产量呈下降趋势，岐山、铜川耀州区、宜君、澄城、富平和旬邑的苹果气象产量呈增加趋势；在 SSP5.0-RCP8.5 情景下则相反。

5.4　基于极端气象灾害影响分析的苹果主产国产量预测

苹果产量预测研究大部分是用数学方法根据产量数据本身来进行预测。侯丽薇等(2001)采用 BP 神经网络技术对我国 2000—2004 年的苹果产量进行预测，并将其结果与灰色系统 GM(1,1)的预测结果进行比较分析，认为该方法预测效果比传统的预测方法好，可以用来对水果等经济作物的产量进行中短期预测。姚聪等(2007)提出了一种灰色神经网络模型，该模型结合了灰色 GM(1,1)预测模型和 BP 神经网络 2 种预测模型的优点，将 GM(1,1)预测模型的预测值作为 BP 神经网络的输入变量，实际值作为输出变量进行神经网络训练，灰色神经网络模型苹果产量的预测精度高于单一的灰色 GM(1,1)预测模型或 BP 神经网络。苏哲斌(2009)将灰色系统理论与马尔可夫链相结合，建立灰色马尔可夫预测模型，根据陕西省 1998—2007 年苹果产量对陕西省苹果产量进行预测。亓雪龙等(2011)根据山东泰安 2001—2008 年苹果产量、种植面积及气候相关数据，运用指数曲线模型、多元线性回归模型、基于遗传算法的指数曲线与多元线性回归组合预测模型预测泰安市 2009 年苹果产量。刘璐等(2012)利用气象条件、生态监测和种植面积 3 个指标，共 13 个子指标建立陕西省苹果产量预报概念模型，通过对各指标与去年及历年情况的对比，了解当年这些因素相较去年及历年的优劣程度，并以前一年情况为基准，定性判断当年苹果产量变化趋势及幅度，进而判断当年苹果产量。

苹果产量受社会经济因素和气候因素的共同影响，需要把经济学理论、经济现实与全球气候变化的研究成果结合起来进行交叉科学的研究。王玺等(2011)选取了 8 个苹果主产省 1994—2008 年的统计数据，建立了时间序列和截面混合的面板数据，包括每亩苹果产量、每亩劳动日投入和生产费用投入等数据对中国苹果主产省单产水平，进行了函数混合数据模型估计，其分析结果表明，苹果主产省的自然灾害是导致其苹果单产水平波动的主要因素之一，对产量的影响率可达 27%。以果树科研为主导的技术进步因素对苹果单产水平的提高产生的促进作用极其有限。苹果主产国地域范围广，气候复杂多样，根据极端天气和气象灾害对全球苹果生产的影响开展全球苹果主产国产量预测也是一种思路。

5.5 苹果气候品质预测及评价方法

5.5.1 苹果气候品质预测方法

基于历史气候数据的统计分析：通过收集过去多年的气候数据，包括温度、湿度、降水量等，利用统计分析方法，如回归分析、时间序列分析等，来预测未来一段时间内的气候条件。这种方法适用于气候条件变化较为平稳的地区。

气候模式模拟：利用先进的气候模式，模拟未来一段时间内的气候变化情况。这种方法可以考虑到更多的气候因子，如大气成分、海洋流动等，预测结果更为精确。

机器学习方法：利用机器学习算法，如神经网络、支持向量机等，对历史气候数据进行训练，建立气候品质预测模型。这种方法可以自动学习气候数据中的模式和规律，适用于数据量大、气候条件变化复杂的地区。

卫星遥感技术：利用卫星遥感技术获取地表及大气层的信息，结合气候模式和机器学习方法，对苹果种植区域的气候条件进行实时监测和预测。这种方法可以提供更为精细的空间和时间分辨率数据。

专家系统：结合气象学、农业学等领域专家的知识和经验，建立专家系统进行气候品质预测。这种方法可以充分利用专家的领域知识和判断力，适用于需要综合考虑多种因素的复杂情况。

综上所述，苹果气候品质预测方法包括统计分析、气候模式模拟、机器学习方法、卫星遥感技术和专家系统等多种方法，可以根据具体需求和条件选择合适的方法或综合使用多种方法。

5.5.2 苹果气候品质评价方法

5.5.2.1 苹果品质评价方法概述

苹果品质评价方法主要有感官评价和仪器分析两种。感官评价易受人为因素影响，而仪器分析则比较客观。建立基于仪器分析指标的苹果品质评价方法成为当前研究者关注的重点方向。通过多指标构建科学合理、客观实用的果实品质评价方法将会是未来发展的主要方向。主成分分析法和聚类分析法可将检测出的多指标进行简化。层次分析法可根据各评价因子对结果影响的重要程度，通过计算得到不同评价指标的权重，从而使各评价因子在评价中得到充分体现。灰色关联度分析法是针对灰色系统以决定因素主次及其相关联程度的一种方法，近年来，层次分析和灰色关联度相结合的方法在西瓜、甜瓜、葡萄、柑橘类等果品的品质评价中得到应用。王轩(2013)以全国9个富士主产地的红富士苹果为原料，采用变温压差膨化干燥工艺加工制成苹果脆片，应用层次分析和灰色关联度相结合的方法，分别对红富士苹果果实的30项品质指标和苹果脆片的16项品质指标进行测定，通过数理统计分析方法建立了红富士苹果鲜食及脆片的品质评价模型，得到不同产地红富士苹果鲜食及脆片综合品质排序，同时对不同产地红富士苹果的糖、酸及芳香成分进行了比较分析。匡立学等(2020)采用我国河北、河南、辽宁、宁夏、山东、山西、陕西、新疆等8个主产省(区)68个主产市(县)的176份富士系苹果样品，检测单果重、带皮硬度、去皮硬度、可溶性固形物含量、可溶性糖含量、可滴定酸含量、维生素C含量、山梨醇含量、葡萄糖含量、果糖含量、蔗糖含量、甜度、固酸比、糖酸比、甜酸比等15项品质指标，通过主成分分析和聚类分析筛选适宜的苹果品质评价指标，在此基础上运用层次分析法确定指标的权重，最后采用灰色关联度法建立富士系苹果品质综合评价模型。初步明确我国不同产区的富士系苹果品质差异性。

5.5.2.2 苹果品质特性

苹果果实质量是评价品种是否优良最为重要的指标，其中包括单果重、果形指数、果实硬度、果色、可溶性固形物含量、有机酸含量、糖酸比等。苹果果个大小、色泽和形状是主要外观品质，也是果实品质的评价和分级的重要指标；风味、硬度、香气和主要营养成分(维生素、矿物盐)等是主要的食用品质。在观测区域选取定点果园3个，树龄一般为8～10年，每个果园选取树龄基本一致的果树3棵，随机采取树冠外围中部的东、西、南、北、中等方位的果实，共45个，用来作为试验样本。测量果实单果重、果实横纵径、果形指数、着色面积、可溶性固形物含量、苹果酸含量、固酸比、硬度、光洁度、红度等。单果质量用百分之一的电子天平测定；果实横纵径用电子数显卡尺测定；果实硬度用硬度计(GY-1型手持硬度计)测定；可溶性固形物含量可用数显手持糖度计(PAL-1)测定；含酸量可用苹果酸度计测定；着色面积，果实着色面积可采用每个果实总表皮面积的12.5%为一个层次进行测定。苹果甜酸风味既取决于糖、酸含量的绝对值，也取决于糖酸比。王海波等(2010)对中早熟苹果品种果实的风味物质和风味品质进行研究，得出苹果风味的优劣与可滴定酸含量有很大的关系，高酸低糖的果实口感过酸，低酸高糖的果实口感淡薄，都不符合鲜食要求，苹果风味品质主要取决于果实糖、酸含量及糖酸比，并认为苹果品种果实风味佳，其糖酸比值在20%～60%。

冯娟(2014)分析了13个不同苹果产地富士苹果的品质指标，其中果个大小的测定是采用质量法即用天平称重直接测出单果重，凤翔和烟台的单果重最高，达到了287.3克；果形指数是先用游标卡尺量出果实横径和纵径，利用公式：果形指数＝果实纵径/果实横径，计算出果形指数；叶绿素决定果实的底色，苹果品种不同其所含的叶绿素等的浓度也是不同的，利用这个原理果皮颜色的测定使用 CR-400 色差计。王轩(2012)测量单果重是利用平均值法，选取 9 个不同产地、大小一致的果实，利用电子天平分别测其单果重，然后算出平均值即为单果重；单果体积的测定是先选取每个产地具有代表性的果实，用体积自动测定仪测出其单果体积。段鹏伟等(2021)以河北 44 个果园的富士苹果为试材，采用成熟期采样、测定和相关性分析的方式，研究果实外观品质、内在品质、质构特性与海拔高度的相关性。果园平均海拔 247.77 m，在果实外观品质方面，果实单果重与海拔呈显著负相关($r=-0.33$，$P<0.05$)，着色指数与海拔呈极显著正相关($r=0.43$，$P<0.01$)，裂果指数与海拔呈极显著负相关；在果实内在品质方面，果实可溶性固形物含量与海拔呈显著正相关，硬度、可滴定酸、固酸比均与海拔无显著相关性；在果实质构特性方面，果实黏附性与海拔呈显著负相关，内聚性与海拔呈显著正相关，脆裂性与海拔呈显著正相关，胶粘性与海拔呈显著正相关，咀嚼性与海拔呈显著正相关，弹性与海拔无显著相关性。海拔高度在 700 m 以下时，较高的海拔能够显著提高果实的外观品质和可溶性固形物含量，海拔高度与果实质构特性显著相关。李艳荣等(2021)利用邢台市富岗苹果果园物候资料及品质测定数据，采用灰色关联度法和多元逐步回归法，建立苹果气候品质指标模型，结果表明：邢台市富岗苹果硬度、可溶性固形物含量与全生育期日较差、开花期相对湿度、膨大期最高气温及膨大期最高气温呈显著正相关关系；特优级苹果的气候品质指标为全生育期日较差≥8.4 ℃，开花期相对湿度≥46.5%，膨大期的最高气温≥29.1 ℃，全生育期最低气温≥13.0 ℃，可用于气候品质评价业务工作。王贵平等(2021)在“新红将军”和“寒富”苹果的接近成熟时期，研究不同采摘时间对果实品质的影响，随采收期的推迟，“新红将军”单果重、着色指数逐渐增加，果形指数和可溶性固形物含量先增加后降低，光洁度和硬度逐渐降低；随采收期的推迟，“寒富”单果重逐渐提高，果形指数、着色指数及可溶性固形物含量先升高后降低，光洁度指数、硬度逐渐降低，综合各项指标认为，鲁中地区“新红将军”苹果的适宜采收期为 9 月 30 日，“寒富”苹果的适宜采收期为 10 月 10 日。杨素苗等(2021)采用主成分分析、多元线性回归及线性规划对河北省 44 个苹果园及当地气象因子进行分析，认为气候因子对果实的着色指数、裂果指数、质构特性影响显著，对单果质量、可溶性固形物含量、可滴定酸含量没有显著影响。苹果果实的内含物以碳水化合物(主要是淀粉和糖)的含量最高，蛋白质和脂肪其次，这些成分随着苹果发育而有所消长，直到果实成熟时，表现出品种的固有性状；河北省生长期内的日较差、降水量和湿度，以及周年的温度、日较差、降雨量、湿度和光照时数均适宜富士苹果栽培，部分地区生长期内过高的日照时数和温度是影响果实品质的关键气象因子。李丽杰等(2020)采用气相色谱等方法，研究了辽宁省不同气候特征区域对寒富苹果果实品质的影响。

白沙沙(2012)在测量果实内维生素 C 含量时，先选取 3 个具有代表性的苹果，晾干后取 30 g 食用部分加 2% 草酸溶液将其捣碎处理；可溶性固形物含量的测定实验准备工作如上，捣碎后四层纱布过滤，取出滤液，利用手持式防水折射仪测出可溶性固形物含量。

5.5.2.3 苹果品质评价技术服务体系

为推动农产品气候品质认证工作体系建设，2017 年，在中国气象局政策法规司支持下，气象行业标准《农产品气候品质认证技术规范》立项，并于 2019 年 8 月 1 日起正式实施。近年来，我国多个省份已经开展农产品气候品质认证工作，主要涉及粮食作物、茶叶、特色林果、豆类等。2013 年陕西首次启动以苹果为主的果品气候品质等级认证试点工作，基本掌握气候对农产品不同品质的影响，为现代农业气象服务奠定技术基础，利用认证结果对农产品进行标识，提高果品的知名度和竞争力。2016 年甘肃开展关于苹果等特色作物的“设施农业＋特色林果业”模式气候品质认证，提升农产品知名度，增加附加值。

2014 年，陕西省经济作物气象服务台完成了《陕西省果品气候品质认证办法（试行）》和《陕西省果品气候品质认证申报书》编制工作，对果品气候品质认证中的总则、职责分工、认证流程、等级规定，标志管理等内容进行了规定；通过实地测试获取品质数据，耦合品质与气象因子，构建了农产品气候品质指标体系和评价模型，通过深入研究气候可行性论证技术方法，完善气候可行性论证流程，建立了农产品气候品质认证业务流程、技术规范。随着水果硬度计、水果糖度计、水果酸度计、色差计、叶面积测定仪及叶面积厚度仪等果实品质检测仪器的广泛应用，果品气候品质认证工作定量化水平不断提升。

开展农产品气候品质认证，通过分析当地气候条件对农产品各生长期的作用，确认当年总体气象状况对农产品气候品质等级的不同影响，最终实现农产品的气候资源价值。农产品气候品质是利用天气气候要素对农产品品质影响的优劣等级进行评定，需要开展品质数据获取、构建气候品质指标以及建立气候品质评价模型等工作。

随着人们生活水平的提高，对苹果的品质要求也越来越高，不仅要求苹果色泽良好，果形端庄，有很好的风味和质地，而且还很注重苹果的营养成分和功效。如何提高苹果果实的品质是国内果农面临的突出问题，因此有必要开展品质评价，为苹果种植基地的选择提供参考依据。苹果品质评价技术体系包括认证调研、征集认证企业、实地勘查、技术分析论证、专家咨询、出具并颁发证书等环节（图 5.6）。苹果气候品质认证工作的开展，通过有气候认证资质的第三方对影响苹果品质的气候条件优劣等级评定，利用认证结果对苹果和其产地进行标识，为苹果贴上“气候身份证”，对促进苹果标准化、规范化生产，提升苹果的知名度和市场竞争力具有重要意义。

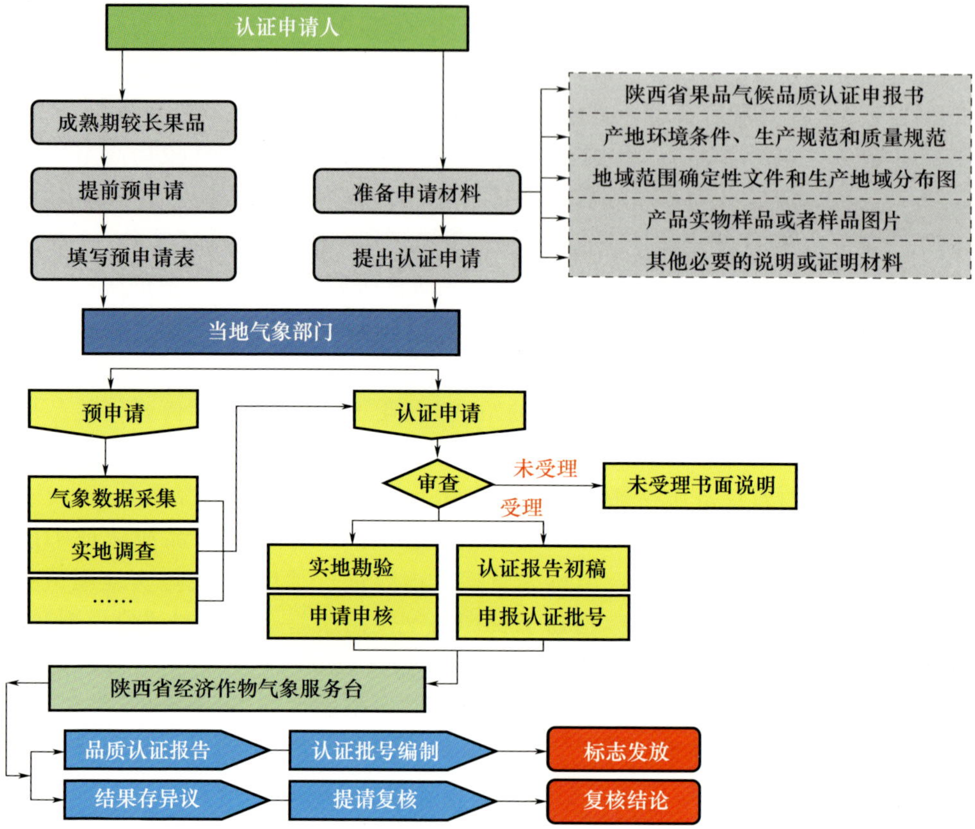

图 5.6　果品气候品质认证流程图

5.5.2.4　苹果品质综合评价方法

多指标综合评价是将多种评价因子和指标通过一定的评价方法，转化为可以反映评价对象总体特征的信息；可分为主观赋权评价法（如层次分析法、综合评分法、模糊评价法等）和客观赋权评价法（如熵值法、TOPSIS 法、灰色关联度分析法、主成分分析法和聚类分析法等）两大类。苹果品质综合评价是通过一定的评价方法，将苹果的感官指标（如果形、酸甜度、色泽、单果重等）和理化指标（如维生素 C 含量、矿物质含量、可溶性总糖、可滴定酸含量等）转变为可以反映苹果品质总体特征的信息。

国内外对苹果品质的感官和理化指标的研究大多集中于单一品质方面，对品质整体评价分级标准和分类方法不够具体和全面。如徐吉花等（2011）选用“新红星”等 10 个具有代表性苹果品种，测定出果实的 15 个品质指标，再通过聚类分析和主成分分析选择，对苹果品质评价指标有简化作用。在品种选育方面，王轩等（2013）用灰色关联度分析法，通过对比 9 个不同产区的红富士苹果的 8 个品质指标，综合评价得出新疆、甘肃和辽宁的红富士苹果最优，为品种选育提供了参考。理化指标方面，聂继云等以 190 个苹果品种为试材，分别测定果实的 7 项理化指标，利用回归分析、聚类分析和主成分分析等分析方法筛选，结果得出，可溶性固形物与可溶性总糖高度相关，相关系数为 0.8343，固酸比和糖酸比高度相关，相关系数为 0.9844，因此将苹果理化指标简化为 5 项（分别是果实硬度、总糖含量、可滴定酸含量、糖酸比和维生素 C 含量），并可以作为苹果理化品质评价的代表性指标。

5.5.3　陕西苹果气候品质评价标准

5.5.3.1　评价模型

苹果气候品质评价模型见式(5.20)：

$$I_{ACQ}=\sum_{i=1}^{3}a_i M_i \tag{5.20}$$

式中：I_{ACQ} 为苹果气候品质评价指数；a_i 为苹果气候适宜性区划、当年苹果生长气候条件、生产管理条件的权重系数，通常分别取 0.3、0.5、0.2；M_i 为苹果气候适宜性区划指标得分（表 5.11）、当年苹果生长气候条件得分（表 5.12、表 5.13）、生产管理条件得分（表 5.14）。

5.5.3.2　评价指标分级赋值指标

(1)苹果气候适宜性区划指标评分标准

M_1 表示苹果气候适宜性区划指标，最适宜区＝100 分，适宜区＝90 分，次适宜区＝80 分。

表 5.11　苹果气候适宜性区划指标评分标准表

评分项目	最适宜区/分	适宜区/分	次适宜区/分
评分	100	90	80

(2)当年苹果生长气候条件评分标准

苹果生长气候条件评分公式(5.21)：

$$M_2=\alpha-\beta \tag{5.21}$$

式中，M_2 表示当年苹果关键生育期生长气候条件评分值，包括气候资源(α)、气象灾害情况(β)。

① 气候资源评分标准

气候资源评分如式(5.22)：

$$\alpha=0.2\alpha_1+0.3\alpha_2+0.2\alpha_3+0.3\alpha_4 \tag{5.22}$$

式中：α 表示气候资源评分值，其中 α_1 为全生长季(始花期—采收期)≥10 ℃积温(权重 20%)，α_2 为果实膨大期降水(权重 30%)，α_3 为着色成熟期日照(权重 20%)，α_4 为着色成熟期气温日较差(权重 30%)。

气候资源评分标准见表 5.12。

表 5.12　气候资源指标权重及其评分标准

评分项目	权重/%	评分		
		>历年均值 10%/分	历年均值±10%/分	<历年均值 10%/分
全生长季≥10 ℃积温	20	100	90	80
果实膨大期降水	30	100	90	80
着色成熟期日照	20	100	90	80
着色成熟期日较差	30	100	90	80

② 气象灾害评分标准

气象灾害评分如式(5.23)：

$$\beta=0.2(0.3\beta_1+0.1\beta_2+0.2\beta_3+0.1\beta_4+0.2\beta_5+0.1\beta_6) \quad (5.23)$$

式中：β 表示当年主要气象灾害评分值，其中 β_1 为花期冻害(权重 30%)，β_2 为高温热害(权重 10%)，β_3 为干旱(权重 20%)，β_4 为越冬冻害(权重 10%)，β_5 为冰雹(权重 20%)，β_6 为连阴雨(权重 10%)。

气象灾害评分标准见表 5.13。

表 5.13　气象灾害指标权重及其评分标准

评分项目	权重/%	评分			
		0 分	10 分	20 分	30 分
花期冻害	30	无灾害	轻度	中度	重度
高温热害	10	无灾害	轻度	中度	重度
干旱	20	无灾害	轻度	中度	重度
越冬冻害	10	无灾害	轻度	中度	重度
冰雹	20	无灾害	轻度	中度	重度
连阴雨	10	无灾害	轻度	中度	重度

(3)生产管理条件

生产管理条件评分公式如式(5.24)：

$$M_3=0.3\gamma_1+0.3\gamma_2+0.4\gamma_3 \quad (5.24)$$

式中：M_3 表示苹果生产管理条件评分值，其中 γ_1 为果品生产技术标准与安全生产规范制定执行情况(权重 30%)，γ_2 为当年果品“三品”认证情况(权重 30%)，γ_3 为品质指标抽检情况(权重 40%)。

生产管理条件评分标准见表 5.14。

表 5.14　生产管理条件指标权重及其评分标准

评分项目	权重/%	评分		
		100 分	90 分	80 分
果品生产技术标准与安全生产规范制定执行情况	30	严格执行	较好执行	一般
当年果品“三品”认证情况	30	有机	绿色	无公害
品质指标抽检情况	40	特级果和一级果比例达 85%以上	特级果和一级果比例为 80%～85%	特级果和一级果比例低于 80%

(4)等级划分

按苹果气候品质评价指数，将苹果气候品质划分 3 个等级，见表 5.15。

表 5.15　苹果气候品质评价等级划分

等级	苹果气候品质评价指数(I_{ACQ})
特优	$I_{ACQ} \geq 90$
优	$80 \leq I_{ACQ} < 90$
一般	$I_{ACQ} < 80$

第 6 章

苹果种植气候适宜性区划

6.1 苹果种植气候适宜性区划技术方法

6.1.1 苹果种植气候适宜性区划技术方法和流程

苹果种植气候适宜性区划技术是一种用于确定苹果种植适宜区域和气象灾害风险区域的技术，它基于苹果生长发育对气象条件的要求，结合不同地区的气候特点，将全国或特定区域划分为不同的气候区，并评价每个区的气候资源利用率。通过苹果种植气候适宜性区划技术，可以科学规划苹果产业的布局，提高苹果种植的效益和品质。

6.1.1.1 苹果种植气候适宜性区划方法

主要依据苹果生长所需的气候条件，将全国或某一区域划分为不同的苹果种植适宜区。以下是苹果种植气候适宜性区划方法步骤。

(1)收集数据。收集各地的气象数据，包括温度、降水、光照、湿度等，以及土壤数据，如土壤质地、土层深度、有机质含量等。

(2)分析气候资源。根据收集的数据，分析各地的热量、水分、光照等气候条件及土壤适配情况，评估这些条件对苹果生长的影响。

(3)划分区域。根据气候资源的分析结果，将全国或某一区域划分为不同的苹果种植适宜区，每个区域具有相似的气候条件和土壤条件。

(4)制定管理措施。针对不同区域的气候特点，制定相应的苹果种植管理措施，包括气象灾害防御、病虫害防治、施肥、灌溉等。

(5)动态调整。由于气候变化的不确定性，苹果种植气候适宜性区划需要定期进行动态调整，以适应新的气候条件。

（6）应用实践。根据苹果种植气候适宜性区划结果，指导苹果种植结构的调整和优化，如陕西苹果的“北扩西进”战略，合理调整种植结构，提升产业收益。

综上所述，苹果种植气候适宜性区划方法是一个综合性的过程，需要综合考虑气候、土壤、管理等多个因素。

6.1.1.2　苹果种植气候适宜性区划技术流程

苹果种植气候适宜性区划技术的流程主要包括以下几个步骤。

（1）前期准备。这一阶段包括收集和研究已有的苹果种植气候适宜性区划资料、成果和经验，以及进行广泛的实地调查，了解苹果种植业的实际情况和气候资源特点。

（2）确定区划原则。根据苹果生长的气候条件，确定区划的原则，如气候相似性、地域连续性和行政管理便利性等。

（3）研制气候区划指标。根据苹果的生长需求和气候资源特点，研制气候区划指标，如温度、降水、湿度、风速等。

（4）开展区划工作。利用研究分析获得的气候区划指标，进行具体的区划制作。这一步骤使用地理信息系统（GIS）等技术手段会提高区划的数字化、精细化水平与可视化效果。

（5）结果分析和评价。对制作出的苹果种植气候适宜性区划结果进行分析和评价，确定各区域的适宜性、风险性。

（6）成果展示和应用。将最终的苹果种植气候适宜性区划成果以区划地图、评价报告等形式展示出来，并提供给相关部门和农户使用，以指导苹果种植业的布局和调整。

通过以上流程，苹果种植气候适宜性区划成果可以为苹果种植业提供科学、合理的气候资源利用建议，有助于优化农业产业结构，提高农业生产效益和生态环境质量。

6.1.2　苹果种植气候适宜性区划指标

苹果种植气候适宜性区划指标主要包括以下几个方面：

（1）气温。苹果树生长需要适宜的气温范围，过高或过低的温度都会对苹果树的生长和发育产生不良影响。因此，在气候区划中，气温是一个重要的指标，包括年平均气温、极端最低气温和极端最高气温等。年平均气温为9～14 ℃，冬季极端最低气温不低于−12 ℃，夏季最高月平均气温不高于20 ℃，≥10 ℃的年积温约为5000 ℃·d，生长季节（4—10月）的平均气温为12～18 ℃。

（2）降水。苹果树生长需要适量的水分，过多或过少的水分都会导致苹果树生长不良，影响产量和品质。因此，在气候区划中，降水量和降水分布也是一个重要的指标。苹果树在生长期每亩地需降水量约为180 mm。通常自然降水中，能被果树实际利用到吸收的约占1/3，生长期降水量若有540 mm，一般能满足果树生长的需求。4—9月降水量在450 mm以下的地区,则需要通过灌溉来补充水分。

(3)湿度。苹果树生长需要适宜的空气湿度范围,过高或过低湿度都会对苹果的生长和发育产生不良影响。

(4)日照。苹果是喜光树种,光照充足有利于苹果的生长发育。因此,在气候区划中,日照时数也是一个重要的指标。

(5)海拔条件。苹果适宜种植在海拔500~2000 m的地区。

此外,苹果种植气候适宜性区划指标还可包括风速、物候期、土壤条件等。根据上述气候、土壤、海拔等因素,将全国或特定区域划分为不同的气候区,并评价每个区的气候资源利用率,为苹果产业的布局规划提供科学依据。

6.1.3 苹果种植气候适宜性区划评价方法

苹果作为世界广泛种植的果树之一,其生长与发育受到气候条件的深刻影响。因此,科学合理地评价苹果的气候区划,对于指导苹果种植、优化产业布局和提高果品质量具有重要意义。本节将介绍一种苹果种植气候适宜性区划评价方法,旨在为苹果产业的可持续发展提供参考。

(1)评价原则与依据

苹果种植气候适宜性区划评价应遵循以下原则:一是科学性与实用性相结合,既要基于气候学、生态学等科学原理,又要考虑实际操作的可行性;二是区域性与整体性相统一,既要充分考虑不同地区的气候特点,又要关注整个苹果产业的布局和发展。

评价依据主要包括气候数据、地形地貌、土壤类型等自然因素,以及苹果生长发育的生理生态学需求。其中,气候数据是评价苹果种植气候适宜性区划的关键因素,包括温度、降水、光照等气象要素。

(2)评价指标与方法

温度指标。苹果生长发育需要适宜的温度条件。因此,温度指标是苹果种植气候适宜性区划评价的核心内容。具体指标包括年平均气温、冬季极端低温、夏季最高月平均气温等。通过对比分析不同地区的气温数据,可以初步划分出适宜苹果生长的气候区。

降水指标。降水量对苹果的生长和产量具有重要影响。苹果在生长期需要适量的降雨滋润,但过多或过少的降水都会对苹果生长产生不利影响。因此,降水指标也是苹果种植气候适宜性区划评价的重要指标之一。具体指标包括生长期降水量、降水季节分布等。

光照指标。光照是苹果进行光合作用的重要条件,对果实的品质和产量具有显著影响。因此,光照指标也是评价苹果种植气候适宜性区划的重要依据。具体指标包括日照时数、光照强度等。

在评价方法上,可以采用定性与定量相结合的方法。首先,根据气候数据、地形地貌等自然因素进行定性分析，初步划分出适宜苹果生长的气候区。然后，利用数学模型和统计分析方法对评价指标进行量化处理，进一步精确划分气候区。

(3)气候区划结果与应用

通过苹果种植气候适宜性区划评价方法，可以得出不同地区的气候区划结果。这些结果可以为苹果种植业的布局和规划提供科学依据。例如，在适宜苹果生长的气候区内，可以优先发展苹果产业，提高果品质量和产量；而在不适宜的气候区内，则可以调整种植结构，发展其他适宜的果树品种。

此外，苹果种植气候适宜性区划评价结果还可以为农业气象服务、农业保险等提供参考依据，有助于推动苹果产业的可持续发展。

苹果种植气候适宜性区划评价方法，该方法基于科学原理和实际需求，能够较为准确地划分出适宜苹果生长的气候区。然而，气候条件是不断变化的，苹果种植气候适宜性区划也应随之调整和优化。因此，未来需要进一步加强气候监测和预测工作，不断完善苹果种植气候适宜性区划评价方法，以适应气候变化对苹果产业的影响。总之，苹果种植气候适宜性区划评价方法是指导苹果种植、优化产业布局和提高果品质量的重要手段。通过科学合理地评价苹果种植气候适宜性区划，可以为苹果产业的可持续发展提供有力支持。

6.2　主要苹果产区水分资源时空分布特征

在苹果生产中，一般认为苹果适宜栽培区的年降水量应在 500～800 mm，降水过多或过少都会对苹果的产量和品质造成一定影响。然而，苹果树不同生育期对降水量的需求具有很大差异，萌芽—幼果期、果实膨大期和着色—成熟期等关键生育期的降水量对苹果产量和品质均具有很大影响。尤其是果实膨大期通常是果实生长需水的关键期，水分条件对果实大小产生重要影响，水分供应充足，可以促进果实膨大，且利于着色。邱美娟(2021)等利用 1970—2017 年辽宁、河北、山东、山西、河南、陕西、甘肃 7 个中国苹果主产省及周边 210 个气象站逐日降水资料和 1 km 分辨率的数字高程数据，采用基于样条函数插值理论的专业气象插值软件 ANUSPLIN 对降水数据进行空间插值。结合地理信息系统软件 ArcGIS 和变异系数、气候倾向率等相关数理统计方法，分析苹果主产省的降水时空分布特征；并根据适宜苹果树栽培的年降水量区间和苹果主产区降水分布情况探析苹果树关键生育期适宜降水量。

根据中国苹果主产区地理分布和各个时段降水量空间分布情况，得到各省苹果主产区各生育时期降水量统计特征情况(表 6.1)。苹果主产区的年降水量平均值为 607.0 mm，最大值和最小值分别为 1081.0 mm 和 403.0 mm。苹果树萌芽—幼果期全区的降水量为53.1～216.4 mm，平均值为104.1 mm。苹果果实膨大期全区的降水量在225.1～548.7 mm，平均值为345.7 mm。苹果着色—成熟期全区的降水量在67.2～252.5 mm，平均值为118.4 mm。全区年降水量在500.0～800.0 mm的区域占87.1%，这与众多研究中指出苹果树最适宜栽培的年降水量为500.0～800.0 mm基本相吻合。

表6.1 各省苹果主产区苹果树各关键生育期降水量统计特征

生育期	降水量/mm								
	统计量	甘肃	河北	河南	辽宁	山西	山东	陕西	全区
全年	最小值	421.1	429.2	546.9	486.1	433.8	597.8	402.9	403.0
	最大值	803.5	807.5	984.0	851.1	754.8	881.4	1080.5	1081.0
	平均值	555.7	587.9	679.7	618.2	548.2	701.8	596.8	607.0
	标准差	59.9	65.6	77.5	63.8	49.4	56.8	84.2	88.0
萌芽—幼果期	最小值	80.4	53.1	94.0	71.6	66.1	86.7	57.3	53.1
	最大值	165.7	114.7	202.6	133.1	149.4	139.2	216.4	216.4
	平均值	110.5	79.4	131.1	90.5	98.4	108.0	106.9	104.1
	标准差	15.3	8.9	22.5	11.5	14.2	8.7	24.5	22.0
果实膨大期	最小值	225.1	286.5	250.3	333.7	238.9	370.7	238.4	225.1
	最大值	409.9	536.0	503.4	527.4	397.0	548.7	537.2	548.7
	平均值	287.6	396.7	354.2	405.0	290.1	429.7	290.4	345.7
	标准差	28.8	51.8	41.9	33.9	27.7	42.9	34.6	69.1
着色—成熟期	最小值	90.8	68.1	92.9	67.2	90.9	86.8	85.2	67.2
	最大值	187.0	122.8	201.3	136.1	174.3	135.4	252.5	252.5
	平均值	129.1	89.0	139.7	92.9	122.5	106.3	135.9	118.4
	标准差	14.8	7.8	25.2	13.2	14.4	8.9	25.2	25.9

苹果主产省年平均降水量大体呈南高北低、东高西低的空间分布特征，由东南向西北递减趋势。其中约51.7%的区域年降水量为500～800 mm。这些区域主要分布在甘肃东南部(约占该省面积的25.0%)、陕西中部(42.9%)、山西中部和南部(65.7%)、河南中部和北部(59.4%)、山东除东南局部区域外的大部分地区(92.2%)、河北南部和东部(57.3%)以及辽宁中西部和南部(69.3%)。年均降水的高值区主要位于陕西、河南以及山东的南部和辽宁东部地区(约占研究区域面积的12.2%)，降水量在800 mm以上。苹果主产省各生育时期内降水量空间分配不均，苹果树萌芽—幼果期、果实膨大期和着色—成熟期平均降水量在空间分布上与年平均降水量基本一致，呈南高北低、东高西低的分布规律。在年平均降水量中，萌芽-幼果期平均降水量的贡献率达到0.114～0.385，果实膨大期平均降水量的贡献率最大，为0.428～0.712，而着色—成熟期平均降水量的贡献率与萌芽—幼果期接近，为

0.000～0.270。萌芽—幼果期和着色—成熟期降水贡献率基本呈自东向西增大的趋势。果实膨大期降水贡献率则相反，基本呈自东向西减小的趋势，山东省、河北省以及山西省北部以东，降水贡献率在0.60以上，而西部地区降水贡献率相对较低。

苹果主产区降水量的年际变化较大，研究区域年降水量变异系数均在0.10以上，约90.7%的地区变异系数大于0.15，尤其以东部渤海湾产区和甘肃西北部变异系数相对较大；年降水量极差的空间分布特征与年平均降水量相似，即南高北低、东高西低，大部分地区（约79.9%）极差在200～800 mm，极差最大值在1000 mm以上；从年降水量变化气候倾向率的空间分布看，仅0.8%的地区通过0.05水平的显著性检验，主要位于陕西省北部局部地区，在16.6～21.4 mm/(10 a)，其余大部分地区变化不显著。张玥滢等(2019)研究表明，四川东部和北部以及云南和西藏的部分地区气候倾向率为负值，为−173.7～0.0 mm/(10 a)，即年降水量随时间呈下降的趋势；西藏中北部气候倾向率为正，即年降水量随时间呈升高趋势。

邱美娟等(2021)研究显示，我国苹果树各生育时期降水年际变化幅度较大，萌芽—幼果期降水变异系数均大于等于0.13，环渤海多数地区在0.30～0.50；着色—成熟期降水变异系数几乎均大于等于0.25，大多数区域在0.25～0.55；果实膨大期降水变异系数相对萌芽—幼果期和着色—成熟期较小，但均大于等于0.14，普遍在0.14～0.35。从各时段降水量变化的气候倾向率空间分布上看，近48年来，萌芽—幼果期仅0.7%的区域通过0.05水平的正显著性检验，气候倾向率为2.4～9.2 mm/(10 a)。着色—成熟期仅6.3%的区域通过0.05水平的正显著性检验，主要位于陕西省和甘肃省局部地区、河北省中部和山西省北部，气候倾向率为3.3～11.5 mm/(10 a)；另外有7.9%的区域通过0.05水平的负显著性检验，主要位于辽宁省中部和南部以及山东省北部局部地区，气候倾向率为−13.7～−6.9 mm/(10 a)。果实膨大期降水量以减少趋势为主，占研究区域的72.6%，但通过0.05水平显著性检验的区域仅占0.9%，位于河北省的局部地区，气候倾向率为−24.70～−0.43 mm/(10 a)。可见，对于苹果各个关键生育期而言，研究区内大多数地区降水量变化趋势不明显。

6.3　主要苹果品种种植气候适宜性区划

在气候变化背景下，我国的农业气候资源发生了变化，对苹果的种植分布产生了一定影响。苹果种植区域的划分既依赖于气候条件，又与土壤土质、地理地貌等自然因素有很大关系，而气候条件是苹果生产地域性适宜分布以及果品品质好坏的前提条件。揭示气候变化对苹果生产的影响，根据不同气候类型划分苹果产业布局与发展具有重大意义。苹果生长受地形、土壤、气候等生态因素以及自身的遗传因素等各种因子的共同影响，其中气候条件起主要作用。前人基于苹果产量与气象条件的关系，对苹果种植气候适宜性区划进行研究。

我国的苹果种植气候适宜性区划最早是从 20 世纪 80 年代开始的，陆秋农(1980)对中国苹果的自然分布区域与生态因子的关系进行定性探索，根据各地的气候条件和苹果生长发育特征，划分了 7 个类型的苹果栽培区，并且提出获得苹果高产优质的主要生态条件是温度、降水和日照等，为后来苹果的区划提供参考。李世奎等(1985)首次完成了全国苹果种植气候适宜性区划图，并考虑了土壤条件等其他因素完成了全国苹果种植区划图。随后，陕西、新疆、山东、黄土高原、辽宁、宁夏、甘肃也相继开展了苹果种植气候适宜性区划工作，提出了适合我国气候条件的苹果种植区划依据和方法，确定了一套适宜苹果种植的气候指标并沿用至今。我国的苹果种植气候适宜性区划工作集中于 20 世纪 80—90 年代，结果多为手工绘制，但是对品种布局及种植结构调整提供了非常重要的参考价值，GIS 等技术应用于气候区划，可大幅度提高区划精细程度。王景红等(2012)完成了《陕西主要果树气候适宜性与气象灾害风险区划图集》，针对陕西苹果种植气候适宜性区划开展系统性精细化研究。随着气候变暖，苹果新品种的更替和生产措施的改变等苹果区划指标也发生了变化。

6.3.1 全国苹果种植气候适宜性区划指标研究

(1)根据苹果生长状况确定指标

农业气候区划指标是用来划分不同农业气候区划的一种依据，它能反映各个农业气候区域间农业意义的明显差异。主要有主导因子法、主导因子与辅助因子相结合及综合因子指标法。多数学者通过对比分析研究区域的气候特点和苹果产量及品种确定对研究区域苹果的分布、生长发育、产量、品质起决定作用的因子作为区划指标进行区划。经常使用的方法有逐步分区法、数理统计法、模糊数学法和气候相似理论。李世奎等(1985)针对“国光”“元帅”“金冠”3 个品种，结合在各地的产量、品质等经济性状与气象条件的关系，选用年平均气温、年降水量、夏季(6—8 月)平均最低气温、夏季(6—8 月)平均空气相对湿度作为气候指标，采用综合评价法进行气候区划，又在气候区划的基础上考虑各地土壤条件适宜程度、经济效益、贮运条件、技术水平、地形地势修订了区划结果，首次完成了全国苹果种植区划图。王润之等(1987)采用对苹果产量和品质影响较大而各地差异较大的多个气候因子，冬季日最低气温≤−30 ℃的日数、日最高气温>35 ℃日数、日最低气温<0 ℃终日出现的早晚、≥10 ℃的活动积温、7 月上旬—9 月上旬间逐旬平均最低气温、8—9 月大风日数，用综合评判的方法将新疆苹果划分为 5 个区。

(2)灾害指标为主导因子结合其他辅助因子

主导因子与辅助因子相结合就是以主导因子划分出带(或区)，再以辅助因子划出亚带或者副区。有学者在前人研究结果的基础上，结合当地苹果生长的特点，综合考虑灾害对苹果生产的影响将限制当地苹果生长的某种灾害确定为区划的主导指标，将影响苹果生产的其他因子作为辅助指标进行区划。刘国惠(1981)认为影响辽宁省苹果栽培的主要气象因子是寒冷程度，综合考虑标志不同冻害程度及其保证率的寒冷指数指标作为一级指标，将全省划分为冷凉气候区、温凉气候区、温和气候带和温暖气候区；降水量作为二级指标，将全省划分为干旱区、半干旱半湿润区和湿润区；最后综合越冬和水分条件划分为 10 个苹果栽培气候带。1985 年，周仲显(1985)考虑到宁夏苹果一般种植在灌区，水分不是限制苹果生长的因子，晚霜冻是影响宁夏苹果产量的重要气象灾害，因此采用 4 月中旬—5 月中旬晚霜冻出现的日数作为区划的主导指标，用＞10 ℃的积温作为区划的辅助指标将宁夏划分为 5 个区。吴燕民等(1991)用气候相似理论，把"新红星"苹果的原产地的气候特点与甘肃地区的气候特点作对比，将全省划分为最适宜区、次适宜区和适宜区，分别是天水、陇东和陇中沿河灌溉栽培区、中部黄土丘陵栽培区和河西走廊栽培区。

(3)引入数学统计方法的综合因子指标法

综合因子指标法是首先找出与农业地域分异有密切关系的多个气候因子，综合分析后，确定出分区的综合指标，进行农业气候区域的划分，或者通过采用聚类、模糊综合评判、集优法等方法将多个因子综合分析后，确定出区域界线。多数研究者基于数理统计的方法，分析各地苹果品质指标与气象因子的关系，筛选出对品质影响最大的多个因子确定为区划指标，一般有年平均气温、6—8 月平均气温、6—8 月平均最高气温、6—8 月平均最低气温、≥10 ℃积温、气温日较差、6—8 月降水量、相对湿度、日照时数等。魏钦平等(2003)针对"富士""乔纳金""新红星"3 个品种的品质因子分别筛选出来 3 类不同的气候指标，对我国 3 个主要品种苹果开展了气候区划。余优森等(1990)采用数理统计方法确定了气温对苹果含糖量影响较大的 3 个关键生物学时段，分别拟合出"元帅"苹果 3 个关键生物学时段含糖量、含酸量、硬度与气温关系的曲线方程，并计算了中国主要苹果栽培区品质气候资源，利用模糊聚类分析以及品质气候资源相结合的方法将中国苹果品质气候区域划分为品质最优气候区、优质气候区和品质较差气候区 3 个区域。

6.3.2 全国苹果种植气候适宜性区划方法

农业气候区划常用的方法有逐步分区法、集优法、灰色关联法、模糊数学法和数理统计分区法。采用主导因子法或主导因子与辅助因子相结合的指标进行区划时，一般采用逐步分区法；采用综合因子指标进行区划时，一般采用聚类分析的方法进行区划。对于苹果种植气候适宜性区划的分级多数学者将研究区域划分为适宜区、次适宜区和不适宜区 3 个区。另外还有学者增加了优质区，或者增加了可种植区。

逐步分区法。这种方法首先根据对苹果生长具有重要意义的因子作为主导因子，将研究区域划分为若干个农业气候带，然后再在每个农业气候带内根据辅助指标分出若干个农业气候区。刘国惠(1981)将寒冷指数作为一级指标将辽宁省划分为4个苹果栽培气候带，将降水量作为二级指标又划分出3个苹果栽培气候区及副区，最终将辽宁省划分为10个苹果栽培气候带。

数理统计法。数理统计法主要包括聚类分析方法、最优分割和线性规划等。如王润元(1991)依据品质指标、种植与产量指标进行聚类分析，将甘肃省河西东部苹果栽培区划分为适宜栽培区、次适宜和可栽培区。王菱(1993)使用动态聚类方法将黄土高原苹果划分为8个类型区。魏钦平等(2003)基于中国不同生态气候区"富士""乔纳金""新红星"果实品质数据和气象数据，应用多元统计分析、线性规划提出了影响不同苹果品质因素的主要气象因子及最适气象因子的取值和优化方案，用系统聚类对黄土高原3个品种进行区划，主要包括不同月份降水量、相对湿度、平均温度、平均气温日较差、平均最高气温、平均最低气温、日照时数及≥10 ℃积温。

模糊数学法。应用模糊数学方法，在指标选择上同样要求具有明确的农业意义；空间分布上有鲜明的分辨力；站点必须有比较性和代表性。常见的方法有模糊聚类、模糊综合评判、模糊相似选择等。刘健国等(1992)利于模糊聚类分析法，对山东省黄淮海平原进行苹果品质气候区划，将研究区域划分为7个苹果栽培气候适宜区，以昌潍地区、日照市、济南市和泰山与崂山之间的河谷地带为适宜区，鲁中南山区、鲁西南、鲁西北为次适宜区，滨海为不适宜区。余优森等(1995)利用模糊聚类与品质气候资源相结合的方法将中国苹果品质气候区域划分为3个区域，品质最优气候区：西北黄土高原、甘新、西秦岭山地、川西北及川西南山地等温暖温和半湿润、半干旱及干旱灌溉农业区的主要苹果产地；优质气候区主要分布于渤海湾沿岸老苹果产区，包括辽宁熊岳、大连市金州区、兴城；河北昌黎；山东烟台等主要产地；品质较差气候区主要分布于黄淮海平原和关中平原苹果产区。刘闯等(1989)应用模糊综合评判法，将辽宁省苹果种植区划分为适宜、比较适宜区和不适宜区。

气候相似理论。有学者通过分析对照研究区域和苹果主产区的气候条件，确定研究区域适宜发展的品种。王建勋等(2006)将阿拉尔垦区年平均气温、生长季(4—10月)平均气温和苹果生长温量指数与"红富士"苹果原产地日本主要苹果产区及国内"红富士"苹果主产区进行比较，分析了垦区"红富士"苹果各生育阶段的气象条件，得出垦区与中国最著名的苹果产区烟台的气候条件一致，光、热等自然气候生态条件适合晚熟品种"红富士"苹果生长。吴燕民等(1991)对比分析了甘肃省"新红星"苹果和原产地美国的气候条件确定了10项指标，结合"新红星"在甘肃省的生长状况等将其划分为3个不同的生态类型栽培区。

品种区划。不同苹果品种最适宜的气象因子不同，适宜栽培的地区也不同，对不同苹果品种进行气候区划也有很多。如陕西省果树研究所(1979)通过比较世界苹果主产地和中国最适宜的气候条件，分析了陕西省的气候条件，确定了适宜发展苹果的地区和品种，并结合社会条件确定了发展的品种和比例，根据品种在各地的生长结果、生物学特性和抗逆性等综合表现将陕西省划分为5个区域，并提出了各区相应的品种组合。杨建民等(1993)选择“新红星”品种栽植的11个代表点，选择与品质产量最密切的8个气象因子，采用模糊动态聚类分析方法，对“新红星”栽植区划分了最适宜栽培区、适宜栽培区和次适宜栽培区3个分区。吴燕民等(1991)将甘肃省“新红星”苹果划分成3个不同生态类型的栽培区。朱琳等(2001)将陕西省富士系苹果划分为4个区域。曹兵等(1994)以限制宁夏红富士苹果栽培的温度条件为依据选择年平均气温、4—6月平均气温、温量指数为区划指标，将宁夏划分为适宜区、较适宜区、不适宜区和不能栽植区4个区。魏钦平等(2003)在10个不同生态类型的苹果产区，调查“富士”“乔纳金”和“新红星”3个品种的果实品质，结合当年气象资料，应用多元统计分析、线性规划和聚类分析方法，结果得出我国“富士”“新红星”和“乔纳金”最优栽培区是黄土高原和甘肃陇东，“富士”和“乔纳金”的最适宜栽培区是渤海湾，而“新红星”的最适宜栽培区是西南高地气候区。同时，也阐明了不同地区不同时期影响果实品质的气象因子和不同地区苹果优质生产的意见措施。刘金铜等(1998)通过对太行山低山丘陵区“元帅系”苹果品质多年观测资料和影响苹果品质各要素特征的气候因子对比分析，认为丘陵生长区充足的日照、较为丰富的降水和夏季较大的气温日较差等气候条件适宜苹果种植。屈振江等(2016b)利用最大熵模型的方法，研究了“富士”苹果在中国分布的主要气象条件，并对其气候适宜性进行区域划分和评价。朱琳等(2001)、程振龙等(2018)和李倩等(2013)在基于站点数据的基础上，利用GIS技术对局地苹果种植气候适宜性进行区划研究。上述研究成果在推动中国苹果种植气候适宜性区划研究方面提供了理论方法和经验。

6.3.3　全国主要苹果品种气候适宜性区划

影响“富士”苹果在中国分布的主导气候因子包括8个，适宜指标分别为：年日照时数2000～2500 h、年平均气温7～14 ℃、≥10 ℃积温3000～4800 ℃·d、最冷月平均气温−7～0 ℃、夏季气温平均日较差8～12 ℃、年降水量400～800 mm、夏季平均气温20～26 ℃、夏季平均空气相对湿度60%～78%。全国“富士”苹果的气候适宜区主要分布在黄土高原、渤海湾和黄河故道，其中，黄土高原区的陕西、山西和甘肃气候适宜度最高，而山东和河北两省“富士”苹果规模化种植还有较大发展空间。

前人对苹果区划的研究表明，苹果的优势产区受气候变化的影响有一定程度的转移，在区域内部呈现出“西移北扩”的特征(刘天军 等，2012)。在实际生产中，我国苹果生产布局由渤海湾、黄土高原、黄河故道、西南冷凉高地四大产区向渤海湾和黄土高原两大区域集中，且苹果主产区出现了由东向西、向西北黄土高原等地区迁移的现象，随着气候变暖，苹果种植边界逐渐北移（李凤 等，2012；白秀广 等，2015）。宋晓丽等（2018）分析了 1995—2015 年中国苹果主产区气候条件优势及其空间变迁趋势，结果表明各苹果主产区呈现出向西北地区转移的趋势；朱琳等（2009）研究表明，随着陕西苹果产业进一步发展，苹果种植基地县有继续向北扩展趋势；王彩峰等（2017）分析山东省苹果种植面积的时空演变规律及其内在影响因素表明，山东省苹果主产区呈东进西退、北进南退的变迁特征。李倩等（2013）利用辽宁 52 个气象站点 1981—2010 年气候资料和台站地理信息，采用 GIS 技术对“红富士”苹果的热量、降水和日照等气候资源进行网格推算并予以分析。根据“红富士”苹果对气象条件的要求，确定了气候区划指标，并将全省划分为最适宜种植区、适宜种植区、次适宜种植区和不适宜种植区 4 个分区。结果表明：①1 月平均气温和 4—10 月温量指数对“红富士”苹果栽种影响最大，选二者为“红富士”苹果种植气候适宜性区划指标；②“红富士”苹果的发展坚持－10 ℃安全线原则，在辽南应主要在大连市主要发展、营口市南部适当发展；③在辽西主要是葫芦岛市的西南部、朝阳市的西南部和锦州市南部；④辽中应在盘锦适当发展；辽东的丹东南部沿海一带适当发展。

张玥滢等（2019）利用 1981—2010 年全国 5 km×5 km 格点的气温、降水、空气相对湿度等数据集，利用气候倾向率方法、ArcGIS 空间分析技术等，选取日最低气温低于－20 ℃日数＜24 d 的保证率、高温多雨（夏季平均气温≥26 ℃且降水量≥950 mm）日数、日平均气温≥10 ℃日数作为苹果不可种植区的剔除标准，选取年平均气温、年降水量、夏季（6—8 月）平均空气相对湿度、夏季（6—8 月）平均最低气温作为苹果区划的主要气候指标；将日最低气温低于－20 ℃日数＜24 d 的保证率作为划定北界的主要指标，保证率＜80％时，不适宜苹果的种植；高温多雨成为划分苹果树种植南界的主要指标；全年日平均气温≥10.0 ℃的日数作为划分苹果树种植的西界；将年平均气温 8.5～12.5 ℃作为陕西苹果的最适宜温度指标；夏季平均最低气温 13.0～18.0 ℃为中国苹果最适宜栽培区；夏季（6—8 月）空气相对湿度 60％～70％对苹果生长最为适宜；年降水量 500～800 mm 才可满足苹果生长发育对水分条件的需求。在确定主要气候区划指标基础上，采用专家打分的方法，根据各指标在苹果产量、品质形成中的地位确定其不同的评分值，具体划分如表 6.2。总评分（S）在 80～100 分的地区为适宜种植区，45～80 分的地区为次适宜种植区，其余为不适宜种植区。根据区划结果苹果可种植区为华北、西北、西南以及华东、华南的部分地区。在可种植区中，适宜区主要位于黄土高原大部分地区和环渤海地区，次适宜区主要位于华北平原和黄土高原少部分地区以及塔里木盆地和云贵高原地区，不适宜区主要分布在东北地区、长江以南大部分地区、青藏高原地区以及新疆北部部分地区。与 20 世纪 80 年代相比，20 世纪 90 年代、21 世纪 00 年代山东半岛、黄土高原南部由适宜种植区转变为次适宜种植区，辽蒙交界地区、云贵川交界地区、黄土高原北部以及陕甘交界处由次适宜种植区转变为适宜种植区，苹果适宜种植区变化呈现明显北移西扩的特点。①根据日最低气温低于−20 ℃日数<24 d保证率、高温多雨和日平均气温≥10 ℃日数三项气候指标，东北地区（黑龙江、吉林全境，内蒙古东部），青藏高原地区（西藏北部，青海全境，四川西部）以及华南（海南、两广全境）、华中（湖南全境，湖北东部）和华东（江西全境，江苏、安徽南部和福建、浙江部分地区）大部分地区为被剔除区域，不适宜苹果种植。②年平均气温分布总体呈东南向西北递减趋势，青藏高原地区由于海拔因素年平均气温较低，环渤海地区，黄土高原以及塔里木盆地年平均气温8.5～12.5 ℃，最适宜苹果生长；年降水量分布总体呈东南向西北递减趋势，环渤海地区，华北平原南部和黄土高原南部年降水量为50～800 mm，最适宜苹果生长；夏季（6—8月）平均空气相对湿度分布与年降水量分布情况相似，总体呈东南向西北递减趋势，华北平原北部和黄土高原中北部夏季平均空气相对湿度在60%～70%，最适宜苹果生长；夏季（6—8月）平均最低气温分布与年平均气温分布相似，呈东南向西北递减趋势，东北平原南部、山东半岛、黄土高原、阿拉善高原、云贵高原中北部和塔里木盆地边缘地区夏季平均最低气温在13.0～18.0 ℃，最适宜苹果生长。③我国苹果种植适宜区位于环渤海地区以及黄土高原地区，次适宜区主要位于华北平原和黄土高原的部分地区以及塔里木盆地和云贵高原，不适宜区主要位于东北地区、南方地区以及青藏高原地区。随着年代的变化，适宜种植区面积有所增加，云贵川交界地区、黄土高原北部以及陕甘交界处由次适宜种植区转变为适宜种植区，种植范围呈北移西扩的变化趋势。辽蒙交界地区、山西省、宁夏回族自治区和甘肃省的苹果适宜区范围增加，主要表现为平均气温和夏季平均最低气温指标变为适宜；这些地区是近期发展苹果种植的优势区域。然而作为全国第一大苹果生产省份的陕西省适宜范围呈现先增加后减少的趋势，主要受平均气温和夏季平均相对湿度指标的限制，不宜扩大苹果的产能。

表6.2　苹果可种植区气候指标评分标准

指标	范围	评分
年平均气温（T）/℃	$T<7.0$	10
	$7.0\leqslant T<8.5$	25
	$8.5\leqslant T\leqslant 12.5$	35
	$12.5<T\leqslant 14.0$	25
	$14.0<T\leqslant 15.4$	15
	$T>15.4$	0
年降水量（R）/mm	$R\leqslant 100$	5
	$100<R\leqslant 500$	15
	$500<R\leqslant 800$	25
	$800<R\leqslant 950$	20
	$R>950$	10

续表

指标	范围	评分
夏季(6—8月)平均空气相对湿度(HR)/%	RH≤50	5
	50<RH≤60	10
	60<RH≤70	20
	RH>70	10
夏季(6—8月)平均最低气温(T_m)/℃	T_m≤11.0	0
	11.0<T_m≤13.0	10
	13.0<T_m≤18.0	20
	T_m>18.0	10

6.4 陕西省富士系苹果种植气候适宜性区划及评价

6.4.1 陕西省富士系苹果种植气候适宜性区划指标及方法

在对陕西苹果主产区1981—2010年气候资源时空分布特点分析研究的基础上，研制苹果种植气候适宜性区划指标与方法（表6.3）；利用GIS技术，实现区划指标空间化。采用专家打分、模糊数学等方法，确定各气象要素隶属度，建立单因子评价栅格图层。再结合各评价因子的权重，采用线性加权求和的方法，将各评价指标的栅格图进行叠加，完成陕西苹果省、市、县三级气候适宜性区划图，并进行气候适宜性区划评价。

表6.3 陕西苹果种植气候适宜性区划指标

区划因子	范围	评分
年平均气温/℃	8.5～12.5	35
	7.0～8.4或12.6～14.0	25
	14.1～15.4	15
	<7.0	10
年降水量/mm	501～800	25
	801～950	20
	401～500	15
	100～400或>950	10

续表

区划因子	范围	评分
6—8 月平均空气相对湿度/%	61～70	20
	50～60 或>70	10
	<50	5
6—8 月平均最低气温/℃	13.1～18.0	20
	11.0～13.0 或>18.0	10
	<11.0	0
最低气温≤－20 ℃ 日数小于 24 d 的保证率/%	<80	0
高温高湿	6—8 月平均气温≥26.0 ℃ 且年降水量>950 mm	0
日平均气温≥10 ℃日数/d	<140	0

6.4.2 陕西省富士系苹果种植气候适宜性区划评述

(1)最适宜区

本区南界在北山(陕北高原和关中平原的交接地带)以北,即从宝鸡西部的陇县、千阳、陈仓、凤翔、岐山、扶风、乾县、礼泉一带开始,向东延伸经耀州区、富平至蒲城、澄城、韩城黄河西岸,以此界往北至延安的安塞、子长、子洲、米脂,海拔一般在800～1400 m。本区年平均气温 8.5～12.0 ℃,年降水量北部的米脂、绥德、子洲、子长、清涧和延川不足 500 mm,其余各地均在 500～650 mm,6—8 月平均最低气温14.0～17.5 ℃,夏季平均相对湿度宝鸡西部为 70%～73%,其他各地为 61%～68%。该区气候条件优越,土层深厚,苹果果形指数高,果面着色好,含糖量高,是陕西省苹果品质最优地区。主要气象问题是,陕北的洛川、富县,渭北西部的长武、彬州、宜君等地苹果花期易遭受晚霜冻的危害(图 6.1)。

(2)适宜区

本区秦岭以北分为北部和南部两大区域。北部包括安塞、子长、子洲中北部,米脂大部,佳县南部,志丹、吴起和甘泉,海拔 1000～1450 m 的地区。本区年平均气温7.5～9.0 ℃,甘泉年降水量 500 mm 以上,其他地区 420～500 mm,6—8 月平均最低气温 13.0～17.0 ℃,甘泉夏季平均相对湿度 70%左右,其他地区 61%～65%。该区生长季温凉干燥,夏秋季气温日较差大,果实着色期光照条件极佳,气候条件基本能满足苹果生长需求,果实颜色、风味俱佳。本区降水量普遍偏少,接近 400 mm 临界值,灌溉条件较差,所产苹果个小,形扁。主要气象问题是,北部的米脂、子洲、绥德、

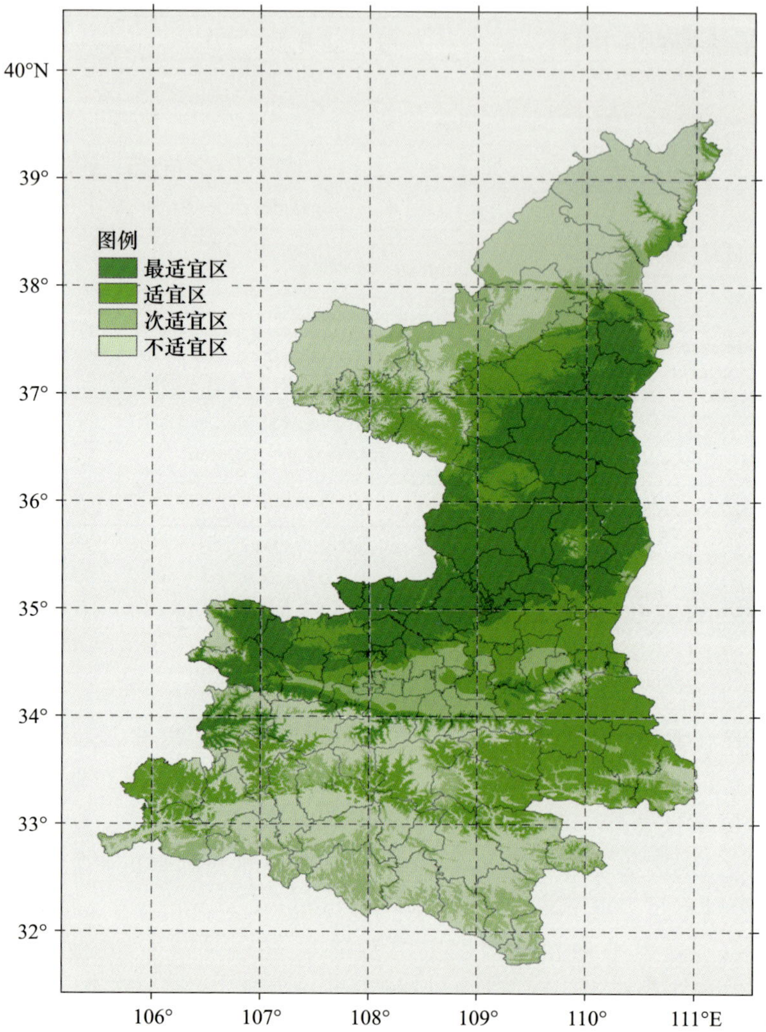

图 6.1 陕西省苹果种植气候适宜性区划

子长等地冬春干旱多风，易出现生理干旱“抽条”，越冬低温对幼树及嫩梢有一定威胁，“富士系”受影响最为明显。南部包括韩城、合阳和澄城东南部，蒲城、富平南部、大荔大部及凤翔和岐山等地，海拔 700 m 以下地区。本区年平均气温西部 8.0～12.0 ℃，东部 12.0～14.0 ℃，年降水量 500～650 mm，6—8 月平均最低气温西部 14.0～18.0 ℃，东部 19.0～20.5 ℃，夏季平均相对湿度西部 70％～74％，东部 65％～69％。主要气象问题是西部易遭受苹果花期晚霜冻害，降水条件较好，成熟着色期连阴雨时有发生，光照条件略显不足；东部地区温度偏高，高温热害时有发生，要注意对夏季高温热害的防御。秦岭以南的商洛大部及汉中、安康海拔 900～

1500 m 的秦岭山区亦属适宜区，该区年平均气温和年降水量尚能满足苹果生长需要，但此区光照不足，6—8 月的平均空气相对湿度大、最低气温偏高，日较差小，苹果品质差，不宜发展（图 6.1）。

（3）次适宜区

本区北部包括定边、榆林市横山区东、西部，靖边中北大部，佳县、吴堡中东部，神木、府谷东部，米脂西部，子洲北部，志丹、吴起和甘泉，海拔小于 1400 m 地区。本区年平均气温 7.2～9.7 ℃，年降水量 350～450 mm，6—8 月平均最低气温 13.9～17.7 ℃，夏季平均相对湿度＜61%。此区气温低，降水少，干旱严重，果形小，品质差。中部包括陈仓中部，眉县、华县北部，周至、鄠邑、长安中北部，扶风、乾县、礼泉、泾阳中南部，西安南部，武功、杨陵、兴平全部，咸阳东、西部，高陵大部，渭南、临潼中部等渭河流域地区。本区年平均气温 12.4～13.6 ℃，年降水量 510～740 mm，6—8 月平均最低气温 18.9～20.6 ℃，6—8 月相对湿度 70%～73%。本区 6—8 月气温偏高、秋季降水多，不利于果实糖分的积累和着色，苹果风味欠佳，品质差。南部包括秦岭、巴山山区高海拔地区。本区年平均气温 7.6～15.5 ℃，年降水量 650～950 mm，6—8 月平均最低气温 11.5～20.1 ℃，夏季平均相对湿度 70%～84%。本区降水偏多，光照不足，6—8 月湿度大，易发生病害（图 6.1）。

（4）不适宜区

本区北部南起白于山、横山到佳县白云山以北地区；南部北起秦岭深山区以南的陕南大部分地区。北部地区水热气候资源均不能满足苹果生长需求；南部地区降水偏多，6—8 月平均最低气温高，湿度大，不适宜苹果生长（图 6.1）。

6.5 陕西省潜在苹果扩种区气候区划及评价

随着气候变化，苹果种植适宜区向高海拔高纬度地区扩大，针对陕西榆林北部四县（区）主栽品种富士系苹果，综合利用卫星遥感数据、气象观测资料、地理信息数据等多源数据资料，分析了榆北四县（区）生态环境动态变化、苹果种植光热水气候资源时间变化特征，基于 GIS 技术完成了精细化榆北四县（区）苹果种植气候资源的空间小网格模拟推算，研制了 1986—2015 年榆北四县（区）苹果气候适宜性区划，并对其苹果种植气候资源空间变化特征与气候适宜区分布，以及与 1981—2010 年相比发生的变化情况进行了详细分析与评述，在此基础上结合实地考察、验证，制定了榆林北部定边县、靖边县、横山区、榆阳区四个县（区）的苹果产业生态气候可行性发展规划。

6.5.1 苹果种植气候适宜性区划指标选取

6.5.1.1 热量指标

据对我国大苹果经济栽培北界的专题研究，以冬季日最低气温≤−20 ℃的日数<24 d的80%保证率，作为大苹果经济栽培的主要指标，即保证率≥80%为适宜区或次适宜区。同时还要有一定的生长期保证。一般苹果生长期(4—10月)的平均气温13.4～18.5 ℃为适宜，温度过低，生长期不足，果实不能正常成熟。在全年日平均气温≥10.0 ℃的日数不足140 d的地区，不宜大苹果的经济栽培。其次是影响苹果产量和品质的温度条件。适宜苹果栽培的年平均气温为8.0～14.0 ℃，目前世界苹果高产优质产区多在8.5～12.5 ℃。年平均气温综合反映了温度条件对苹果的影响，它对苹果的分布、产量水平、品质有很重要的意义。果实成熟期间夜温影响苹果生长。夜温低，气温日较差大可提高果实含糖量，有利于着色；夜温对同化作用、呼吸作用、果实品质(含糖量等)、花芽分化有重要意义。夏季平均最低气温低于18 ℃(一般为13～18 ℃)为最适宜值。苹果花期耐低温能力差，花期不同阶段忍受低温有差异，芽萌动期−8.0 ℃(持续6 h以上)，花蕾期−2.8 ℃，花期−1.7 ℃，幼果期−1.1 ℃，在此期间如冷空气活动频繁，极易造成花器、幼果冻害，对开花坐果不利。苹果树较不耐高温，≥35 ℃高温会使同化产物被呼吸消耗掉，≥30 ℃时叶片的光合作用减少一半；日最高气温≥35 ℃或日平均气温≥30 ℃持续5 d以上，可使已着色的果实褪色。光照强度对果实着色有明显作用，生长季节4—10月日照时数1200 h以上为宜。

6.5.1.2 降水和空气湿度指标

苹果树体内一切重要的生物化学变化和正常的新陈代谢过程，都必须在水的参与下才能进行，缺水会影响光合作用的顺利进行或造成某种生理代谢过程的紊乱，严重影响树体生长发育。试验表明，水分充足能使单果重明显增加，显著提高产量和增加新梢长度。冬春干寒的气候，是造成幼树严重抽条的主要原因。苹果树生长期间降水量以450～500 mm为宜，世界主产地年降水量多在500～800 mm。应特别指出，虽降水缺乏尚不致对苹果树栽培或分布造成决定性影响，但对无灌溉条件地区，降水将影响苹果果实大小。苹果树生长期间适宜的空气湿度能促进同化作用，并对果实品质、病害的发生产生影响，过高湿度常使病害加重。夏季6—8月空气相对湿度60%～70%对苹果树生长最为适宜，一般果实生长前期适宜的土壤相对湿度为70%～75%，生长后期，特别是成熟前30～60 d，土壤相对湿度维持在50%左右，有利于着色和品质提升；同时，它使果树病害少，果面干净，且不易通过栽培措施改变。

苹果树对土地条件的要求主要包括地形和土壤性质两个方面。一是地形对苹果树的生态作用，主要通过海拔高度、地貌形态、坡度、坡向等来影响光、热、水、气、土壤、植被等生态因子，对苹果品质起着重要作用。陕北苹果产区属黄土高原丘陵沟壑区，地貌以峁、梁、沟、川为主，沟壑纵横、梁峁起伏，海拔 800～1300 m，年日照时数 2300～2800 h，生长季 4—10 月日照时数 1400～1800 h，适宜的海拔高度和充足的光照资源，使果实着色鲜艳，蜡质层增厚，糖、酸、维生素 C 等含量增加，硬度增大，果面洁净。二是苹果的生长对土壤质地的要求，苹果适宜中性或微酸性的质地疏松、土层深厚的沙壤土、黄绵土。陕北苹果产区土壤以黄绵土为主，土层深厚、质地疏松，适宜苹果树生长。

6.5.2 苹果种植气候适宜性区划——以陕西省榆北四县(区)为例

为科学、定量地评价苹果种植气候适宜性，对榆北四县(区)研究区域历史气象数据进行分析，结果表明，定边、靖边、横山、榆阳的日最低气温≤20 ℃日数小于 24 d 的保证率(%)、高温高湿、日平均气温≥10 ℃日数这三项指标均可满足苹果适宜种植区划定条件。因此，根据已有研究成果中陕西省苹果区划指标及评分标准：年平均气温，年降水量、6—8 月平均最低气温、6—8 月平均空气相对湿度 4 项要素作为苹果气候适宜性评价指标，评分标准详见表 6.4。

表 6.4 榆北四县(区)苹果种植气候适宜性区划指标及评分标准

区划因子	范围	评分
年平均气温/℃	8.5～12.5	35
	7.0～8.4 或 12.6～14.0	25
	14.1～15.4	15
	<7.0	10
年降水量/mm	501～800	25
	801～950	20
	401～500	15
	100～400 或>950	10
6—8 月平均空气相对湿度/%	61～70	20
	50～60 或>70	10
	<50	5
6—8 月平均最低气温/℃	13.1～18.0	20
	11.0～13.0 或>18.0	10
	<11.0	0

(1)数据

本区划主要采取了两类资料，一类为气象观测资料，另一类为地理信息数据。气象资料主要选取陕西秦岭以北73个气象站连续完整的1986—2015年气象观测资料，增加了内蒙古、甘肃、山西和宁夏4个相邻周边省份共28个气象站同时段气象观测资料。经处理得到苹果种植气候适宜性区划所需的月、年尺度的气温、降水、湿度等气象数据的30年(1986—2015年)平均值等相关数据。

地理信息数据采用研究区域1∶5万数字高程模型(DEM)，提取研究区域小网格经度、纬度和海拔高度数据，用于苹果气候适宜性区划指标的空间化处理；应用行政边界、河流等矢量地理信息数据，用于研究结果制图。

(2)苹果种植气候适宜性区划指标的空间化处理

由于气象观测站点稀疏，难以反映广大无测站地区尤其是山区复杂的气候状况，要开展精细化的气候区划，首先要推算模拟无测站区域的气候资源分布情况。由于大地形因子(经度、纬度、高度)与热量、水分等气候资源有较好的线性相关关系，可建立各指标因子的空间分布模型，其表达式为：

$$Y=f(\lambda,\phi,h)+\varepsilon \tag{6.1}$$

式中：Y为气候指标因子要素；λ为经度，ϕ为纬度，h为海拔高度(m)；函数$f(\lambda,\phi,h)$为气候学方程；ε为残差项，可视为小地形因子(坡度、坡向等)及下垫面对气候的影响。

根据陕西省水热资源的分布特征，将秦岭以北的热量、水分资源分别与经度、纬度、高度做线性回归分析，建立榆北四县(区)苹果气候适宜性区划中各区划指标小网格推算模型，见表6.5。表中各模型均通过了置信度$\alpha=0.01$的显著性检验。

表6.5 榆北四县(区)水热资源空间网格化模拟推算模型及误差

气象要素	模型	相关系数	F
年平均气温	$Y=27.159+0.022\lambda-0.402\varphi-0.005h$	0.966	291.0
6—8月平均最低气温	$Y=5.315+0.235\lambda-0.243\varphi-0.005h$	0.922	119.6
年降水量	$Y=566.742+20.733\lambda-66.804\varphi+0.103h$	0.818	42.5
6—8月平均空气相对湿度	$Y=213.554-0.288\lambda-3.294\varphi+0.004h$	0.835	48.2

将各站点的实测值减去气候资源推算模型的计算值，得到残差项ε，将各站的残差项，应用反距离权重法进行空间插值得到残差项的栅格数据。

利用GIS空间分析技术，依据各区划因子气候资源推算模型逐项计算各区划因子栅格数据Y，最后将Y与残差项ε相加即得到模拟的栅格气象数据，完成榆北四县(区)苹果气候适宜性区划要素的小网格数据的推算。

(3)苹果种植气候适宜性区划方法

在实现区划指标空间化基础上，采用专家打分的方法，利用GIS空间分析功能，根据区划要素取值范围进行评分，建立单因子评分栅格图层，再对各指标评分栅格图进行叠加，得到榆北四县(区)苹果气候综合评分栅格图层，对综合评分图按适宜度分级，即得到榆北四县(区)苹果气候适宜性区划图。根据陕西苹果优质区布局，按照综合评分值>75、75～66、<66将榆北四县(区)苹果气候适宜性依次划分为适宜、次适宜和不适宜三个等级。

(4)苹果种植气候适宜性区划结果优化

苹果是一种喜光的树种，据调查和征求苹果专家意见，陕北地区土层深厚的阳坡更适宜优质苹果种植与栽培。为使最新气候背景下榆北四县(区)苹果气候适宜性区划结果更具针对性和更有生产指导意义，利用GIS空间分析技术，提取了研究区域坡向地形数据，将研究区域的坡向栅格数据按照阳坡(坡向值(°)：平地(−1°)、南157.5°～202.5°、西南202.5°～247.5°、西247.5°～292.5°、西北292.5°～337.5°)为适宜区，阴坡(坡向值：北0°～22.5°和337.5°～360°，东北22.5°～67.5°，东67.5°～112.5°，东南112.5°～157.5°)为不适宜区，划分为适宜和不适宜两个等级，分别赋值为1和0，将最近30年榆北四县(区)苹果气候适宜性区划栅格数据与研究区域坡向地形数据进行叠加分析，得到优化后的榆北四县(区)苹果气候适宜性区划研究结果。

(5)榆北四县(区)苹果种植气候适宜性区划结果分析

在实现区划指标空间化基础上，采用专家打分的方法，利用GIS空间分析功能，根据陕西苹果优质区布局，按照综合评分值>75、75～66、<66将榆北四县(区)苹果气候适宜性依次划分为适宜、次适宜和不适宜三个等级，见图6.2。基于此，利用GIS空间分析技术，提取研究区域坡向地形数据，将榆北四县(区)的坡向栅格数据按照阳坡为适宜区、阴坡为不适宜区，对榆北四县(区)苹果气候适宜性区划结果进行了地形优化(图6.3)。

由图6.3可见，1985—2015年的30年榆北四县(区)苹果气候适宜区面积比1981—2010年30年明显增加，次适宜区面积亦有所增加，不适宜区面积明显减少。榆北四县(区)苹果气候适宜区由定边县南部的新安边镇和张崾先镇部分地区，靖边县东南部的杨米涧镇东部沿线、天赐湾镇中南部、小河镇西南部和东南部，青阳岔镇中南部地区，横山区塔湾镇西部、石湾镇、魏家楼镇等地县境西部、南部边缘地带，波罗镇、白界镇和党岔镇沿无定河两岸地区，榆阳区镇川镇，鱼河镇、鱼河峁镇、上盐湾镇县界南缘一带地区向北、向西推进至定边县中部由冯地坑乡、白湾子镇向东延伸至油房庄乡、砖井镇南部，安边镇中南部，石洞沟乡和堆子梁镇南部一带海拔1600 m以下，靖边县东坑镇中西部、镇静镇中北部、张家畔街道东南部、杨桥畔镇中东部和海泽滩镇东南部一带海拔1600 m以下，横山区塔湾镇、赵石畔镇中南部，韩岔镇、响水镇中南部、白界镇东部一带以东、以南海拔1300 m以下，榆阳区长城路街道东南

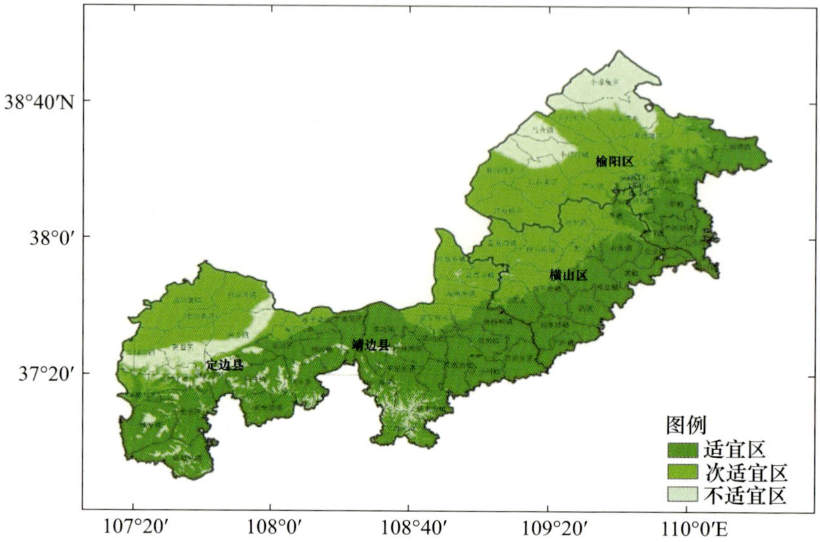

图 6.2 榆北四县（区）苹果种植气候适宜性区划（1986—2015 年）

部、古塔镇中北部、青云镇中东部、麻黄梁镇西部和南部、大河塔镇中南部一带海拔 1200 m 以下，坡向朝向为南、西南、西、和西北方位的阳坡丘陵沟壑区。本区年平均气温 7.1～10.3 ℃，年降水量 390～510 mm，6—8 月平均最低气温 13.5～17.9 ℃，夏季平均空气相对湿度 58%～68%；本区生长季温凉干燥，夏秋季气温日较差大，果实着色期光照条件极佳，气候条件基本能满足苹果生长需求，果实颜色、风味俱佳，但年降水量普遍偏少，大部地区接近 400 mm 临界值，且年降水量 400 mm 保证率仅为 20.0%～56.7%，灌溉条件较差，所产苹果个小，形扁；主要气象问题是，冬春干旱多风，易出现生理干旱“抽条”；定边县苹果树越冬期 −20 ℃以下低温持续天数 7～16 d的苹果越冬冻害风险约 6 年一遇，靖边县苹果树越冬期 −20 ℃以下低温持续天数 4～10 d 的苹果越冬冻害风险约 5 年一遇，横山区苹果树越冬期 −20 ℃以下低温持续天数 8～15 d 的苹果越冬冻害风险约 6 年一遇，榆阳区苹果树越冬期 −20 ℃以下低温持续天数 9～19 d 的苹果越冬冻害风险约 5 年一遇，越冬期持续低温对苹果树安全越冬和幼树及嫩梢具有一定威胁；据统计，苹果气候适宜区面积定边县约为 1575 km^2，靖边县约为 1780 km^2，横山区约为 1227 km^2，榆阳区约为 909 km^2。

气候次适宜区有定边县西南部的姬塬镇、张崾先镇和樊学镇，东部的堆子梁镇、石洞沟乡、郝滩镇、学庄乡和安边镇等地，靖边县宁条梁镇、东坑镇中北部、席麻湾镇南部、王渠则镇中部、杨米涧镇中北部、天赐湾镇中部、小河镇中北部、青阳岔镇西北部和东北部一带，横山区西部和东南部地区，榆阳区红石桥乡南部、鱼河镇、鱼河峁镇、上盐湾镇、古塔镇南部、大河塔镇东部地区向北延伸至定边县红柳沟镇、贺圈镇、

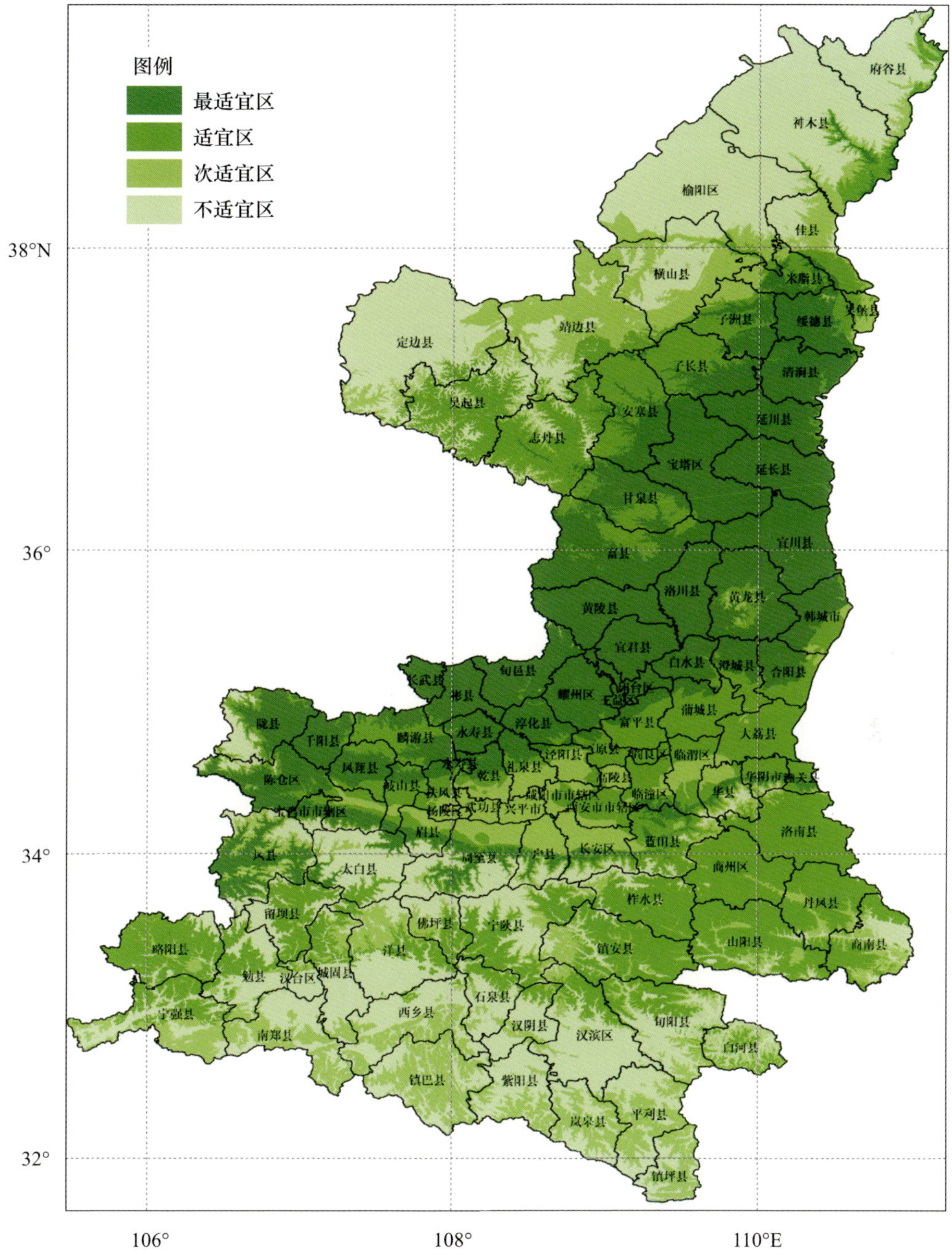

图 6.3　榆北四县(区)苹果气候适宜性区划结果变化

砖井镇和白泥井镇北部以北，靖边县东坑镇东部、镇静镇北部、张家畔街道中北部、杨桥畔镇西北部和海泽滩镇以北，横山区适宜区以北的地区，以及榆阳区补浪河乡和巴拉素镇中北部、小纪汗镇中东部、马合镇东北部沿线、岔河则乡中南部、孟家湾乡西南部、金鸡滩镇等长城沿线以北海拔 1250 m 以下的风沙草滩区。本区年平均气温 8.3～10.1 ℃，年降水量 325～400 mm，6—8 月平均最低气温 14.2～17.2 ℃，夏季平均空气相对湿度 55.7%～62%；本区降水少，干旱严重，果形小，品质差；据统计，苹果气候次适宜区面积定边县约为 1439 km^2，靖边县约为 576 km^2，横山区约为 933 km^2，榆阳区约为 2247 km^2。

不适宜区缩小至定边县中部和南部的高海拔丘陵山区，靖边县中山涧镇、王渠则镇、杨米涧镇、周河镇、席麻湾镇、东坑镇海拔 1600 m 以上的高海拔丘陵山区，榆阳区次适宜区以北的海拔较高的风沙草滩区。该区水热气候资源均不能满足苹果生长需求。

6.5.3 苹果产业发展生态气候可行性分析——以陕西省榆林市横山区为例

6.5.3.1 研究区概况

榆林市横山区位于陕西省北部，毛乌素沙漠南缘，明长城脚下，无定河中游，内蒙古和陕西交界处，古称塞北边陲。东与米脂县相邻，东南与子洲县毗邻，南连延安市子长市，西接靖边县，西北与内蒙古乌审旗接壤，北倚榆阳区，位于 108°56′41″—110°01′48″E，37°21′43″—38°14′53″N。横山区属温带半干旱大陆性季风气候，四季分明，春季气温日差较大，寒潮霜冻时有发生，并多有大风，间有沙尘暴；夏季炎热，雨量相对增多，多有暴雨出现；秋季多雨，降温快，早霜冻频繁；冬季严寒而少雪。据 1986—2015 年气象资料统计，横山区年平均气温 9.3 ℃，年极端最低气温 −22.7 ℃，≥10 ℃积温 3409.3 ℃·d，6—8 月平均最低气温 16.4 ℃，6—8 月日较差 12.9 ℃，9—10 月中旬日较差 12.9 ℃，年降水量 357.0 mm，6—8 月降水量 204.4 mm，年平均日照时数 2733.0 h，年蒸发量 2052.1 mm，年平均无霜期 183 d。

6.5.3.2 研究区数字地形分析

榆林市横山区地处陕北黄土梁峁丘陵区北端，毛乌素沙漠南缘，海拔高度 887～1535 m，境内横山山脉横亘县境南部，最高峰西阳坬山位于魏家楼镇，海拔 1535 m，最低点孙园则的无定河出境口河床位于党岔镇，海拔 887 m。利用 1∶25 万数字高程模型数据(DEM)，对横山区地形地貌分布情况进行分析，结果表明横山区地形总体呈现出西南高，东北低的特点，西南部海拔高度多在 1200～1400 m，东北部海拔高度一般在 1000～1200 m(图 6.4)。地形地貌大致可分为两部分：一是无定河以北、芦河以西的毛乌素沙漠风沙草滩区，区内地势平缓，分布有大小不等的滩地宽谷，海拔高度；二是无定河以南、芦河以东的黄土梁状丘陵沟壑区，区内梁峁起伏，沟壑纵横。

无定河、芦河和大理河川道区，地势平坦，土壤肥沃。

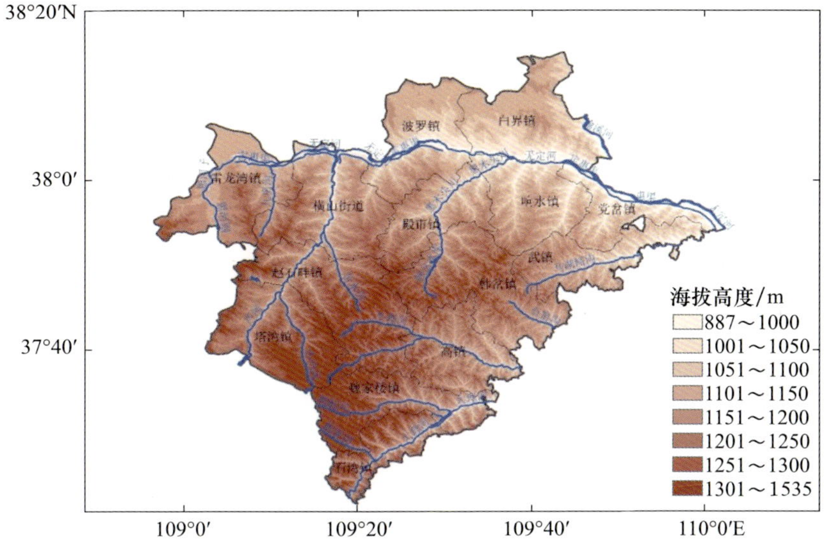

图 6.4　榆林市横山区数字地形分布

6.5.3.3　生态环境动态分析评价

(1)植被覆盖度显著增加趋势

2000—2018 年，横山区植被覆盖度在波动中呈显著增加趋势(图 6.5)，2018 年植被覆盖度为 46.62%，较 2000 年增加 32.27%，每年增速 1.46%。

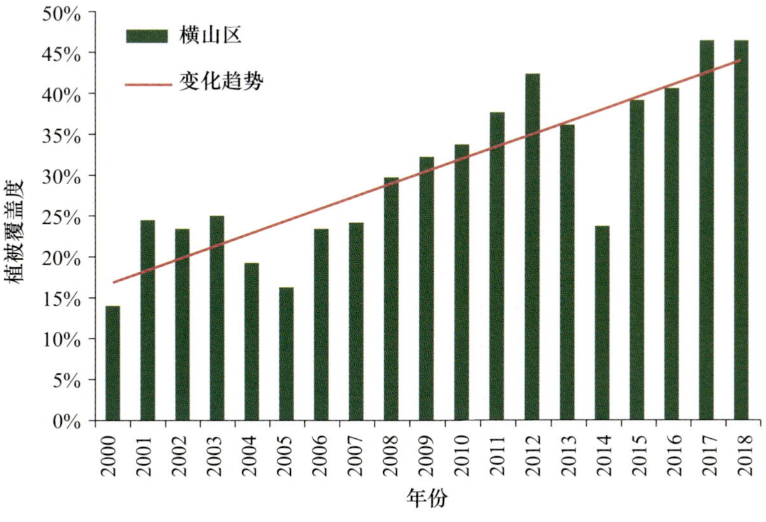

图 6.5　2000—2018 年横山区植被覆盖度年际变化

(2)绿色区域明显扩大

对比 2000 年和 2018 年植被覆盖度空间分布图，可以清楚看到区域植被有明显改善(图 6.6、图 6.7)，2000 年横山区大部分区域为黄色，表示植被覆盖度较低，而 2018 年大部分区域被浅绿色覆盖，表示区域植被覆盖度提高，植被生态有明显改善。

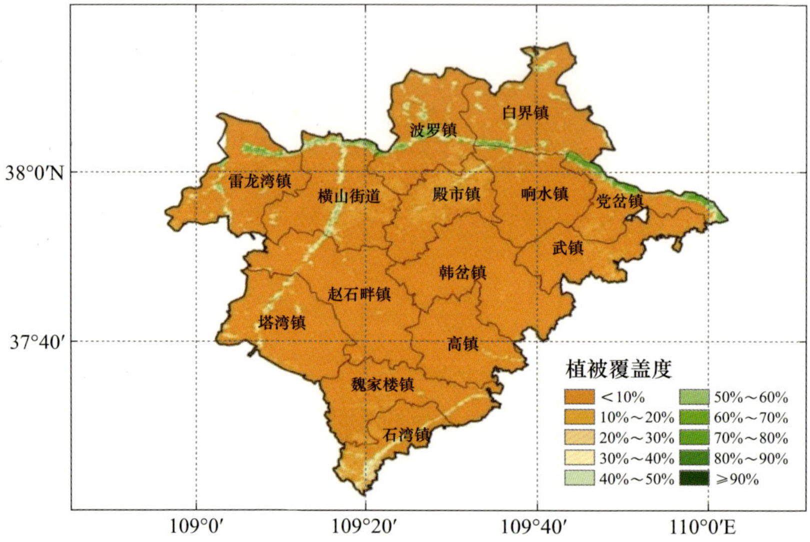

图 6.6 2000 年横山区植被覆盖度分布

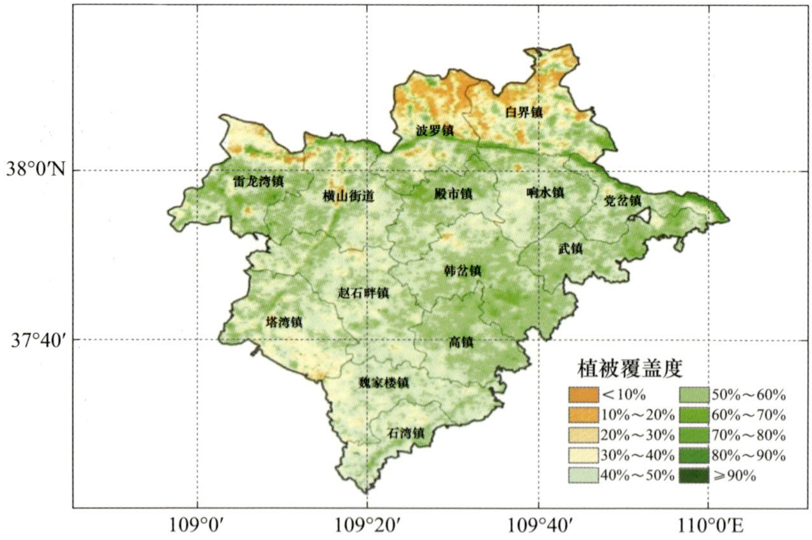

图 6.7 2018 年横山区植被覆盖度分布

(3)植被覆盖结构进一步好转

统计各等级植被覆盖度面积占比，结果显示横山区植被覆盖结构进一步好转(图 6.8)：低植被覆盖度(0%～30%)所占面积明显减少，由 2000 年的 96.43%下降到 2018 年的 9.21%，面积减少了 87.22%；中高植被覆盖度所占面积明显增加，其中，中植被覆盖度(30%～60%)面积增加了 81.13%，高植被覆盖度(60%～100%)面积增加了 6.0%。

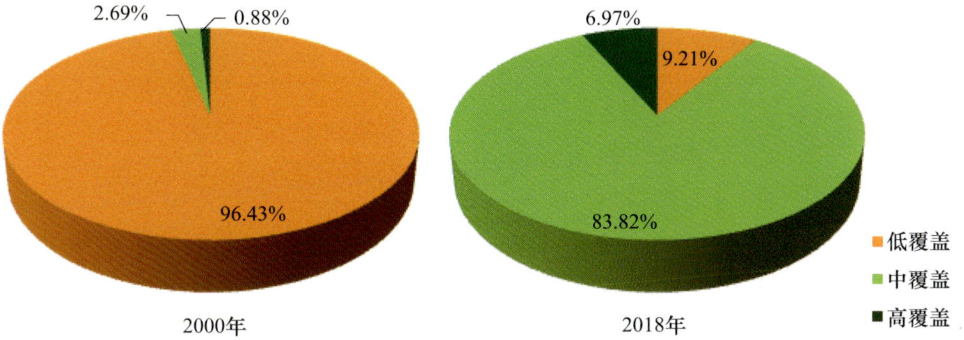

图 6.8　2000 年与 2018 年横山区植被覆盖度结构比例

6.5.3.4　气候资源时间变化特征

(1)年平均气温

1961—2015 年横山区年平均气温呈上升趋势，气候倾向率为 0.2226 ℃/(10 a)(图 6.9)。1986—2015 年年平均气温最高值为 10.4 ℃(1998 年)，最低值为 8.1 ℃(1986 年)，见表 6.6。

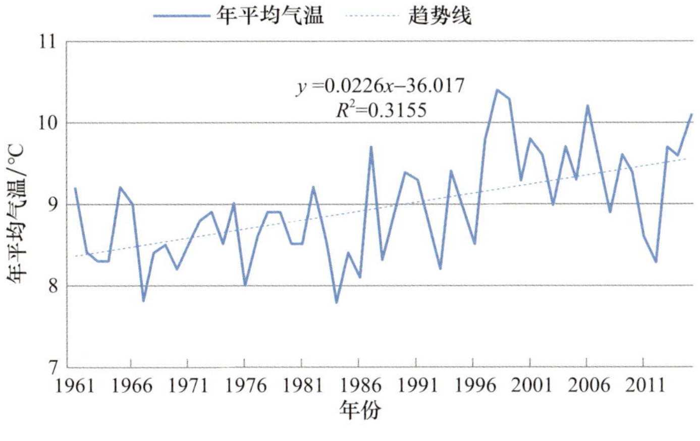

图 6.9　1961—2015 年榆林市横山区年平均气温逐年变化

（2）≥10 ℃积温

1986—2015 年横山区≥10 ℃积温呈明显上升趋势，气候倾向率为 86.568 ℃·d/(10 a)（图 6.10）；≥10 ℃积温最高值为 3792 ℃·d(2006 年)，最低值为 3102 ℃·d(1995 年)，见表 6.6。

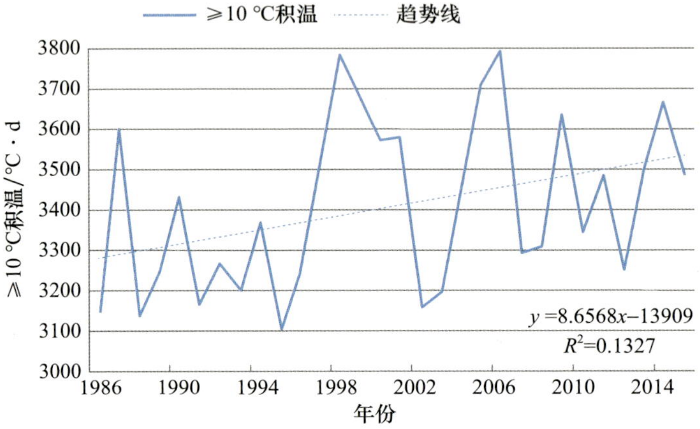

图 6.10　1986—2015 年榆林市横山区≥10 ℃积温逐年变化

（3）年极端最低气温

1961—2015 年横山区年极端最低气温总体上呈波动式平稳变化，变化趋势不明显（图 6.11）。1986—2015 年年极端最低气温最高值为−18.5 ℃(1987 年)，最低值为−27.7 ℃(2002 年)，见表 6.6。

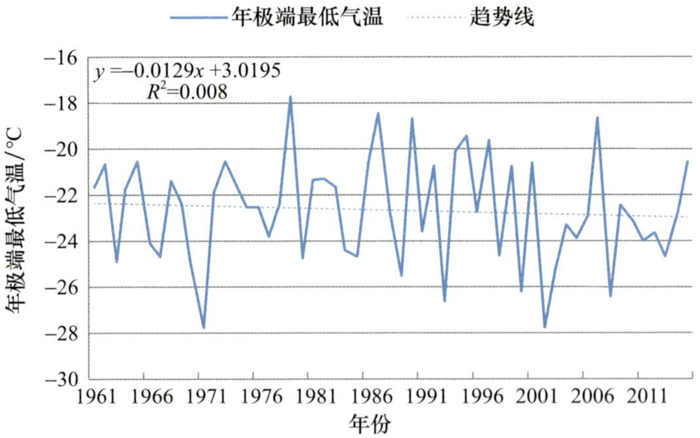

图 6.11　1961—2015 年榆林市横山区年极端最低气温逐年变化

表 6.6 榆林市横山区 1986—2015 年苹果种植主要气象要素统计值

年份	热量资源						降水资源			光照资源
	年平均气温/℃	≥10 ℃积温/(℃·d)	年极端最低气温/℃	无霜期/d	果实膨大期平均气温日较差/℃	着色—采收期平均气温日较差/℃	年降水量/mm	果实膨大期降水量/mm	年蒸发量/mm	日照时数/h
1986 年	8.1	3148	−20.9	154	13.0	13.9	314.2	217.3	1990	2883
1987 年	9.7	3600	−18.5	152	13.4	12.9	327.9	187.6	2311	2995
1988 年	8.3	3138	−22.6	191	10.9	11.8	432.1	338.0	1887	2690
1989 年	8.8	3243	−25.5	191	11.5	12.8	320.9	168.5	2072	2587
1990 年	9.4	3432	−18.8	145	13.3	12.3	399.2	173.5	2026	2874
1991 年	9.3	3161	−23.6	166	13.8	13.8	320.3	130.5	2132	2934
1992 年	8.7	3265	−20.8	187	12.0	11.4	388.2	281.5	1985	2614
1993 年	8.2	3197	−26.6	165	12.8	14.5	256.2	170.8	2043	2759
1994 年	9.4	3367	−20.1	166	11.4	11.8	409.0	295.9	2073	2685
1995 年	9.0	3102	−19.5	193	12.5	12.4	267.3	195.5	2212	2714
1996 年	8.5	3243	−22.8	183	11.8	14.0	349.2	235.4	1860	2434
1997 年	9.8	3514	−19.7	183	13.5	15.7	315.1	206.3	2296	2874
1998 年	10.4	3783	−24.6	183	13.3	14.5	365.5	177.3	2055	2828
1999 年	10.3	3680	−20.8	192	13.5	12.9	237.3	129.3	2218	2989
2000 年	9.3	3571	−26.2	179	12.4	12.1	246.9	152.6	2110	2813
2001 年	9.8	3578	−20.7	175	13.2	9.6	426.0	247.1	2112	2780
2002 年	9.6	3162	−27.7	197	13.1	13.9	483.0	276.2	1948	2647
2003 年	9.0	3195	−25.2	189	12.2	11.5	406.3	208.5	1804	2349
2004 年	9.7	3437	−23.4	189	12.7	14.7	300.9	205.7	2163	2806
2005 年	9.3	3715	−23.9	180	14.1	12.4	267.4	145.9	2119	2881
2006 年	10.2	3792	−22.9	186	13.2	13.5	272.8	144.1	2237	2699
2007 年	9.6	3295	−18.7	180	12.4	10.5	416.4	168.5	1997	2604
2008 年	8.9	3311	−26.4	213	13.1	12.6	433.9	260.1	2144	2835
2009 年	9.6	3634	−22.5	169	13.9	12.6	341.9	198.9	2182	2464
2010 年	9.4	3342	−23.1	162	13.5	14.0	361.2	175.0	2008	2683
2011 年	8.6	3486	−24.0	191	13.3	11.6	464.6	236.0	1936	2775
2012 年	8.3	3254	−23.7	187	12.8	13.4	498.9	258.8	1886	2801
2013 年	9.7	3483	−24.7	242	11.9	14.0	398.2	290.3	1985	2640

续表

年份	热量资源						降水资源			光照资源
	年平均气温/℃	≥10 ℃积温/(℃·d)	年极端最低气温/℃	无霜期/d	果实膨大期平均气温日较差/℃	着色—采收期平均气温日较差/℃	年降水量/mm	果实膨大期降水量/mm	年蒸发量/mm	日照时数/h
2014 年	9.6	3664	−23.1	213	13.5	12.5	310.1	134.0	1836	2721
2015 年	10.1	3488	−20.6	196	14.0	13.5	378.1	122.9	1937	2633
最小值及出现时间	8.1	3102	−27.7	145	10.9	9.6	237.3	122.9	1804	2349
	1986	1995	2002	1990	1988	2001	1999	2015	2003	2003
最大值及出现时间	10.4	3792	−18.5	242	14.1	15.7	498.9	338.0	2311	2995
	1998	2006	1987	2013	2005	1997	2012	1988	1987	1987

(4)无霜期

1986—2015 横山区年无霜期呈明显增加趋势，气候倾向率为 12.265 d/10 a，见图 6.12。无霜期最高值为 242 d(2013 年)，最低值为 145 d(1990 年)，见表 6.6。

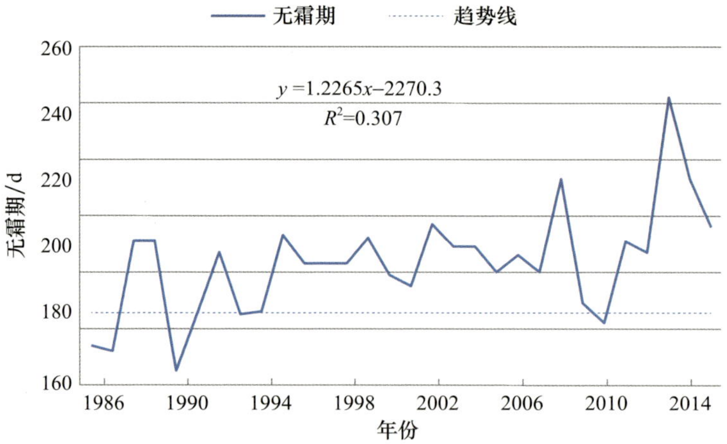

图 6.12　1986—2015 年榆林市横山区年无霜期逐年变化

(5)气温日较差

1986—2015 年横山区苹果果实膨大期(6—8 月)气温日较差呈略增加趋势，气候倾向率为 0.321 ℃/(10 a)(图 6.13)；苹果着色—采收期(9 月上旬—10 月中旬)气温日较差呈波动式平稳变化，变化趋势不明显(图 6.14)；除 2001 年和 2007 年苹果着色—采收期平均日较差在 10 ℃左右外，多数年份苹果着色—采收期平均日较差在 11 ℃以上，有利于苹果果实糖分积累与品质形成。果实膨大期日较差最高值为 14.1 (2005 年)，最低值为 10.9 ℃(1988 年)，着色—成熟期日较差最高值为 15.7 ℃(1997

年)，最低值为 9.6 ℃(2001 年)，见表 6.6。

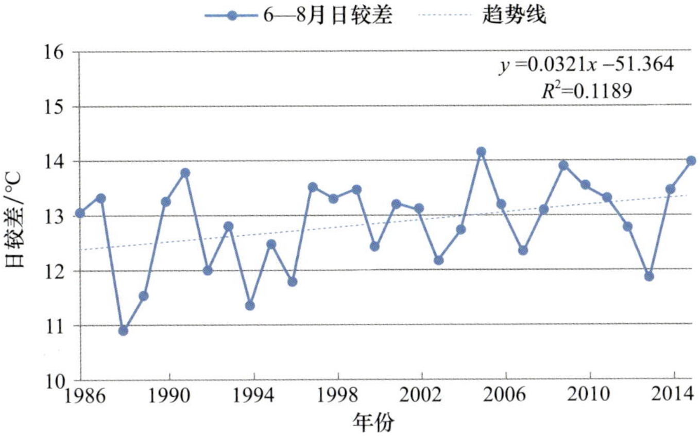

图 6.13 1986—2015 年榆林市横山区苹果果实膨大期(6—8 月)平均气温日较差逐年变化

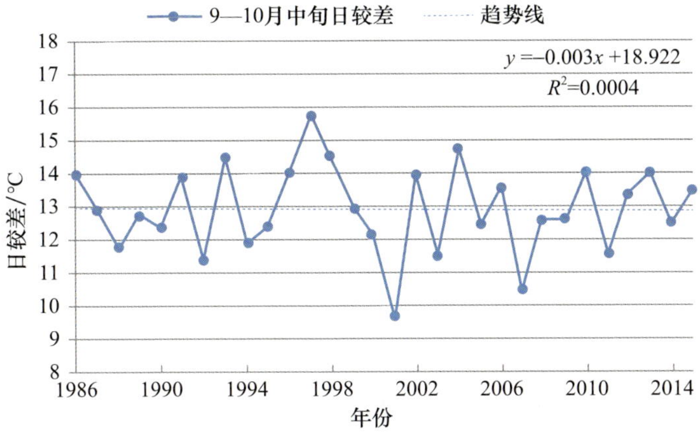

图 6.14 1986—2015 年榆林市横山区苹果着色—采收期(9—10 月中旬)平均气温日较差逐年变化

(6)年降水量

1961—2015 年横山区年降水量总体上呈略减少趋势，气候倾向率为 −4.753 mm/(10 a)(图 6.15)。1986—2015 年年降水量 400 mm 保证率仅为 30%，年降水量最高值为 498.9 mm(2012 年)，最低值为 237.3 mm(1999 年)，见表 6.6。

(7)果实膨大期降水量

1961—2015 年横山区苹果果实膨大期降水量总体上呈略减少趋势，气候倾向率为 −5.187 mm/(10 a)(图 6.16)。1986—2015 年苹果果实膨大期降水量最高值为 338.0 mm(1988 年)，最低值为 122.9 mm(2015 年)，见表 6.6。

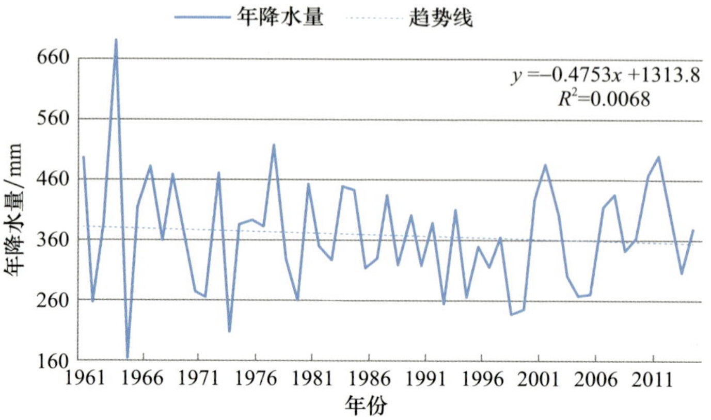

图 6.15　1961—2015 年榆林市横山区年降水量逐年变化

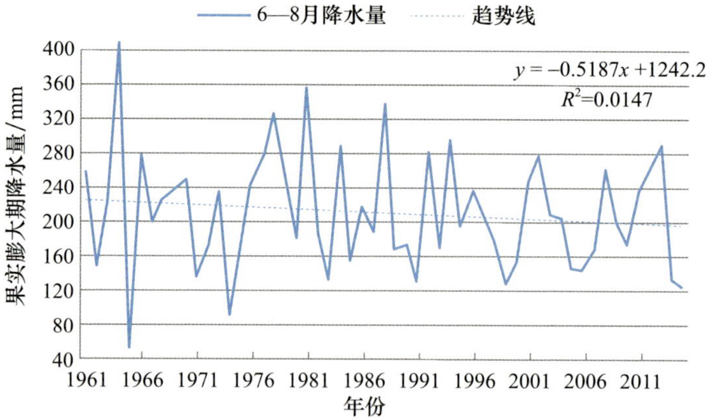

图 6.16　1961—2015 年榆林市横山区苹果果实膨大期降水量逐年变化

(8)年蒸发量

20 世纪 70 年代至 2001 年，我国多数气象台站使用小型蒸发皿进行蒸发量观测；2002 年以后，多数台站采用在 5—9 月使用大型蒸发器、10 月—次年 4 月使用小型蒸发皿的观测方式进行蒸发量观测。

参考陕西不同月份小型蒸发皿对大型蒸发器的折算系数已有研究成果，对 1978—2018 年小型蒸发量进行了分析。结果显示，横山区年蒸发量呈减小趋势，气候倾向率为－30.603 mm/(10 a)(图 6.17)。1986—2015 年年蒸发量最大值为 2311 mm，最小值为 1804 mm(2003 年)，见表 6.6。

(9)年日照时数

1961—2015 年横山区年日照时数呈明显减少趋势，气候倾向率为－39.947 h/

(10 a)(图 6.18)。1986—2015 年年日照时数最高值为 2995 h(1987 年),最低值为 2349 mm(2003 年),见表 6.6。

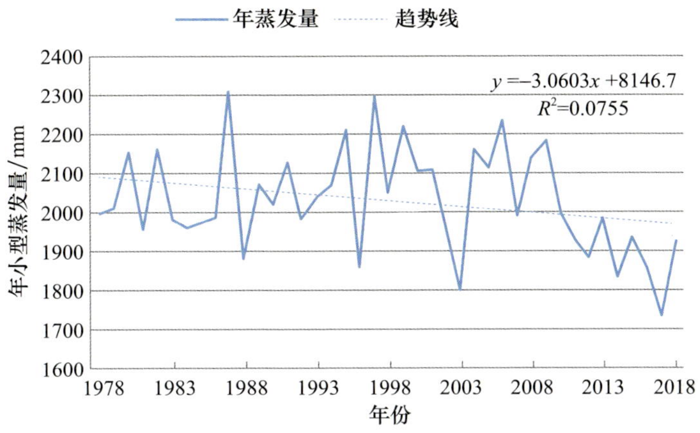

图 6.17　1978—2018 年榆林市横山区年蒸发量逐年变化

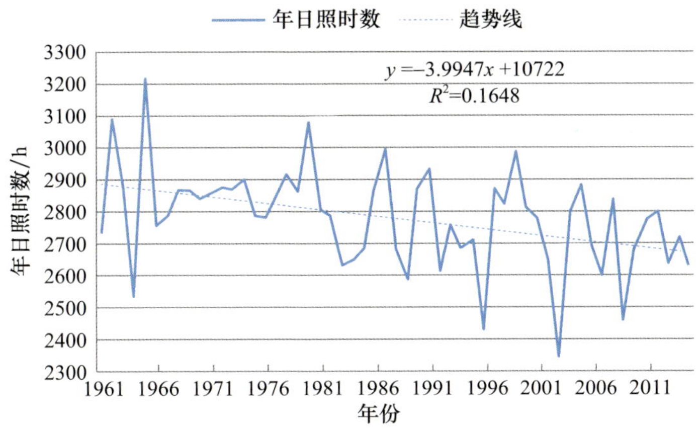

图 6.18　1961—2015 年榆林市横山区年日照时数逐年变化

6.5.3.5　气候资源空间变化特征

(1)年平均气温

由图 6.19 可见,横山区年平均气温分布总体呈现东北高、西南低的特点,1986—2015 年年平均气温较 1981—2010 年呈现明显的增温趋势。8.5 ℃等温线由西北部雷龙湾镇、横山街道、塔湾镇、菠萝镇和东部党岔镇一带低海拔地区移至南部横山山脉海拔大于 1300 m 的高海拔山区;北部无定河、芦河沿岸,南部大理河沿岸的川道地区年平均气温已升高至 9.5 ℃左右。

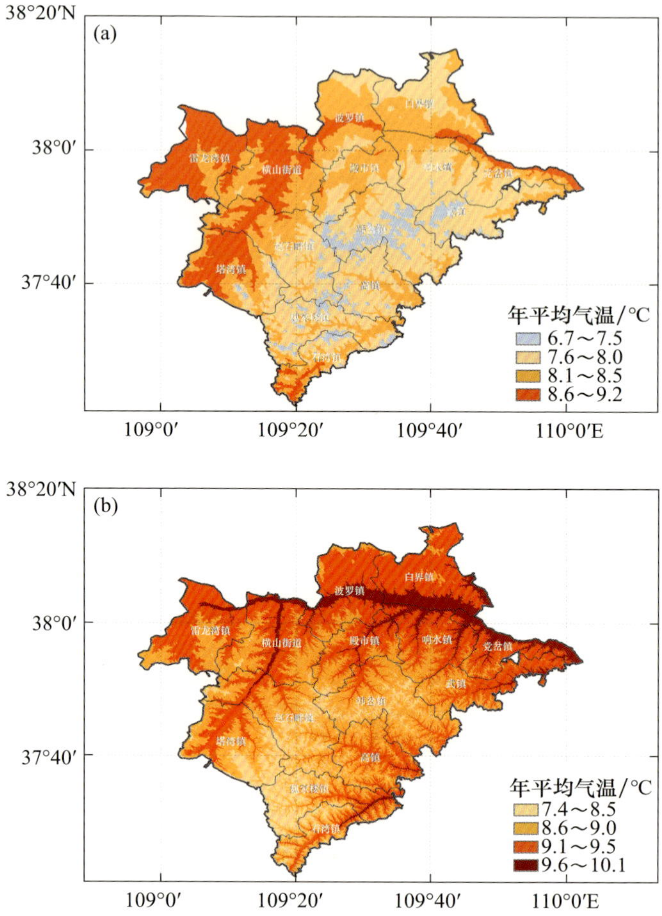

图 6.19　榆林市横山区 1981—2010 年(a)与 1986—2015 年(b)年平均气温空间分布对比

(2)年降水量

由图 6.20 可见，横山区年降水量分布总体呈现东南多西北少的特点。1986—2015 年年降水量较 1981—2010 年呈现出明显增加趋势，380 mm 等值线从南部魏家楼镇中部向北、向西移至赵石畔镇西北部、横山街道南部和波罗镇东北、东南部一带地区；南部魏家楼镇，高镇、韩岔镇和武镇南部地区年降水量增加至 440 mm 左右。

(3)6—8 月最低气温

由图 6.21 可见，横山区 6—8 月最低气温总体呈现东北高、西南低的特点。最近 30 年的 6—8 月最低气温较近 30 年呈现增温趋势，15.0 ℃等温线由南部横山山脉 1200 m 左右地区向南移至横山山脉的高海拔山区；16.0 ℃等温线由无定河和芦河

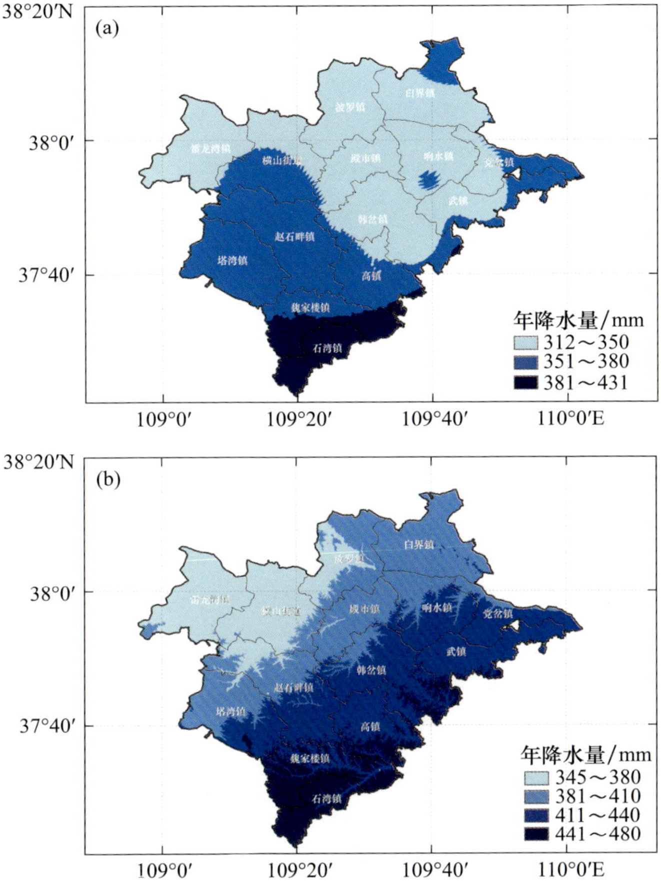

图 6.20　榆林市横山区 1981—2010 年(a)与 1986—2015 年(b)年降水量空间分布对比

河谷地带向南、向西出现不同程度的南移西进；北部无定河、芦河沿岸，南部大理河沿岸的川道地区 6—8 月最低气温已升高至 16.5 ℃以上。

(4)6—8 月空气相对湿度

由图 6.22 可见，横山区 6—8 月空气相对湿度总体呈现出西北低、东南高的特点，最近 30 年的 6—8 月空气相对湿度较近 30 年呈现略增加趋势，60%等值线由响水镇和韩岔镇的东南部、高镇、赵石畔镇东南部、魏家楼镇一带，向北、向西出现不同程度的推移。

(5)1986—2015 年年极端最低气温与苹果越冬期低温日数

由图 6.23 可见，横山区年极端最低气温多在−23 ℃以上，仅东北部局地和西南部高海拔山区气温偏低。由图 6.24 可见，横山区冬季日最低气温≤−20 ℃的低温

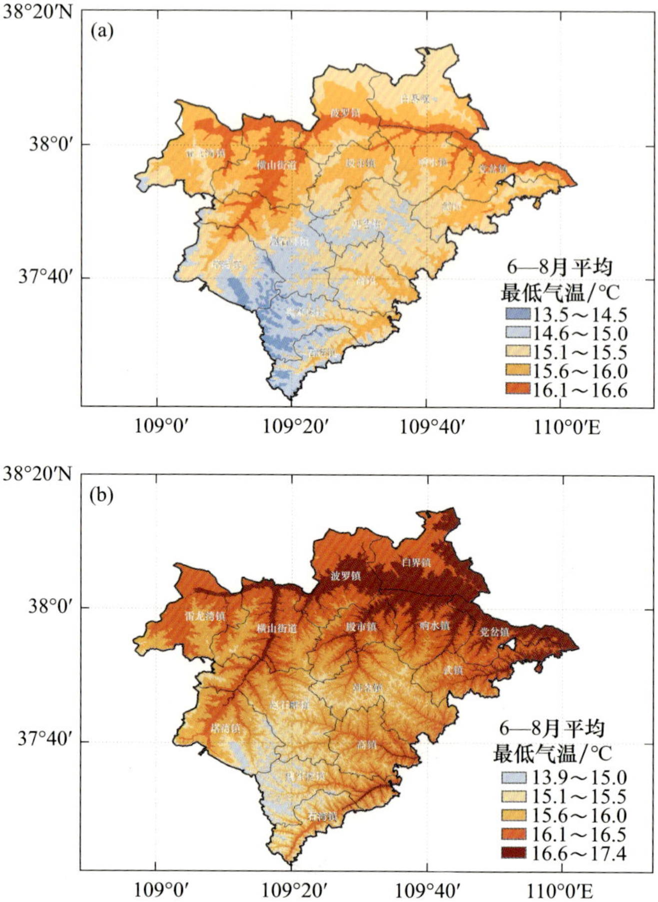

图 6.21　榆林市横山区 1981—2010 年(a)与
1986—2015 年(b)6—8 月最低气温空间分布对比

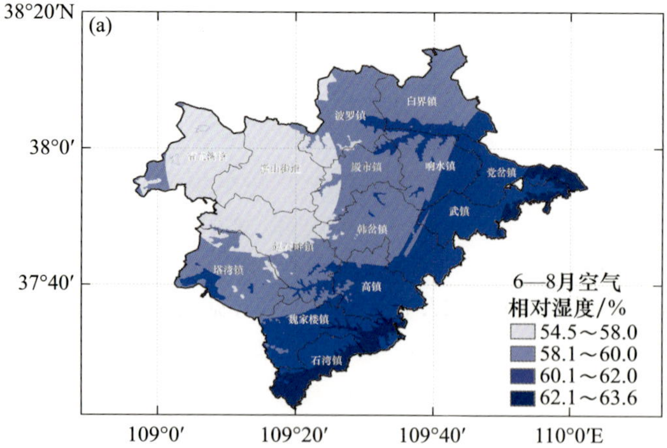

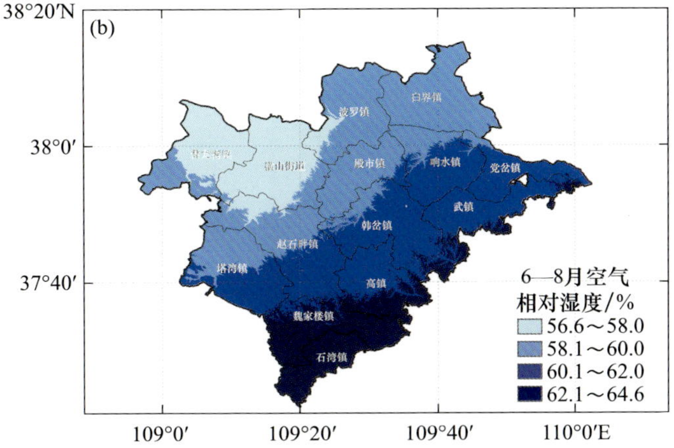

图 6.22 榆林市横山区 1981—2010 年(a)与
1986—2015 年(b)6—8 月空气相对湿度空间分布对比

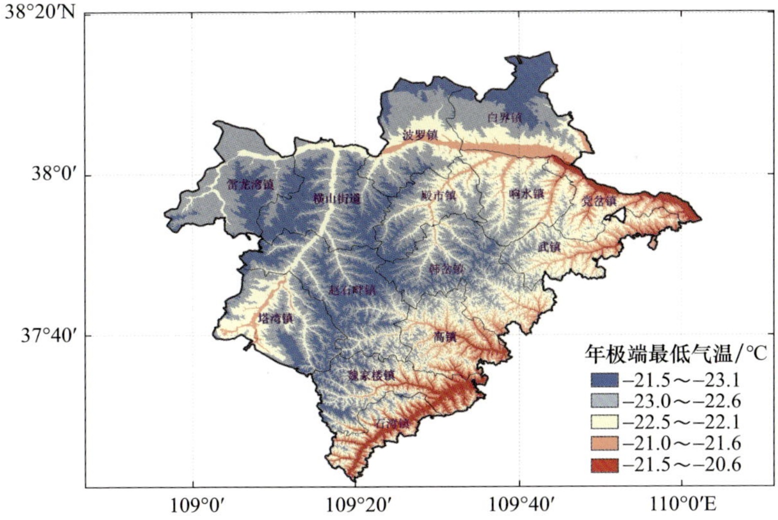

图 6.23 1986—2015 年榆林市横山区年极端最低气温分布

日数多在 12 d 以内，仅 1992 年、2002 年、2007 年、和 2010 年≤−20 ℃低温日数超过 12 d，达 13～15 d。横山区冬季−20 ℃以下低温持续天数多在 5 d 以内，仅 1988 年、1992 年、1999 年、2002 年和 2007 年冬季−20 ℃以下低温日数分别达 8 d、15 d、9 d、13 d 和 15 d，过程最低温度达−27.7～−26.2 ℃，见表 6.7。总体上看，横山区冬季日最低气温≤−20 ℃的日数 $n<24$ d 的 80%保证率可满足苹果经济栽培的主要指标。

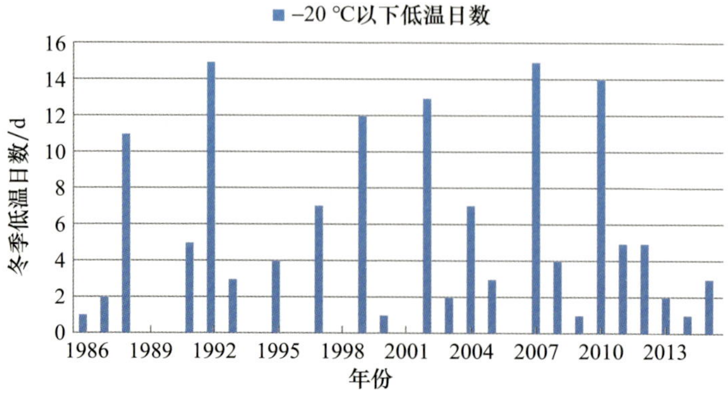

图 6.24　1986—2015 年榆林市横山区冬季（12 月—次年 2 月）日最低气温≤－20 ℃日数逐年变化

表 6.7　榆林市横山区苹果树越冬期－20 ℃以下持续 9 d 以上低温过程

1992 年冬季		1999 年冬季		2002 年冬季		2007 年冬季	
低温持续 15 d		低温持续 9 d		低温持续 13 d		低温持续 15 d	
出现日期（年/月/日）	日最低气温实况/℃	出现日期（年/月/日）	日最低气温实况/℃	出现日期（年/月/日）	日最低气温实况/℃	出现日期（年/月/日）	日最低气温实况/℃
1993/1/11	－23.6	2000/1/24	－20.3	2002/12/25	－25.7	2008/1/22	－20.9
1993/1/12	－21.1	2000/1/25	－17.3	2002/12/26	－27.2	2008/1/23	－26.4
1993/1/13	－16.1	2000/1/26	－26.2	2002/12/27	－27.7	2008/1/24	－22.6
1993/1/14	－25.4	2000/1/27	－24.7	2002/12/28	－15..2	2008/1/25	－16.2
1993/1/15	－25.5	2000/1/28	－21.6	2002/12/29	－21..6	2008/1/26	－21.8
1993/1/16	－26.0	2000/1/29	－21.1	2002/12/30	－21.9	2008/1/27	－16.2
1993/1/17	－23.6	2000/1/30	－25.0	2002/12/31	－23.7	2008/1/28	－15.3
1993/1/18	－25.8	2000/1/31	－22.6	2003/1/1	－21.6	2008/1/29	－20.5
1993/1/19	－22.5	2000/2/1	－20.5	2003/1/2	－13.8	2008/1/30	－18.4
1993/1/20	－25.3	2000/2/3	－24.3	2003/1/3	－24.8	2008/1/31	－24.0
1993/1/21	－26.6			2003/1/4	－22.3	2008/2/1	－22.9
1993/1/22	－22.7			2003/1/5	－25.2	2008/2/2	－23.4
1993/1/23	－22.2			2003/1/6	－21.9	2008/2/3	－22.5
1993/1/24	－21.8			2003/1/7	－23.4	2008/2/4	－17.7
1993/1/25	－19.6			2003/1/8	－20.2	2008/2/5	－23.5
1993/1/26	－19.4					2008/2/6	－23.5
1993/1/27	－23.4					2008/2/7	－17.0

续表

1992 年冬季		1999 年冬季		2002 年冬季		2007 年冬季	
低温持续 15 d		低温持续 9 d		低温持续 13 d		低温持续 15 d	
出现日期（年/月/日）	日最低气温实况/℃	出现日期（年/月/日）	日最低气温实况/℃	出现日期（年/月/日）	日最低气温实况/℃	出现日期（年/月/日）	日最低气温实况/℃
1993/1/28	−20.4					2008/2/8	−20.4
						2008/2/9	−20.1
						2008/2/10	−20.1
						2008/2/11	−17.8
						2008/2/12	−22.0
低温过程极小值	−26.6	低温过程极小值	−26.2	低温过程极小值	−27.7	低温过程极小值	−26.4

注：在−20 ℃以下低温过程统计中，低温过程中若出现 1～2 d 日最低气温>−20 ℃的间断，视为一个低温过程。

6.5.3.6　苹果种植气候适宜性区划

在实现区划指标空间化基础上，采用专家打分的方法，利用 GIS 空间分析功能，根据陕西苹果优质区布局，按照综合评分值>75、75～66、<66 将榆林市横山区苹果气候适宜性依次划分为适宜、次适宜和不适宜三个等级，见图 6.25。利用 GIS 空间分析技术，提取研究区域坡向地形数据（图 6.26），将横山区的坡向栅格数据按照阳坡为适宜区、阴坡为不适宜区，对最近 30 年横山区苹果气候适宜性区划结果进行了地形优化（图 6.26）。

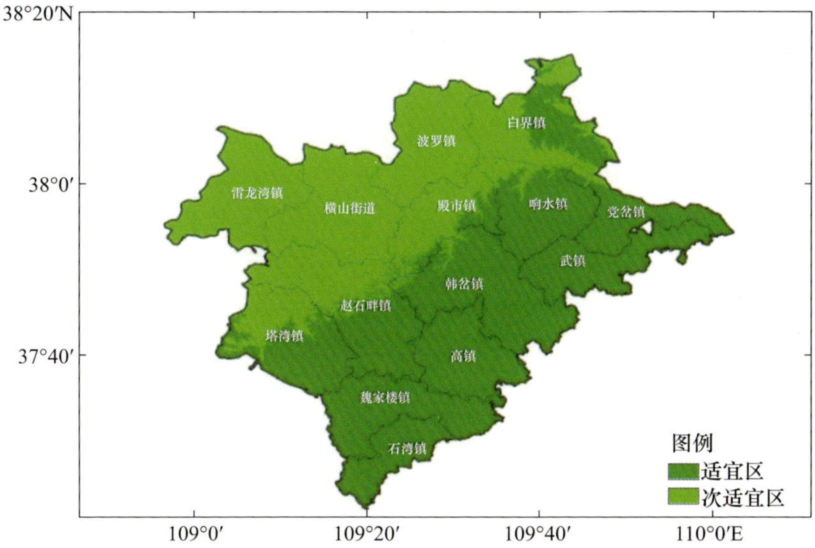

图 6.25　1986—2015 年榆林市横山区苹果种植气候适宜性区划

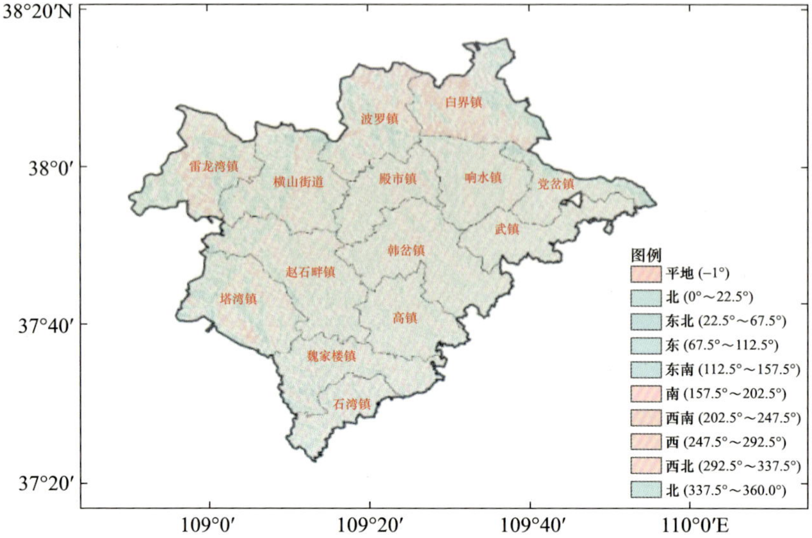

图 6.26　榆林市横山区坡向分布(单位:°)

由图 6.27 可见，1986—2015 年横山区苹果气候适宜区面积较 1981—2010 年明显增加，次适宜区向北、向西推进，不适宜区面积几乎减少为零。横山区苹果气候适宜区由塔湾镇西部、石湾镇、魏家楼镇等地县境西部、南部边缘地带，波罗镇、白界镇和党岔镇沿无定河两岸地区，向北、向西延伸至塔湾镇、赵石畔镇中南部，韩岔镇、响水镇中南部、白界镇东部一带以东、以南海拔 1300 m 以下，坡向朝向为南、西南、西、和西北方位的阳坡丘陵沟壑区；本区年平均气温 7.4～10.1 ℃，年降水 390～481 mm，6—8 月平均最低气温 13.9～17.2 ℃，夏季平均相对湿度 60.0%～64.6%；该区生长季温凉干燥，夏秋季气温日较差大，果实着色期光照条件极佳，气候条件基本能满足苹果树生长需求，果实颜色、风味俱佳，但年降水量普遍偏少，接近 400 mm 临界值，且年降水量 400 mm 保证率仅为 30%，灌溉条件较差，所产苹果个小，形扁；主要气象问题是，冬春干旱多风，易出现生理干旱“抽条”；果树越冬期－20 ℃以下低温持续天数 8～15 d 的苹果树越冬冻害风险约 6 年一遇，低温对幼树及嫩梢有一定威胁；据统计，横山区苹果气候适宜区面积约为 1227 km^2。气候次适宜区由西部和东南部地区扩展至适宜区以北地区；本区降水少，干旱严重，果形小，品质差；本区年平均气温 8.7～10.1 ℃，年降水 345～400 mm，6—8 月平均最低气温 15.7～17.2 ℃，夏季平均相对湿度 56.6%～59.0%；据统计，横山区苹果气候次适宜区面积约为 933 km^2。

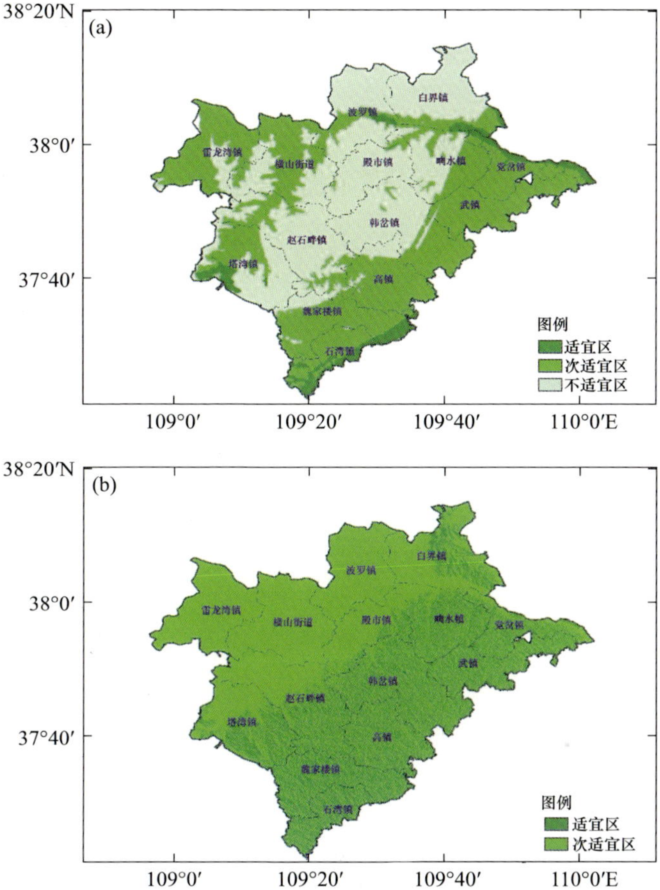

图 6.27　1981—2010 年(a)与 1986—2015 年(b)气象数据的榆林市横山区苹果气候适宜性区划对比

第7章 苹果主要气象灾害及风险评估

7.1 苹果主要气象灾害识别技术及应用案例

苹果树生长过程中常受到多种气象灾害的影响。主要气象灾害类型包括冻害、冰雹、干旱、洪涝等。花期冻害和冰雹会直接破坏花朵和果实，对产量造成严重影响；干旱会导致苹果树水分亏缺，影响果实生长和品质；洪涝则可能导致根系腐烂和土壤养分流失。准确识别这些灾害类型，是实施有效监测和预警的基础。

随着科技的发展，气象灾害监测技术也在不断进步。目前，针对苹果树的气象灾害监测技术主要包括遥感技术、地面观测站点监测等。这些技术能够实现对苹果树生长环境的全面监测，为苹果气象灾害预警提供数据支持。

7.1.1 主要气象灾害识别技术

(1)遥感技术应用。遥感技术在苹果气象灾害监测中发挥着重要作用。通过卫星和无人机搭载的遥感设备，可以实现对苹果园园区的宏观监测，获取温度、湿度、光照等关键信息。这些信息有助于判断苹果生长状况，及时发现潜在的气象灾害风险。同时，遥感技术还可以对苹果产量进行监测预测，为农业生产管理提供决策依据。

(2)地面气象观测站点。地面气象观测站点是苹果气象灾害监测的重要组成部分。这些站点通常设置在苹果园区的关键位置，用于实时观测气象要素和土壤条件。通过定期收集和分析这些数据，可以了解苹果生长环境的动态变化，为灾害预警提供及时准确的信息。

(3)数据处理与分析。数据处理与分析是苹果气象灾害监测的关键环节。在收集到大量的监测数据后，需要利用统计方法、数据挖掘技术等手段，对数据进行整理、分析和挖掘。通过对比历史数据和实时数据，可以识别出异常变化，进而判断是否存在气象灾害风险。同时，还可以利用数据分析结果，优化苹果生产管理措施，提高产量和品质。

(4)预警模型构建。预警模型是苹果气象灾害监测的技术核心。根据监测数据和历史灾害记录，可以构建出针对不同气象灾害的预警模型。这些模型能够根据实时监测数据预测未来一段时间内的气象灾害风险，为农业生产者提供及时的预警信息。预警模型的构建需要充分考虑苹果生长的特点和气象灾害的成因机制，以提高预警的准确性和可靠性。

7.1.2　主要气象灾害监测技术及应用

苹果气象灾害监测技术发展及应用已经取得了显著的成效。例如，在陕西延安，通过"果园气象哨兵(苹安天气)"的地面加密温度观测，准确监测预测苹果树花期冻害，形成花期冻害防御作战图，有效应对花期冻害的影响。在山东荣成地区通过综合运用遥感技术和地面观测站点，成功监测预测了强降雨引发的洪涝灾害，并及时采取了应对措施，减少了灾害对苹果产量的影响。此外，甘肃平凉市在苹果生长期间，通过监测花期冻害和冰雹等气象灾害，为种植户提供了有针对性的防灾减灾建议，有效降低了灾害损失。

苹果气象灾害监测技术与方法是一个复杂而系统的工程，需要综合运用多种技术手段和方法。通过不断完善和优化监测技术与方法，可以更好地应对苹果生长过程中的气象灾害风险，保障苹果产业的稳定发展。

7.2　苹果气象灾害风险评估方法

苹果气象灾害风险评估是提高苹果生产防灾减灾能力的重要手段。通过科学的数据收集与整理、灾害指标构建、风险评估模型建立以及结果输出等步骤，可以实现对苹果气象灾害风险的定量评估。该方法的应用将有助于果农和决策者更好地应对气象灾害，保障苹果生产的稳定发展。

7.2.1　苹果气象灾害风险评估流程

(1)数据收集与整理。收集30年及以上不同时间尺度的农业气象灾害及其致灾因子资料，区划范围内各县或乡镇最新的社会经济资料，与气象灾害对应年份的气象灾害灾情资料,包括果树受灾面积、成灾面积、绝收面积、直接经济损失等,分辨率不低于 1∶25 万的数字高程模型(DEM)栅格数据和行政边界、河流水系等矢量数据。对基于不同性质和量纲的资料处理所得的各项指数,进行归一化处理。

(2)风险评价指标构建。一是基于致灾因子等级划分构建致灾因子危险性指数。二是用区划范围内各县或各乡镇苹果的产量和面积构建承灾体暴露性指数。三是根据环境对灾害形成的影响作用,考虑地形、高程、水系分布等,构建环境脆弱性指数。四是采用区划范围内各项或各乡镇人均可支配收入、农业投入、农业总产等构建防灾减灾能力指数。

(3)风险评估模型建立。基于上述四项风险评价指数及其权重,用加权求和方法或加权求积方法构建风险评估模型。

(4)风险评估结果输出。通过模型计算,输出苹果气象灾害风险评估结果。这些结果可以以图表、地图等形式展示,便于果农和决策者直观了解苹果生产面临的气象灾害风险。

7.2.2 苹果气象灾害风险区划流程

苹果气象灾害风险区划可以为苹果产区的合理规划、防灾减灾措施的制定和实施提供科学依据,从而保障苹果产业的稳定、可持续发展。苹果气象灾害风险区划流程主要是四个方面:

(1)历史灾害资料收集与分析。通过收集历史气象灾害数据,分析其与苹果受灾情况的关联。

(2)现场调查与评估。深入苹果产区进行实地调查,了解灾害的实际影响及产区的脆弱性。

(3)风险评估模型的构建。结合历史数据和现场调查,构建风险评估模型,对不同的气象灾害进行量化评估。

(4)风险区划图的绘制。根据评估结果,绘制苹果气象灾害风险区划图,为决策提供支持。

7.3 主要气象灾害对苹果生产的影响分析及评估方法

影响苹果树正常生长以及产量与品质的气象灾害有很多,如开花期有低温、霜冻、大风、沙尘暴等;幼果期有冻害、干旱、冰雹等;果实膨大期气象灾害有伏旱、高温热害(日灼)、冰雹、暴雨、连阴雨;果实着色期有低温、阴雨、寡照、落果、裂果;果实成熟期有早霜冻、连阴雨等。但以干旱、冻害、冰雹、高温、秋季连阴雨为主的气象灾害在苹果种植区经常大面积发生，对苹果的生产造成严重影响。

7.3.1　干旱

7.3.1.1　干旱对苹果生产的影响

干旱是指长时期降水偏少，造成空气干燥，土壤缺水，致使果树体内水分发生亏欠，影响正常发育而减产的一种农业气象灾害。根据干旱发生的原因，通常分为土壤干旱、大气干旱和生理干旱。

土壤干旱是指土壤含水量少，植物根系难以从土壤中吸收足够的水分去补偿蒸腾消耗，导致植物体内水分收支不平衡，从而影响植株生理活动的正常进行。大气干旱是指大气的蒸发作用强时，植株蒸腾消耗水分过多，导致根系吸收的水分不足以补偿蒸腾支出，植株体内水分条件恶化而造成危害。而生理干旱指的是，由于土壤环境条件不良，植株根系的生理活动遇到障碍，导致植物体内水分失去平衡而发生危害。三种干旱间存在一定的联系。如大气干旱会加剧土壤蒸发和植物蒸腾，使得土壤水分减少，继而导致土壤干旱，土壤干旱也会加重近地层的大气干旱，这两种干旱同时发生时的危害最大。

干旱的发生对苹果树各器官的影响的表现有所不同。

（1）干旱对苹果树叶片生长的影响

新梢旺长期间发生土壤干旱，叶水势下降，叶面积减小，新梢生长受抑，且干旱时间越长影响越大。在水分胁迫条件下，幼叶变厚，栅栏组织厚度明显增加，而成龄叶在水分胁迫时变薄，栅栏组织的细胞厚度也不同程度地减小。

苹果的叶片生长，尤其是叶长对水分胁迫反应较迟钝，而在水分胁迫解除之后又最早恢复正常生长。因此，一般的水分胁迫不影响苹果叶片的大小。在叶片达到生理成熟之后，苹果叶片的面积不再增大，但水分胁迫不利于叶片厚度的增加，因而会使叶片质地变薄，缺乏韧性。同时水分胁迫会显著地减少新叶增加的数量而使总叶面积和叶面积系数减小。另外，轻度水分胁迫促进苹果树上各类叶片成熟，严重的水分胁迫则导致叶片急剧衰老甚至脱落，尤其是短枝叶片和长、中枝的基部叶片，从而直接影响果品产量和质量。

（2）干旱对苹果树枝干生长的影响

苹果树干横、纵方向的生长对水分胁迫的反应不同。枝干的加粗生长对水分胁迫的反应十分敏感，缺水枝干的加粗生长受抑制。同时，水分胁迫对苹果枝干加粗生长的抑制作用还具有“后效应”，即树体内的水分胁迫完全解除后，其抑制作用仍然要持续相当长的时间。因此，枝干加粗与生长季节里所经受的水分胁迫的时间有密切关系，苹果枝干的延长生长对水分胁迫的反应远不及加粗生长敏感。近年来，为了减轻干旱影响，旱地果园多采取覆盖的方法进行干旱防御。

(3)干旱对苹果树根系生长的影响

土壤干旱使苹果树体地上与地下部分的生长同时减弱，但干旱可增大根冠比，苹果树根量密度远比粮食作物低，但却因根系分布深广而耐旱。土壤干旱时吸收根和延长根中亚精胺和腐胺含量增加。亚精胺在两类根中均没有大的变化，表明延长根腐胺代谢对水分胁迫的反应比吸收根更强烈。这种差别与两类根对干旱的忍耐方式或能力不同有关，土壤干旱时延长根活力大于吸收根，以利于尽快找到新水源。水分胁迫下苹果新根的中柱形状发生了明显的变化，轻度水分胁迫时中柱明显变粗，严重干旱时又变扁，而且凯氏带越来越不明显。水分胁迫时导管比正常供水发达，木质部向心分化速度加快，尤其是长期的水分胁迫使导管组织变化更明显，其分子直径变大，可能对水分的传导更有利，从而提高抗水分胁迫的能力。

当土壤含水量较少时，苹果根系到处延伸追逐水源，根冠间竞争碳水化合物，同化物分配到根系就较多，树冠则受到水分限制，生长不旺，使得根冠比增大。一般而言，如果土壤水分在冬季得到补充，且达到一定土层深度，而生长季却无雨或少雨，苹果根系偏于垂直延伸；如果土壤水分仅来自生长季降雨，且雨量较少时，则根系偏于水平伸展。充分灌溉的果园，苹果根系主要生长在土层上部，树体抗风能力差。土壤水分较少时，根、冠绝对生长量较正常条件下降低，干旱处理比充足灌水处理其光合产物分配到根系的比例增加。

苹果树在生长期内遇高温干旱，会降低光合作用，抑制根系生长。当土壤温度达到 28 ℃时根系停止生长，达到 50 ℃时细根死亡。当土壤含水量低至萎蔫系数，根系就停止生长活动；若土壤绝对含水量 10%～15%时，地上部停止生长；低于 7%根系开始枯萎死亡。

(4)干旱对开花和坐果的影响

苹果花芽分化期平均温度高于 28 ℃，且严重干旱时，则果树根系活动受抑制，光合作用下降，同化产物减少，细胞液浓度过高，生长点细胞停止分裂，抑制花芽分化。干旱则可能推迟苹果的开花期，显著降低花的发育质量。

在苹果花期遇到异常的高温干旱天气，缩短花期，柱头分泌物会很快干枯，直接影响花粉发芽，大部分花粉管变形或中途破裂，难以授粉受精，严重影响坐果。晚春至初夏，树体内的水分胁迫明显加剧苹果的落花落果，降低坐果率，幼果发育受阻。

(5)干旱对苹果产量和品质的影响

果实产量受坐果数和单果重两个因子制约。降低坐果率、减小采收后果实体积的土壤水分胁迫，都会导致苹果产量的下降。尤其是在幼果期和果实膨大期，前者主要是承受水分胁迫会造成果实细胞分裂减少和引起严重落果而减产，后者承受水分胁迫可显著减小果实细胞增大使其单果重降低而减产。

花后 4 周内遇到异常的高温干旱对果形指数影响最大。在花后 40 d 至苹果采收期,高温干旱严重影响果实膨大,并且使果实纵径比横径生长慢,因而果形变扁,果桩变矮。成熟期干旱能提高果实的可溶性固形物含量。在一定限度内,灌溉量越小,果实的可溶性固形物含量越高,但这种影响又同苹果树承受水分胁迫的时期密切相关。苹果果实细胞膨大期和后期承受水分胁迫都增加采收时果实的可溶性固形物含量。但是,在苹果果实成熟前遇到高温,则光合作用减弱,花青素难以合成,尤其夜温高,糖分消耗多,影响着色。8—9 月,日最高温度超过 35 ℃或日平均温度超过 30 ℃的天数持续 5 d 以上,可使已充分着色的果实严重褪色。若果实成熟期遇到高温干旱,果树同化作用变弱,不利于有机物的合成,从而使果个变小,果实成熟期不一致,果汁减少,肉质变硬,风味降低,可溶性糖含量相对增加,维生素 C 含量也低,不耐贮藏。

7.3.1.2 干旱胁迫对苹果树生长及果实品质的影响

干旱胁迫是限制果树生长、果实产量及品质的一项重要非生物胁迫。适度干旱能够有效提升植株糖代谢相关酶活性,从而提高果实可溶性固形物及可溶性糖的含量,提高果实的内在品质。周罕觅等(2015)发现灌水量会对 3 年生苹果果实维生素 C、可溶性糖、可溶性固形物含量产生极显著影响;曹辉(2021)发现随着灌水量的增加果实可溶性固形物含量逐渐降低;龚成宇等(2012)发现,轻度干旱胁迫能够有效提高黄果柑果实可溶性固形物含量、可溶性总糖含量及果实糖酸比,同时不会对果实产量造成影响。研究发现,干旱胁迫会对果实大小的发育产生抑制作用,但是对果形影响不大,轻度干旱胁迫下苹果外观品质、产量无明显影响,但是苹果内在品质有所提升,而重度干旱胁迫下苹果果实产量、整体品质均会受到较大影响,这可能是由于在轻度干旱胁迫下,植株可通过自身调节以适应干旱环境,而重度干旱胁迫下果实会与叶片争夺水分,因叶片汁液浓度高于果汁浓度,导致果实得不到充足的水分,从而导致果实膨大受阻;同时重度干旱胁迫会破坏植物的光合系统,导致植物气孔关闭、蒸腾作用停止,从而影响果实产量及品质。总之,干旱胁迫会对苹果果树生长、果实产量及品质造成影响,轻度干旱胁迫对苹果产量无显著影响,内在品质有所提升。

7.3.1.3 苹果种植区干旱灾害风险评估方法

干旱灾害指标的选择:以水分盈亏率为干旱灾害的指标,这是评估干旱灾害风险的关键参数。水分盈亏率能够反映苹果种植区在特定时期内的水分收支情况,从而间接评估干旱对苹果生长的影响。

生育期干旱灾害指标的等级划分:针对苹果的不同生育期,对干旱灾害指标进行了等级划分。这样做有助于更细致地了解不同生育期对干旱的敏感程度,从而为采取针对性的抗旱措施提供依据。

致灾因子危险性的评估:该方法对苹果各生育期的干旱灾害致灾因子危险性进行了评估。这包括了对干旱灾害发生可能性的分析,以及干旱发生时对苹果生长影响的预测。

孕灾环境敏感性的分析：从高程、河流密度和植被等角度对干旱灾害的孕灾环境敏感性进行了详细的分析评估。这些因素不仅影响干旱灾害的发生概率，还间接影响苹果种植区的抗旱能力。

综合风险评估模型的建立：基于自然灾害风险评估理论，建立了苹果干旱灾害综合风险评估模型。该模型综合考虑了致灾因子特征、孕灾环境特征、承灾体易损性、防灾减灾能力。

7.3.2 冻害

7.3.2.1 冻害对苹果生产的影响

冻害是北方落叶果树的主要灾害之一，即在低于 0 ℃的温度下作物体内结冰所造成的伤害。果树体内的生物膜对低温最敏感，低温可使生物膜的活性降低，表现为细胞间隙出现冰晶体，引起细胞内失水，从而使对生物膜具有毒性的无机和部分有机化合物浓度增大，聚集在生物膜附近，并发生不可逆转的变化，这是冻害产生的过程。

苹果树受冻害主要分为三类：一是冬季严寒型。冬季的极端最低温度对苹果树的冻害具有重要影响，低温持续时间过长，往往会引起更严重的冻害。另外，如果冬季气温变化剧烈，12 月中、下旬气温骤降至－20 ℃以下时往往会导致树体受冻（树干基部受冻、树干受冻皮层下陷变深褐、冻裂坏死及枝条和花芽受冻干枯死亡），引起腐烂病发生严重。二是入冬剧烈降温型。晚秋至初冬季节，苹果树由生长过渡到休眠的时期，此时气温骤然大幅度下降，往往会造成较严重的枝芽冻伤，不仅影响开花降低产量，而且严重时会造成幼树整株死亡。三是早春融冻型。苹果树在休眠期抗寒力较强，随着春季的到来气温上升，回暖融冻，其抗寒力则随之降低。此时如遇天气回寒和干旱，苹果的花芽和枝条往往会受冻害，发生枝干的日灼和抽条现象等。

冻害对苹果树可能造成的危害主要包括以下几方面。

（1）根系冻害

根系冻害不易被发现，但对地上部分的影响非常显著，表现在春季萌芽晚或不整齐，有的受冻害较轻，虽然能发芽抽梢，但生长缓慢；严重时抽出的新梢逐渐凋萎枯干。如果刨出根系观察，则会发现外部皮层已变褐色，皮层与木质部分离，甚至脱落。

（2）根茎冻害

根茎冻害是由于接近地面的小气候变化剧烈，绝对最低温度较气温低而产生温差大引起的，特别是在根部积水多、贪青生长的情况下，根茎冻害更易发生。冻害常发生在地面至以上 20 cm 范围的西南向阳面，轻者皮层变褐，地面以下较轻；重者形成层组织变褐死亡，皮层与木质层分离。

(3)枝干冻害

主要表现为果树干基冻害、主干破裂和枝杈受冻。干基冻害是幼龄苹果树常常发生的一种冻害，主要是果树主干在地表以上15～20 cm处发生冻害，轻则仅向阳面的皮层和形成层变褐死亡，重则背阴面的皮层也死亡，形成围树干一周的坏死环，导致整株死亡。干基冻害发生的部位与果园中土壤管理、生草情况、积雪厚度以及寒冷程度有关。积雪愈厚，受冻的部位愈向上移，因为接近地表的部分，温度变化最剧烈，所以冻害最严重。主干破裂常易发生在成龄苹果树上，一般是沿主干纵向开裂。究其原因是由于冬季气温日较差太大，主干组织内外张力不均，使主干的皮层开裂，有时裂口深达木质部。枝杈冻害幼树及成龄苹果树均可发生，一般是受冻枝杈皮层下陷或开裂，内部变褐，组织坏死，严重时组织基部的皮层和形成层全部冻死，受害枝枯萎，造成树势衰弱或枯死。

(4)枝条冻害

停长较晚、发育不成熟的秋梢，最易遭受冻害而干枯死亡。有些枝条外观看起来没有变化但发芽迟，叶片小或畸形，剖开后看到木质部色泽已变褐。

(5)花芽、花朵、幼果冻害

花芽冻害多出现在早春，花芽解除休眠早，或在苹果树开花期、幼果期，春季气温快速上升，随即又出现霜冻，花芽、花朵、幼果易遭受冻害。受冻害轻时，发芽迟缓、畸形或长时间停留在某一发育阶段；春季不膨大、干枯瘦小、易落，有的外表不易看出，但剖视其内部可见芽中心已变褐，严重时可枯死。

7.3.2.2 苹果树花期冻害灾害风险评估

(1)短期风险预估

针对苹果树花期冻害，相关气象部门也建立了风险预估模型，如陕西气象部门建立了苹果树花期低温冻害气象灾害风险预估产品，构建了苹果树花期冻害定量化综合风险指数模型，并联合重点市、县果业部门建立了分区域阈值指标10项。

(2)冻害发生规律

冻害发生与气候、地势、管理水平和品种差异等因素有关。近年来，受暖冬气候影响，早春气温回升较快，若4月上中旬苹果花期遇到异常天气，如西北寒流、冷空气入侵、长期阴雨、风沙持续、冷高压控制下或晴朗夜晚的强辐射冷却等，就有可能发生霜冻，低温持续时间越长，对果树的危害越重。

(3)霜冻危害症状识别

萌发的芽、花蕾和花器、幼果和幼叶在受到霜冻后会有不同的症状表现，如外表变褐色或黑色、鳞片松散、不能继续萌发、干枯脱落等。

(4)抗寒防冻措施建议

包括春季灌水及覆草、树干涂白等。灌水能够降低土温，延迟物候期，减少太阳热能的吸收，从而推迟花期。涂白既能防治病虫害，又可以减少太阳热能的吸收，可延迟花期。

总体来说，苹果树花期冻害灾害风险评估方法包括短期风险预估、冻害发生规律分析、霜冻危害症状识别和抗寒防冻措施等方面。这些方法可以帮助果农更好地了解冻害风险，采取适当的措施来预防和减轻冻害对果树的影响。

7.3.2.3 苹果树越冬冻害风险评估

气象指数评估法：基于气象数据，构建冻害定量化综合风险指数模型，评估苹果树越冬冻害风险。

生长模拟模型评估法：利用果树生长模拟模型，结合气象数据，模拟果树的生长状况，评估冻害对果树的影响。

经验评估法：根据历史冻害资料和农业保险理赔数据，结合当地气候、土壤、果树品种等条件，制定经验性的冻害评估标准。

7.3.3 高温

7.3.3.1 高温对苹果生产的影响

高温是指超过果树生理代谢适宜温度上限值的环境温度。如苹果树花期适宜的温度上限为 25 ℃，长时间超过此界限温度，就会导致苹果树花器受到高温热害，也称高温伤害，俗称“穹花”。果实膨大期适宜的温度上限为 35 ℃，长时间超过此界限温度，会导致果实“日灼”。

高温对果树可造成间接伤害和直接伤害。间接伤害是指在高温胁迫下，果树生理生化反应异常，代谢速率逆转，使生长发育受阻，出现间接伤害时会使蛋白质变性，使光合作用酶系统、呼吸作用酶系统等失活，导致光合作用速率下降，植物呈现“饥饿”；呼吸作用加强，或发生无氧呼吸，产生有毒物质而导致伤害；生物膜结构与功能遭受破坏，原生质膜离子泵失活，导致细胞中大量粒子外渗；蛋白质分解加速，合成下降，导致蛋白质损耗；高温还会使某些生化环节发生故障，使得生长所需的活性物质缺乏。以上过程均较缓慢，主要是对植株组织或器官造成间接伤害。然而，直接伤害过程发生快，果树受害严重，如组织坏死，直接影响细胞的结构与功能。在高温胁迫下，最明显的直接伤害是植物生物膜结构破坏，从而丧失半透性功能，原生质内含物外渗，细胞受伤死亡。

(1)休眠期高温影响花芽分化

苹果树在冬季需要一定的低温才能通过休眠阶段。休眠期如遇暖冬气候，一方面，果树呼吸轻度增强，营养消耗大，影响花芽分化；另一方面，果树不能正常解除休眠，导致后期萌芽、开花明显延迟且不整齐，甚至花蕾中途枯死脱落。

(2)花期高温可导致异常落花、落果

近年来，主产区苹果树开花—幼果期常有超过生育期适宜温度的异常高温出现，一方面，致使花和幼果在短时间内以极大的速率提早脱落，被称为异常落花落果。另一方面，致使“穹花”现象明显。

(3)高温可导致日灼

苹果树日灼主要是果实日灼，其次是枝干日灼。日灼发生的程度与气象条件、土壤、品种、树龄与树势等均有关系。

果实发生日灼时，初期在果实阳面出现先白色后逐渐变红褐色圆形斑点，其后病斑逐渐扩大，呈现黑褐色呈圆形或不规则形凹陷斑块，边缘有黄色晕圈为水烫状。严重时，病斑干枯开裂，果实日灼仅发生在果实表层，果肉一般不变色。但因表皮死亡，果肉细胞生长受阻，故多形成畸形果，影响品质和产量。

枝干发生日灼，也叫烧皮。温度过高的树皮一方面通过表皮向外蒸散，另一方面则向体内低温处扩散，造成过量失水而引起生理干旱，表皮收缩干枯至褐烫状。

7.3.3.2　苹果树高温热害的风险评估

影响分析：通过收集苹果产区的高温、干旱、湿度等气象数据，结合苹果生长发育的进程，确定高温热害对苹果生长的影响程度。

灾情监测：通过灾情监测信息，统计果树因高温灾害减产的程度，计算受灾面积比例和成灾面积比例，以此判定高温灾害等级。

风险评估模型：根据统计数据和灾情资料，构建苹果树高温热害综合指数和等级划分标准，确定热害致灾临界值。

综上所述，苹果树高温热害的风险评估是一个综合性的过程，需要综合考虑多种因素和数据来源，以确保评估结果的准确性和可靠性。

7.3.4　冰雹

7.3.4.1　冰雹对苹果生产的影响

冰雹是从发展旺盛的积雨云中降落到地面上的固体降水物，系圆球形、圆锥形或不规则的冰球或冰块，由透明层和不透明层相间组成。直径一般为 5～50 mm，大者有时可达 10 cm 以上，又称雹或雹块。冰雹常砸坏果树，威胁人畜安全，是一种严重的局地自然灾害。冰雹对苹果生产的影响有以下几个方面。

(1)砸伤果树

果树受到冰雹的砸击会因破皮、损叶、折枝和落果而减产。在开花坐果时遭受冰雹危害，会发生严重的落花落果现象而导致大幅减产；即使被冰雹打伤的幼果可以发育成熟，但因其带有雹伤，商品价值也会大幅度降低；果实成熟期遭受雹灾，果实容易腐烂，也不耐贮存，常带来无法弥补的经济损失。

(2)冷冻影响

降雹之前，常有高温闷热天气出现，降雹后气温骤降，前后温差高达 7～10 ℃。

剧烈的降温使正在生长的果树遭受不同程度的冷害，使被砸伤的果树伤口组织坏死，伤口愈合缓慢；少数降雹过程伴有局部洪水灾害等。

(3)表土板结

由于强降水和雹块的降落，常使土壤表层板结，不利于果树根系生长。特别是春、夏降雹天气过后，常有干旱出现，使板结层更加干硬，给果树的生长发育造成严重的影响。

7.3.4.2 苹果树冰雹灾害风险评估的具体步骤

收集数据：包括历史气象数据、冰雹观测记录、苹果树生长情况等。

实地调查：通过实地勘察、测试、咨询等形式获取冰雹灾害风险信息。

数据分析：从地理信息、气象资料等信息中识别、提取、加工、分析获取冰雹灾害风险相关信息。

评估灾害风险：综合考虑冰雹的直径、重量、持续时间、冰雹等级等致灾因子，以及苹果品种的抗性、生长状况、产量影响等因素，评估冰雹灾害对苹果生产可能造成的损失和影响。

建立风险评估模型：根据数据分析结果，建立冰雹灾害风险评估模型，用于预测不同冰雹等级下苹果生产的损失情况。

结果输出：生成详细的冰雹灾害风险评估报告，包括风险等级图、损失预估、防灾建议等。

7.3.5 雨涝

7.3.5.1 雨涝对苹果生产的影响

雨涝是湿(渍)、涝害的总称，是我国主要的农业气象灾害之一。按照水分多少，雨涝可分为湿害(渍害)和涝害。连阴雨时间过长，土壤水分长时间处于饱和状态，使果树根系因缺氧而发生伤害，称为湿害(渍害)；雨水过多，地面积水长期不退，使果树受淹，称为涝害。广义的涝害包括湿害，指土壤过湿，土壤含水量超过田间最大持水量时植物受到的伤害。狭义的涝害指地面积水，淹没了作物的部分或全部，使其受到伤害。

(1)湿害

湿害能使作果树生长不良，原因：一是土壤全部空隙充满水分，根部呼吸困难，根系吸水吸肥能力都受到抑制。二是由于土壤缺乏氧气，使好气性细菌(如氨化细菌、硝化细菌和硫细菌等)的正常活动受阻，影响矿物质的供应；而嫌气性细菌(如丁酸细菌等)特别活跃，使土壤溶液的酸度增加，影响植物根系对矿物质的吸收。与此同时，还产生一些有毒的还原产物，如硫化氢和氨等，能直接毒害根部。

(2)涝害

涝害会影响果树的生长发育。但涝害对果树的危害主要原因不在水自身，而是由水分过多诱导的次生胁迫造成的。这些危害包括对植物细胞膜的损害、对物质代谢的影响、对呼吸作用的抑制、对矿质营养元素吸收的减少、根际缺氧对植物激素合成和代谢平衡的影响等。

7.3.5.2　苹果树雨涝灾害风险评估方法

确定评估指标：包括水分盈亏率、暴雨过程降水量、苹果树洪涝受灾率等。

数据收集与处理：收集目标种植区的气象数据、苹果树生长情况、历史雨涝灾害记录等，并进行处理，以便进行分析。

风险评估模型构建：基于收集的数据和处理的指标，构建苹果树雨涝灾害风险评估模型。

灾害等级划分：根据评估结果，将洪涝灾害指标分为轻涝、中涝、重涝和特涝四个级别。

可靠性验证：基于历史洪涝灾情数据和评估结果，对确定的洪涝灾害指标和等级划分进行可靠性验证。

7.4　主要气象灾害防御适用技术

7.4.1　干旱防御措施

季节性干旱是当前苹果种植地区的常见灾害。旱情监测与抗旱节水技术在果园管理、生产过程中有十分重要的作用。

7.4.1.1　水利基础设施监测与灌溉措施

加大水利基础设施投入，因地制宜地修建各类水库、水坝、水塘、水池、水窖等水利设施，抓好治理河道，及时拦蓄雨水，完备灌溉系统是防止干旱减轻灾害的根本措施。各地应根据实际情况加大水利建设投资，兴修水利设施，改善农田生态环境，尽可能做到遇旱能灌，遇涝能排。有条件的地方应积极推行滴灌、喷灌、微喷等节水灌溉方式。

(1)滴灌

滴灌系统包括控制设备(水泵、水表、压力表、过滤器、混肥罐等)、干管、支管、毛管和滴头。具有一定压力的水，从水源经严格过滤后流入干管和支管，把水输送到果树行间，围绕株间的毛管与支管连接，毛管上安有4～6个滴头(滴头流量一般为2～4 L/h)。水通过滴头源源不断地滴入土壤，使树体根系分布层的土壤一直保持最适宜的湿度状态。滴灌是一种经济用水、省工、省力的先进灌溉方式，尤其适用于缺少水源的干旱山区及沙地。但造价高，对水质要求严，维修难。应用滴灌比喷灌节水 36%～50%，比漫灌节水 80%～92%。由于供水均匀、持久，根系周围环境稳定，十分有利于果树的生长和发育，一般增产 25%以上。滴灌时间应以掌握湿润根系集中分布层为度，滴灌间隔期应以果树生育进程而定，通常在未出现萎蔫现象时，无须过于频繁灌水。

(2)喷灌

整个喷灌系统包括水源、进水管、水泵站、输水管道、竖管和喷头几部分。应用时可根据土壤质地、湿润程度、风力大小等调节压力、选用喷头及确定喷灌强度，以便达到既无渗漏和径流损失，又不破坏土壤结构，同时能均匀湿润土壤。喷灌方式节约用水(用水量为漫灌的 1/4)，保护土壤结构；调节果园小气候，清洁枝叶；夏季喷灌可降低叶温、气温和土温，防止高温和日灼伤害，遇到霜冻时还可减轻冻害；果实成熟期暮喷，可促进着色和增糖。喷灌可以结合喷洒农药和液肥进行，是目前一种较为理想的灌溉方法。

(3)微喷

微喷具备喷灌与滴灌的长处，克服了二者的弊端，比喷灌更省水，比滴灌抗堵塞，供水较快。应用微喷灌的技术重点是铺设总管 1 条，干管 2 条，支管若干条，支管下接毛管，沿等高线布置，间距同果树行距一致，每株果树下固定一个双向折射微喷头，用塑料管与毛管连接，喷头喷水量约为 62 L/h，喷洒直径为 2.9 m，同漫灌比，全年可节水 70%，是目前一种经济、实用且宜推广的灌溉方式。

7.4.1.2 干旱防御耕作措施

(1)园地生草和覆草

果园生草和覆草是发达国家普遍采用的一项现代化、标准化的果园管理技术。果园生草和覆草可保墒抗旱，调节稳定地温；增加有机质含量，提高土壤肥力；改善生态环境，提高果品质量；减少成本投入，增加经济效益。果园种草一般选择抗逆性强、根系浅、生长矮、产草量较高的草类，如豆科中的三叶草、豆类等，十字花科的油菜等，禾本科中的黑麦草、冬牧 70 黑麦等。果园覆草可选择杂草、树叶、作物秸秆、糠皮、锯末和碎柴草。冬春覆干草，夏秋压青草。覆草前结合深翻或浅浇水，株施氮肥 200～500 g，以满足微生物分解有机物对氮素的需要。土层薄的果园可采用挖沟埋草与盖草相结合的方法。长草要铡短或粉碎，以便于覆盖和腐烂。果园生草覆草后，小环境改善明显，地表径流减少，山坡地和沙滩地果园尤为明显，土壤理化性状改善，团粒结构肥力明显增加，降水或灌溉水下渗损失少，供给果树根系水分的有效期延长。研究表明，覆草措施能有效提高土壤含水量，黑麦草和玉米秸秆等的覆盖能通过有机物的输入有效改善土壤养分水平，提高土壤微生物的活性，从而提高土壤质量。

(2)耕作保墒

各季节的耕作保墒措施不同。对于清耕果园,初春应顶凌浅耙拍压保墒,土壤解冻后及时浅耕后耙耱,保蓄土壤深层向上移动的水分不致蒸发,同时还可提高土壤通气性能,促进微生物活动,加速土壤硝化作用,对根系生长和养分吸引极为有利。生长前期每逢中雨降后,浅锄保墒,适墒中耕,破除板结,截断毛细管,降低蒸发面积,减少水分散失。雨季来临,深刨园土,接纳雨水;雨季结束,及时耙平保墒;秋季结合施肥,深翻熟化土壤,集蓄雨水,增加土壤透气性,消灭害虫。

(3)起垄栽培

起垄栽培是克服平原低洼地幼树徒长、成花难、产量低、渍涝严重等现象的优良方式。该措施可增加土层厚度,增强通透性,扩大根系活动范围,有利于果树新根数量增加。同时,起垄栽培还具有集雨保墒作用,可提高降水的有效性,将降水集中到根系地区,故有利于抗旱。

(4)地膜覆盖

地膜覆盖常伴随挖穴、起垄等耕作措施,且所覆膜的种类也常有不同。其中穴贮肥水地膜覆盖技术简单易行,投资少,见效大,具有节肥、省水的特点,一般可节肥30%,省水70%～90%;在土层较薄及无水浇条件的山丘地应用效果尤为显著,是干旱果园主要的抗旱、保水技术。黄土高原苹果园双覆盖调水节水技术是陕西通过3年的果园实验发明的果园节水气象适用技术,该技术通过对树盘进行有机物和地膜两种覆盖方式相结合,集流调控自然降水和抑制水分蒸发,转化无效降水为有效降水,提高水资源利用效率,该技术有利于缓解苹果关键生育期3—6月水分供需矛盾,减轻干旱威胁(葛徽衍 等,2014)。

(5)合理使用抗旱保水剂

抗旱保水剂具有很强的保水性,可反复吸放水分,其缓释水分绝大部分能被植物根部利用。所吸水可随水势平衡出来,必要时根从保水剂凝胶中抽水。但使用土壤抗旱保水剂的果园必须有一定的浇水条件,保证生长季能灌3～4次水,否则会有副作用。

(6)叶面喷肥

高温干旱季节,叶面可多次连喷250～300倍的磷酸二氢钾溶液或硫酸钾、800～1000倍的氨基酸复合微肥,能维持叶组织、调节气孔开关,降低蒸腾作用;有利于降温、补充水分和养分,促进光合作用。另外,对于山坡、丘陵及无灌溉条件的旱地果园,6—8月气温高时连续喷施5%～6%的草木灰浸出液(草木灰5～6 kg,加清水100 kg,充分搅拌后浸泡14～16 h,过滤除渣)1～3次,能使树体含钾量增加,增强果树抗旱、耐高温能力。

(7)早施有机肥,改土保墒,养根壮树

果园施用的有机肥主要包括圈肥、堆肥、鸡粪、人粪尿、各种饼肥、草肥和绿肥等。这些肥料中含有大量的有机质，施入土壤以后经微生物分解和物理化学变化形成腐殖质。腐殖质是一种黏性胶体，可把细微的土粒黏结在一起，形成水稳性团粒结构，使黏性土变得疏松易耕，而使沙性土变成有结构的土壤。土壤结构改善以后，土壤的透水性和保水性增强，也容易蓄积和保存自然降水。腐殖质还有吸附土壤溶液中多种营养成分的能力，可以把营养元素吸附在表面，避免流失，从而提高保肥、保水的能力，为根系生长创造良好的生态环境条件。结合疏花疏果、合理修剪、保护叶片等综合技术措施，达到养根壮树的目的，提高果树的抗逆能力。

7.4.1.3 建立健全干旱灾害监测预警系统及服务体系

各产区气象与农业、科技等部门应摸清当地干旱灾害发生规律，如旱情发生季节、发生频率等。同时，为减轻干旱灾害的影响和损失，应建立果园干旱灾害实时监测、预警系统。在干旱发生之前进行预测、预警，开展干旱监测、预警和评估业务；在干旱发生过程中，不断实时监测干旱的程度、发展态势以及可能影响，及时向政府和有关部门提供干旱可能发生的区域、时间和危害程度以及防旱减灾的对策，为防灾减灾服务。

干旱灾害发生后，应迅速组织对产区果园树体进行全面检查，及时收集上报灾情，并针对实际受灾情况提出具体应对方案。全面评估干旱灾害对果树的组织、器官所产生的各方面影响、灾害程度、经济损失及社会影响，并积极组织实施应对技术措施，尽可能将灾害损失降至最小。

灾害发生后的应对技术措施主要包括三个方面。一是对长期受旱的果园采取渗灌、穴灌、沟灌等方式浇好“救命水”；二是尽早抹除无用的萌芽、摘除过多的花果、剪除过密枝条，减少过多枝叶、花果对水分的无效消耗；三是加强病虫害防治。果树遭受干旱灾害后，树体衰弱，抵抗力差，容易发生病虫害。因此，要注意加强病虫害综合防治，尽量减少因病虫害造成的产量和经济损失。

7.4.2 冻害防御措施

冻害防御措施较多，苹果树冻害防御措施采取“以防为主，抗补结合”的综合抗冻策略。常用的具体防冻措施主要考虑以下几方面。

(1)建园时选择适当位置

一般地势低洼闭合谷地，容易积累冷空气造成冻害。山梁丘陵倾斜地和阳坡地空气流通冻害概率小。选择适宜的园地，新发展果园应选择海拔适中、背风向阳的地域，尽可能避免在低洼地或阴坡及梁峁建园。因为这种地块秋季降温早而快，春季升温慢而晚，冬季夜间停积冷空气，积温较低。同时，苹果园应拆除围墙土堆等屏障，避免冷空气留存。

(2)选用抗寒砧木和优良品种

根据本地土壤、气候特点，宜选用在当地试栽成功且表现抗寒性表现较为优良的砧木和品种。

(3)营造果园防护林,并搭配授粉树

防护林既能有效防风,也能在早春提高地温防止霜冻。果园防护林可提高园内温度 2～5 ℃,能有效地防止果树发生冻害。果园防护林宜在梁峁、沟边、风口采用乔木和灌木结合的 3～5 行紧密林带,如苹果园西北方向的迎风口上方 100 m 左右,可减缓冷空气越境风速,阻挡冷空气直接冲击,减轻冻害发生。苹果树绝大多数品种自花不实或结实率低且常因低温天气造成花器冻害,采取高接或补植的办法搭配授粉树,能显著提高坐果率,减轻冻害对树体生长结果的影响。

(4)加强树体管理

增强树势,促使枝梢生长充实,提高树体的抗寒越冬能力。一是对弱树要加强生长前期的肥水供应,尤其增施氮肥,加强中耕松土,尽量满足树体对水分、养分的需要;保护叶片,促进生长发育。二是对生长过旺的树,及时采取拉枝、捋枝和连续摘心或扭梢等措施控制其旺长,促进枝条成熟老化,增加树体营养积累。三是冬剪回缩、疏除大枝后随即在剪锯口涂抹封剪油或凡士林等保护剂,防止剪口失水因气温过低而受冻。

(5)加强肥水管理

一是果园生草覆草可稳温保湿,抑制杂草生长,增加土壤有机质含量。覆草前浅翻土壤,适施氮肥,浇水后或降雨后用秸秆、杂草覆盖,厚度 15～20 cm,上撒少许土,可大大降低苹果树的冻害程度。二是早施、深施、饱施有机肥和磷氮肥为主的基肥,尽快提高肥料的利用率,有利于增强土壤树体贮藏营养;7—8 月,增加叶面喷施磷、钾肥,增强光合效能,提高树体贮藏营养;生长后期 8—10 月停止灌水,适当降低树体组织所含水分。从而增强树体的抗寒力,以利于安全越冬。三是初春土壤解冻后,及早追施速效氮肥并适量灌水,及时补充树体养分。

(6)及时防治病虫害

在生长期内应及时做好病虫害防治,尤其是生长后期要注重对褐斑病、叶螨和金纹细蛾的防治。初冬对全树均匀喷布 4～5 波美度石硫合剂或“天达 2116”防冻剂 5～10 倍,防御冻害并防治病虫害。对于机械损伤或病虫危害及修剪等造成的伤口要及时进行封蜡或包扎,以减少树体失水和病虫侵入。保护好枝干和秋季叶片完整,以提高光合效能,积累营养物质,促进枝条成熟,提高越冬性能。

(7)灌水和喷水

因水热容量大,灌水可增温 2～3 ℃,对气温变化有良好的调节作用。封冻前,当土壤“夜冻昼化”时,对果园灌足越冬水,既可做到冬水春用,防止春旱,促进果树生长发育,又可使寒冬期间地温保持相对稳定,从而减轻冻害。花芽萌动前树体均匀喷施 1%的生理盐水或 1%石灰液,提高树体自身的抗冻能力,可预防花期霜冻。日常管理中,也要注意果园土壤改良并优化灌溉排水方式,灌溉水源避免使用井水,灌水方式避免采用漫灌;果树萌芽前及时灌水,以促进木质部水分运输;多施磷钾肥有机肥,少施氮肥,降低土壤酸碱值,提高果树花芽质量及其抗寒抗冻能力。

(8)培土与覆盖

对于1～3年生的幼树,应在封冻前于树干根颈部周围培土厚度20～30 cm,待翌年早春气温回升后及时把土扒开;亦可在霜降前于树盘下覆盖1 m^2的地膜,然后在地膜上加盖15～20 cm的草,可明显提高幼树的越冬性。对成龄树,除树干茎部须培土30 m左右厚外,可用杂草、树叶、作物秸秆等于初冬前覆盖在树盘内,厚10～15 cm,既可提高地温3～5 ℃,又可增加土壤养分及保墒。

(9)树干涂白

入冬前用涂白剂将苹果树干和主枝及丫杈处均匀涂白,既防冻、防日灼,又能杀死潜藏在树干中的病菌、虫卵和成虫。涂白液的配制比例:生石灰1.5 kg、硫黄粉0.15 kg(或石硫合剂原液1.5 kg)、食盐0.45 kg、豆浆1～1.5 kg、水15 kg。配制时先将石灰、食盐分别用热水化开,搅拌成糊,然后再加入硫黄粉、豆浆,最后加入水搅匀。于越冬前将主干、中心杆下部、丫枝处及主枝上涂刷一遍,具有较好的防冻作用。

(10)树干包裹

越冬前,先用报纸等将1～2年生幼树树干包缠,再外套塑料筒;3年生以上树可用稻草、玉米秆、谷秆等将主干缠紧,翌年果树萌芽前将草把取下集中烧毁,不但能使树体安全越冬,同时也能引诱大量潜入草把越冬的害虫。

(11)清除树体上的积雪

降大雪后及时摇落树上的积雪,并将积雪堆于果树树盘内,以利土壤蓄水保湿。

(12)熏烟

苹果种植区域主要种植小麦玉米等作物和果树,作物收获时可将一部分秸秆落叶树枝收集堆积在园内及上风口处,用细土压严待用,冷空气来临时点燃。冻害来临前夕熏烟短时期内可使气温提高3～4 ℃,能减少地面辐射热的散发,同时烟粒可吸收空气中的湿气。在冬季冷空气容易聚集的地势低洼果园,应用该方法效果较好。具体做法:低温寒潮来临前的傍晚,以碎柴禾、碎杂草、锯末、糠壳等为燃料,堆放后上压薄土层。夜间当气温下降到果树受冻的临界温度前点燃,以暗火浓烟为宜,并控制烟雾覆盖在果园上空,一般每亩果园可设4～5个烟堆,每堆用料15～20 kg。除熏烟外,还可采用风机鼓风布放加热器等方法提高果树周围气温。

(13)延迟开花

在苹果树萌芽前刮除老翘皮,对枝干及枝杈部位使用石硫合剂涂白喷施青鲜素液或萘乙酸钾盐,施肥后铺设地膜或覆盖杂草等措施均可有效推迟果树花期。从2月下旬—3月下旬,每隔20 d左右喷一次100～150倍的羧甲基纤维素或3000～4000倍的聚乙烯醇,可减少树体水分蒸发,增强抗寒力。对树冠喷洒萘乙酸钾盐250～500 mg/kg溶液,可抑制花芽萌动。萌动初期喷0.5%的氯化钙溶液,花芽膨大期喷洒 200～500 mg/kg 的顺丁烯二酸肼溶液，均可延迟花期 4～6 d，减少花芽冻害。

(14)灾后应急措施

冻害发生后，首先应组织技术力量及时赶赴生产第一线进行调查，摸清本区域内苹果树冻害发生的原因和危害程度，提出切实可行的救灾建议和措施，其次与当地主管部门密切配合，将灾后补救技术措施提供给当地主管部门，及时宣传到农户，指导当地果农抗灾自救。

灾后补救措施。一是受冻果园延迟修剪，发芽后剪除已经“抽干”的枝条；二是初春土壤解冻后，抓紧追施氮肥并适量灌水，补充树体养分、水分，尽快恢复树势；三是对树干受冻严重的果园，可采取“桥接”或“蹲接”方法，恢复生长，重新培养树冠。发生冻害后，喷施植物生长调节剂及叶面微量元素肥也可有效增强苹果树体对花期冻害的抵御能力。大量研究表明，NAA 与 IBA 可有效起到保花保果的作用；喷施海藻素氨基酸和芸苔素内脂可显著提高苹果树抗逆性；喷施蜂蜜、白糖、花精粉等混合液，可有效减轻冻害影响；在花期喷施磷酸二氢钾与白糖混合液可有效增强花器官抗冻性；树冠喷水或营养液提高苹果树短时树势；喷施钙肥能显著提高植株抗寒性。

采取秸秆覆盖、树体涂白、果园喷水、空中烟雾对冻害均有一定的防御效果。秸秆覆盖＋空中烟雾组合方法对冷平流型冻害效果极其明显，其中起主要作用的是烟雾，是该类型冻害防御的最佳组合方式。秸秆覆盖＋果园喷水组合对辐射降温型冻害效果明显，其主导因素是秸秆覆盖。

7.4.3 高温防御措施

当温度上升到植物能够忍受的临界高温以上，会给苹果树的生长发育和产量形成造成损失。常见的果园高温防御措施有以下几点。

(1)保护树体，减少日光直射

一方面，冬季可采取树干高位涂白或包扎等保护措施，增加对太阳光的反射率，使树皮吸收的太阳辐射减少，温度变化缓和，从而避免或减少日灼；另一方面，果实套纸袋，可以防止日光直射，降低果面温度，从而预防日灼。在经常遭受鸟类破坏和冰雹的地区，可以建立一个保护网来防止鸟类破坏和冰雹破坏，并减少阳光直射对水果和树木的破坏。

(2)种草覆盖，降低根系温度

大多数果树根系生长的最佳温度为 13～26 ℃，超过 30 ℃或低于 0 ℃时停止生长。夏季种草果园的地表温度比翻耕果园低 3～5 ℃。种草和覆盖草为根系创造了一个生态最佳稳定层，从而延长了根系的生长时间，并促进了树体内养分的吸收和合成。因此可对树盘周围进行培土，特别是对根系外露的树盘进行培土保湿，培土土层厚度 10 cm 左右，或用绿肥、杂草、树叶、稻草等对树盘进行覆盖，降低树盘的太阳直射，以降温保湿，覆盖厚度 10～20 cm 为宜。减轻高温直接对浅层根系的伤害。

(3)控树减害

合理整形修剪，调整树冠枝叶量与叶幕厚度，以枝叶本身保护枝干及果实免遭日光直接照射，是防治日灼行之有效的办法。为防止枝干日灼，应注意不使其光秃裸露，主枝上和落头开心部位应适当保留一些背上枝或辅养枝；在枝干光秃部位萌芽前刻芽促枝补空，剪除树冠内的竞争枝、徒长枝、萌生枝、密生枝及下垂直枝，改善树冠的通风条件，降低果面温度，有利于防止果实日灼，并减少无效消耗。

(4)加强土、肥、水管理，防止发生干旱

土壤水分供应状况与日灼有密切关系，土壤水分状况良好，能保持树体内水分均衡，故能防止树皮或果面温度升高，减轻日灼。所以干旱高温季节采取地面浇水，特别是树冠下午喷水，更有利于防止日灼。如果干旱严重，也可以在 17:00 后喷洒生物抗旱剂或农林保水剂，以调节叶片的气孔开闭，减少蒸腾作用，增加树木的抗逆性，减轻高温和阳光直射对树木和水果的伤害。在雨季，应注意排水，积水会影响根系的生长活动，导致树体水分失调，骤晴后，会加剧日灼发生。增施磷、钾肥，特别是在干旱高温季节喷施磷酸二氢钾或硫酸钾液或有机钾肥，能提高细胞液浓度，增强保水能力，防止日灼发生。

(5)其他措施

加强病虫害防治及树体管理，防止叶片损害早落，尤其结合防病，树冠喷波尔多液或石灰液或黄腐酸，有利于防止日灼发生；对于较大的剪锯口或伤口涂抹保护剂，减少其蒸腾失水，也有助于减少日灼；疏果时，应适量保留树冠内、下部和易下垂果实，外围果实要注意留有叶片遮盖，可减少日灼。此外，在易发生日灼的天气，对秃裸部分实行遮盖或拉枝遮藏。

7.4.4 冰雹防御措施

冰雹灾害与其他灾害相比有更难预报、防御的特点，目前对针对苹果树冰雹灾害防御的措施主要有以下几点。

(1)品种合理布局

冰雹形成于具备一定气象条件的积雨云中。由于可形成冰雹的积雨云区比较狭窄，并常沿山脉、河谷移动，故降雹地区往往呈狭小的带状分布，一般宽度几千米或更窄，长则可达几千米至几十千米，甚至更长，因此具有明显路径，即“雹打一条线”。促使冰雹形成的冷锋以来自北、西北方向的居多，冰雹路径与其一致。冰雹的发生还与地形地貌有关。一般表现为山区多平原少，秃山多林地少，迎风坡多背风坡少，内陆多沿海少。苹果树属多年生植物，具有相对长期的固定生长地点，各地在规划发展果树时，应在对冰雹发生特点、当地地形地貌和冰雹路径充分了解的基础上进行冰雹灾害风险区划，尽量避开“冰雹带”。冰雹区应减少中熟品种的比例，以早熟和晚熟品种为主，避开冰雹发生高峰期。

(2)植树造林

植树造林可减轻午后的增温作用，降低风速，防止或减轻冰雹危害。苹果产区应于建果园的同时在果园四周植树，营造防护林。

(3)加强降雹预报

雹灾具有偶发性，因而进行预防有一定难度。然而冰雹的形成有明显的气象特点，所以进行预防是可能的。要有效地防雹减灾，必须重视冰雹预报。应积极创造条件，采用现代仪器设备识别冰雹云，提高降雹预报的及时性和准确率。

(4)人工防雹

在雹云形成的前期和中期实施人工影响，向雹云中播撒大量的凝结核，在雹云中造成有大量“吸水物争水的场面”，使雹云中不能形成大冰块，并实现大雹块向小雹和形成水滴降落到地面。各地普遍利用火箭或高射炮把带有催化剂(碘化银)的弹头射入冰雹云的过冷却区，产生过量的人工冰核，分食过冷水而不让雹粒增大或拖延冰雹的增长时间，化雹为雨，变害为利。

(5)果实套袋

果实套袋是优质果品生产的一项重要措施，也是减轻雹灾损失的有效方法。据调查，在雹灾严重到优果率为零的情况下，套袋与不套袋相比，残果率降低 9.9 个百分点，仍有 5%好果，明显地减轻了损失。在易发生雹灾的地区，疏果定果时更应留有余地，修剪时也要适当多保留些枝叶。适度增加枝叶密度，可相对减轻雹灾。

(6)搭建防雹网

防雹网是在果园上方和周边设立柱上罩专用的尼龙网，阻挡冰雹冲击，从而起到保护果树的作用。防雹网的架材主要有钢管、铁丝及扎丝尼龙网材、水泥、沙子等。根据果园地形选平面式搭架，架高 4 m，管距 15～20 m，且 45°下地牛(拉斜线牵引)，管底焊“十”字形架，并用混凝土固定，管与管之间用 8 号铁丝连接并用紧线钳拉紧，再用 10 号铁丝拉网。根据搭架情况，在地面将网子连接成整块，网边缘缝在竹竿上，上网后用扎丝固定在铁网上。

(7)灾后补救措施

① 抓紧清园。对枝破、皮裂、无全叶，无好果的重灾绝收果园，先摘除树上破伤果及伤残叶，剪除破伤枝条，全面清除地面落叶、落果，及时深埋，并立即喷杀菌剂保护枝干雹伤；对枝皮有破损，果、叶损伤过半的较重果园，先摘除无商品价值的果实和破损较大叶片，尽量保留其余叶片；对叶面有破损、果面有小雹坑的较轻果园的果实，不必摘除。

② 无论冰雹受灾轻重，应及时喷布杀菌剂，保护枝、叶和果实；对受灾较轻的果园可追施三元素复合肥；对重灾果园迅速追施速效氮肥加磷酸二铵；对雹伤枝干涂抹保护剂，促进伤口愈合。

③ 中耕果园。对重灾果园及时中耕松土，提高土壤透气性，增强根系功能。

7.4.5 雨涝防御措施

我国苹果主产区的降水分布较不均匀，且近些年极端降水事件出现频率增加，果园也需要注意防御雨涝。

(1)加强水利设施建设

因地制宜修建各类水利设施，治理河道，健全排水系统，及时排除积水，是防止雨涝的根本措施。果园可采用明沟排水法，即果园周围修排水沟，并与坑塘、沟渠连通。当果园积水时，水由园中的渠道流入排水沟，再顺排水沟流入坑塘等。山地果园则需在最上一道梯田之上修建拦水沟，每道梯田的里边修建竹节沟，梯田两端的路旁修建排水沟，使沟沟相通。当水少时积存在竹节沟内，水多时顺沟流下山，不至冲垮梯田和道路。无排水沟的果园可进行人工排水，即在果园周围筑起田埂，用小型抽水机把水抽出园外，或用人工提水的方法把园中的水排出。平地果园提倡起垄栽培，即把果树植在事先筑起的高垄上，两行树中间呈浅沟状。

(2)健全雨涝灾害监测预警系统及服务体系

为减轻雨涝灾害的影响和损失，建立雨涝灾害实时监测、预警系统是非常必要的。开展雨涝监测、预警、评估业务，应在洪涝发生之前进行预测、预警；在洪涝发生过程中，不断实时监测雨涝的强度、发展态势及影响，及时向有关部门提供洪涝可能发生的区域、时间和危害程度以及防汛减灾的对策措施，为防灾减灾服务。

(3)采取积极有效的农业技术措施防御雨涝

苹果园起垄栽培、深翻熟化、生草覆盖、中耕松土、晾晒树根、叶面喷肥等是防止雨涝危害的重要农业措施。果树起垄配套栽培是克服平原低洼地区果树栽培中存在的幼树徒长、难成花、产量低、旱涝严重等不良现象的优良方式。采取起垄栽培可增加土层厚度，增加土壤通透性，扩大根系活动范围，有利于提高苹果树地下新根的数量和比例。起垄栽培的果园，暴雨后地表水能迅速从垄沟排出，避免田间渍水，降低田间湿度，预防渍害和病害。深翻熟化疏松果园，增强蓄水保墒能力；果园生草可减缓雨涝对果树的危害。生草果园雨后地表积水较少，加上草被的大量蒸腾作用可加快雨水的散发，与清耕园相比，生草园因雨涝带来的危害较轻。

果园受涝水分排出后，应及时将树盘周围根茎和粗根部分的土壤扒开进行晾晒树根，可使水分尽快蒸发，待经历 3 个晴好天气后再覆土。对受涝而烂根较重的果树，应清除已溃烂的树根。对外露树干和树枝用 1∶10 的石灰水刷白，并用稻草、麦草包扎，以免太阳暴晒，造成树皮开裂。同时，果树受灾后，树体长势减弱，急需补充大量的营养。因此，必须加强肥水管理，加大施肥量；多喷叶面肥，补充果树养分，使树势尽快恢复。应先追施尿素、果树专用肥、磷酸二铵等，施肥量依树体大小而定，但要较常规施肥量多，做到少量多次。8 月上旬喷施以 0.3％的尿素液为主的叶面肥，以后喷施以 0.3％的磷酸二氢钾液为主的叶面肥。同时将树体内的过密枝和徒长枝疏除，适当回缩部分过长枝。摘除部分小果，以减轻负载量。高温多湿的气候环境，有利于白粉病、早期落叶病等多种病害的发生和蔓延，且受灾后整个树体生命力降低，应在天晴上午或下午喷药防止病害发生，尽可能降低雨涝造成的损失。

（4）灾后应急措施

① 暴雨过后，应迅速组织人员对苹果产区果园树体受害情况进行全面检查和调研，在第一时间内将受灾基本情况上报相关部门，为救灾决策提供依据；加强灾害信息的收集和灾情分析，针对实际受灾情况提出具体应对方案，并发放相应资料给受灾农户。

② 全面评估暴雨灾害对果树的组织、器官所产生的各方面影响和损失、危害程度，并实施积极的应对措施，及时组织灾后果园管理、抗灾减灾，尽可能将灾害损失降至最小。

③ 加强病虫害防治。果树遭受暴雨后，树体、枝干遭受不同程度的伤害，容易发生病虫害。因此，要注意加强病虫害综合防治，尽量减少造成的产量和经济损失。

7.5　主要气象灾害时空特征

当前针对苹果树气象灾害的时空特征的研究主要集中在旱灾与冻害两种。总体来看苹果树各生育阶段中除盛花期外，干旱趋势有所减轻，但仍均有干旱风险；苹果树花期冻害的风险较高的区域位于北疆、黄土高原西部和北部及川西高原区等偏西北的地区；越冬冻害中极端低温冻害风险降低，但气候变化对苹果树在初冬浅休眠期的越冬不利。

7.5.1　干旱

目前局部地区的苹果树干旱的时空分布研究较多，全国的较少。郭兆夏等（2013）利用降水距平百分率对陕西省苹果树干旱风险进行了定量化评估和区划。车向军等（2019）的研究表明了甘肃陇东地区降水分布不均导致苹果树各生育阶段均有干旱风险。程雪等(2020)根据苹果树各生育阶段干旱指数等级计算了我国北方苹果树不同干旱等级的时空特征，是目前研究范围最大的苹果产区干旱灾害时空分布特征的成果。通过王景红等(2012)提出的干旱指数以及向下累积频率，划分了苹果树各生育阶段的干旱指数等级(表 7.1)，得出了不同年代不同生育阶段的各干旱等级空间分布(图 7.1)。

表 7.1　苹果树各生育阶段干旱指数等级(程雪 等，2020)

等级	生育阶段			
	果树萌动—花芽萌动	花芽萌动—盛花	盛花—成熟	成熟—落叶
无旱	$0<D\leqslant1.58$	$0<D\leqslant1.42$	$0<D\leqslant0.46$	$0<D\leqslant0.92$
轻旱	$1.58<D\leqslant6.02$	$1.42<D\leqslant5.65$	$0.46<D\leqslant0.74$	$0.92<D\leqslant2.66$
中旱	$6.02<D\leqslant17.07$	$5.65<D\leqslant15.38$	$0.74<D\leqslant1.05$	$2.66<D\leqslant8.47$
重旱	$D>17.07$	$D>15.38$	$D>1.05$	$D>8.47$

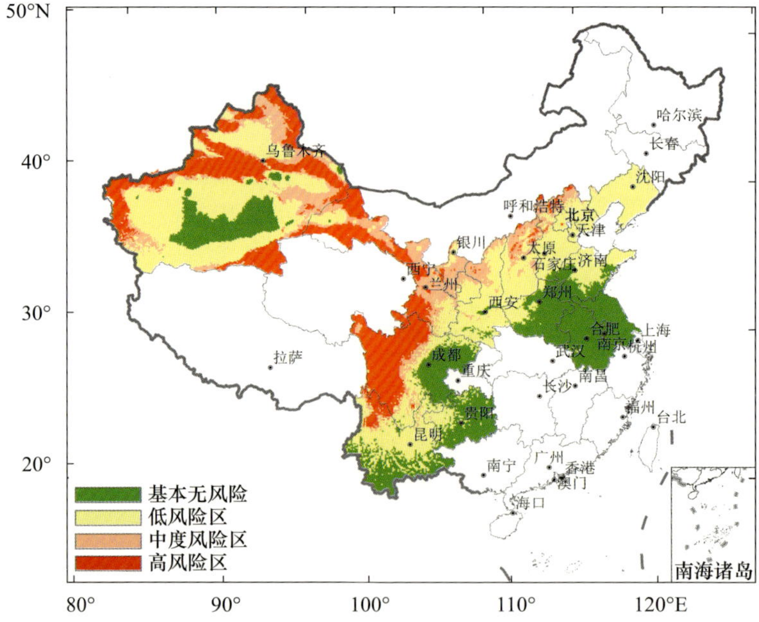

图 7.1　我国苹果主产区花期冻害的风险分布(屈振江 等，2016a)

研究结果表明苹果树干旱等级由北向南依次递减，甘肃中北部、宁夏、北京、河北中部干旱严重；时间变化上，果树萌动—花芽萌动生育阶段山西省中北部，花芽萌动—盛花生育阶段山东省、山西和陕西北部，成熟—落叶生育阶段河南干旱等级随年代变化较大；各生育阶段无旱和重旱高频区发生频率高于 50%，轻旱及中旱高频区发生频率高于 30%。

生育阶段中，果树盛花—成熟生育阶段重旱发生范围较其他生育阶段大；果树萌动—花芽萌动生育阶段的重旱以及盛花—成熟生育阶段的中旱的站次比年际间呈显著上升趋势。

7.5.2　冻害

关于苹果树冻害的时空特征研究主要集中在花期冻害方面，越冬冻害研究较少。袁嘉玮等（2020）利用1997—2016年山西南部苹果主产县（市、区）苹果树花期逐日最低气温及日平均气温观测资料，根据苹果树花期冻害等级划分指标，采用最小二乘法对花期冻害日数进行线性倾向估计，并用非参数检验方法对花期冻害日数的变化趋势进行显著性检验，分析山西南部苹果树花期冻害的时空分布特征。结果表明陕西南部的花期冻害日数呈现显著的减少趋势，极端最低气温呈现显著的升高趋势。

屈振江等（2016a）基于苹果树花期冻害发生的地理分布、气象背景数据和已有研究成果，利用最大熵模型和ArcGIS空间分析工具，筛选出影响苹果树花期冻害发生分布的暴露性指标和主要致灾气象因子，利用全国1981—2013年2084个气象站资料，评估了苹果主产区花期冻害的风险（图7.1）。随后屈振江等（2017）又基于二分类Logistic回归分别建立了苹果树越冬期初冬冻害和极端低温冻害发生的概率预测模型，并按照风险极低、低、中度、高、极高5个等级进行了空间划分（图7.2）。其结果表明：①我国主产区苹果树花期冻害风险较高的区域位于北疆、黄土高原西部和

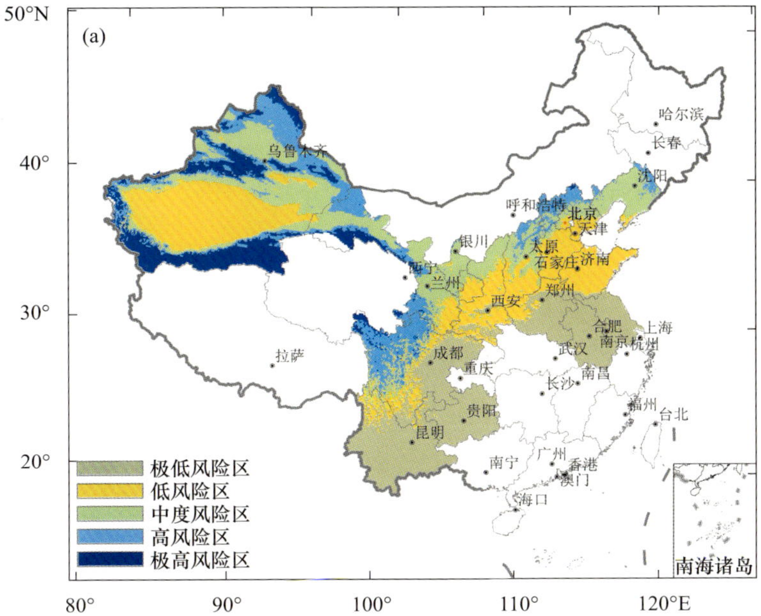

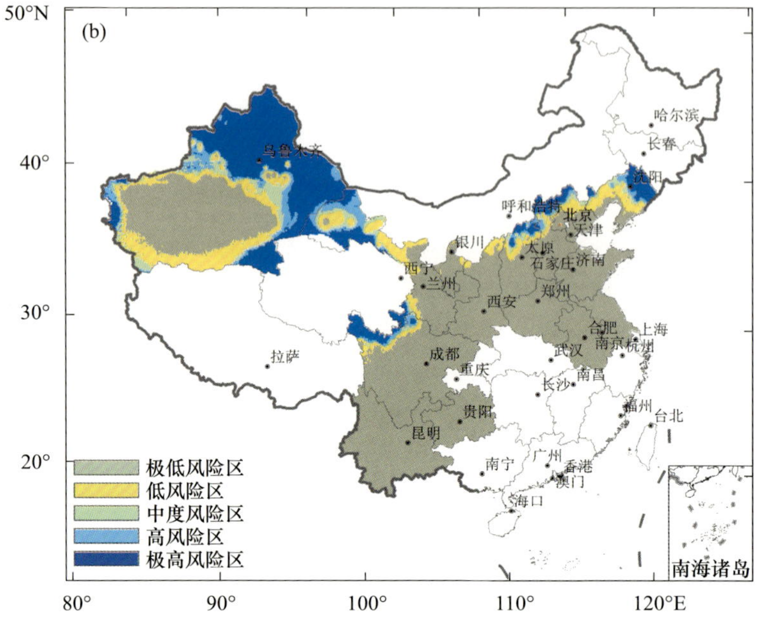

图 7.2　苹果初冬冻害(a)和极端低温冻害(b)的风险划分(屈振江 等,2017)

北部及川西高原区,而渤海湾和黄河故道产区风险相对较低,风险分布与各地苹果树物候期差异及春季冷空气活动路径有关。②中国产区苹果树的越冬冻害主要以初冬冻害为主,覆盖了除黄河故道和云南产区外的大部分产区,而极端低温冻害主要分布在高纬度或高海拔的渤海湾北区产区、黄土高原西北部和北疆。初冬冻害与越冬冻害的高风险区域基本相当,中度以上风险面积较大的省依次为甘肃、辽宁、河北和山西。而种植面积最大的陕西和山东两种冻害特别是极端低温冻害的风险较低。主要气候影响因子的变化趋势有利于极端低温冻害风险的降低,但由于≤−15 ℃首次出现日期与初霜日的间隔日数的年际间不确定性较大且伴有缩短趋势,对苹果树在初冬浅休眠期的越冬不利。

7.6　苹果种植主要气象灾害风险区划

基于 GIS 与风险评估技术,研制苹果树气象灾害风险指标、建立风险评估模型,完成越冬期低温冻害、花期冻害、幼果期干旱、膨大期高温热害、膨大期冰雹等主要气象灾害风险区划。深化降尺度县级风险区划技术,开发县级苹果气象灾害风险服务系统,具有更为广阔应用推广价值。区划技术及成果在产业规划、管理中影响最大、应用广泛，在支撑我国苹果产业北扩西进、调整地区产业结构方面有重要作用。由于陕西省苹果产业发展年数较多，种植面积大，以下气象灾害风险区划的方法以陕西省为例进行说明。

7.6.1　越冬期低温冻害

(1)陕西苹果树越冬期冻害综合风险区划方法

选取评估因子方面，从孕灾环境、承灾体易损性、致灾因子、防灾减灾能力四个方面，选择海拔高度、苹果产量、冻害灾损率、人均可支配收入作为指标，具体指标如表 7.2 所示。在 GIS 技术的支持下，对以上 4 项因子进行空间分析，并根据权重进行加权叠加，计算风险指数 Y，最终确定不同风险等级的空间分布，绘制气象灾害综合风险区划图。根据计算结果将陕西苹果树越冬期冻害划分为重度、中度、轻度和基本无风险 4 个区域。

表 7.2　陕西苹果树越冬冻害综合风险区划指标

分析时段	风险来源	因子	成灾等级指标及灾损系数			各风险源致灾权重
			等级	指标	灾损系数	
11 月—次年 2 月(越冬期)	气候危险性	极端最低气温(T_D)/℃	轻	$-24<T_D\leqslant-20$	0.3	0.85
			中	$-28<T_D\leqslant-24$	0.5	
			重	$T_D\leqslant-28$	0.7	
	承灾体易损性	产量规模	以各基地县最新苹果产量数据经标准化处理后所得指数序列为承灾体易损性影响指数			0.04
	防灾减灾能力	经济能力	以各基地县人均可支配收入数据经标准化处理后所得指数序列为防灾抗灾能力影响指数			0.03
	环境敏感性	海拔高度(H)/m	$H\leqslant1000$		0	0.08
			$1000<H\leqslant1400$		$(H-1000)/400$	
			$H>1400$		1	

(2)陕西苹果树越冬期冻害综合风险区划

陕西苹果树越冬期冻害综合风险区划结果如图 7.3 所示。

重度风险区。主要包括吴起、志丹、安塞、子长、子洲及米脂共 6 个县的大部分区域，呈东北—西南走向的带状分布，西部最低气温低于东部。主要受海拔高、纬度偏北，越冬期寒潮降温强度大、频率高影响，导致越冬冻害风险大。该区苹果树越冬期在西北向迎风口、谷地、低洼地，重度越冬冻害发生极为频繁，同时，中度越冬冻害 5～10 年一遇，轻度越冬冻害至少 2 年一遇。

中度风险区。主要包括富县、甘泉、宝塔区、延川、清涧及绥德，另有陇县和旬邑

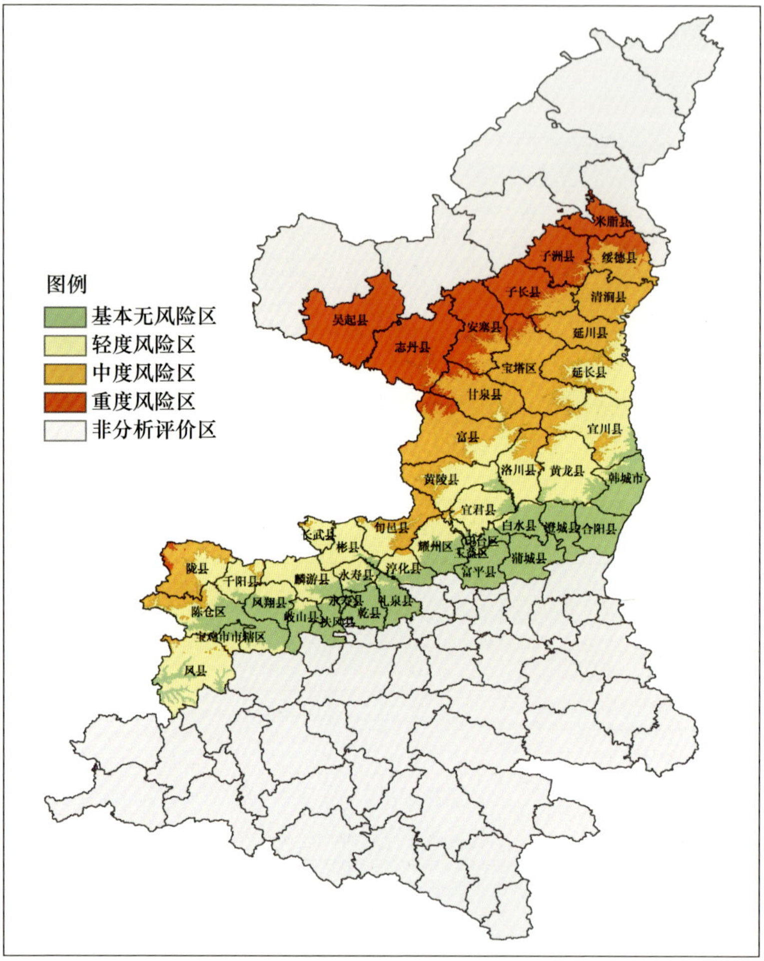

图 7.3　陕西苹果树越冬期冻害综合风险区划

部分地区。该区同样呈东北—西南走向的带状分布，地理位置分布略偏北，海拔略偏高，冬季遇到较强的寒潮降温过程，易导致苹果树越冬期冻害。该区中度越冬期冻害最多 8 年一遇，同时存在 2～8 年一遇的轻度越冬期冻害，基本无重度越冬冻害发生。

轻度风险区。主要分布在延安南部及渭北西部大部分县(区)及凤县；同样呈东北—西南走向的带状分布。该区海拔约在 900～1200 m，越冬期寒潮降温幅度小、危害轻，主要发生苹果树轻度越冬冻害。该区轻度越冬期冻害约 4 年一遇，基本无中度及以上等级越冬冻害发生。

基本无风险区。主要分布在北山以南海拔约 900 m 以下。该区越冬期气温较高，寒潮降温影响轻，苹果树基本可以安全越冬。

7.6.2 花期冻害

（1）花期冻害区划方法及区划指标

陕西苹果树花期冻害综合风险区划方法：从孕灾环境、承灾体易损性、致灾因子、防灾减灾能力四个方面，确定花期冻害风险评价体系，将海拔高度作为孕灾环境敏感性指标，果区各基地县苹果产量作为衡量承灾体易损性指标，冻害灾损率作为冻害危险性指标，各地的人均可支配收入作为衡量当地防灾减灾能力指标（表 7.3）。在 GIS 技术的支持下，对以上 4 项因子进行空间分析，根据权重进行加权叠加，计算风险指数 Y，确定不同风险等级的空间分布，绘制气象灾害综合风险区划图，将陕西苹果树花期冻害划分为重度、中度、轻度和基本无风险 4 个区域。

表 7.3 陕西苹果树花期冻害综合风险区划指标

<table>
<tr><th rowspan="2">分析时段</th><th rowspan="2">风险来源</th><th rowspan="2">因子</th><th colspan="3">成灾等级指标及灾损系数</th><th rowspan="2">各风险源致灾权重</th></tr>
<tr><th>等级</th><th>指标</th><th>灾损系数</th></tr>
<tr><td rowspan="9">4 月上旬—中旬（渭北及关中）
4 月中旬—下旬（延安及以北）</td><td rowspan="3">气候危险性</td><td rowspan="3">极端最低气温（T_D）/℃</td><td>轻</td><td>$-2 < T_D \leqslant 0$</td><td>0.3</td><td rowspan="3">0.8</td></tr>
<tr><td>中</td><td>$-4 < T_D \leqslant -2$</td><td>0.5</td></tr>
<tr><td>重</td><td>$T_D \leqslant -4$</td><td>0.7</td></tr>
<tr><td>承灾体易损性</td><td>产量规模</td><td colspan="3">以各基地县最新苹果产量数据经标准化处理后所得指数序列为承灾体易损性影响指数</td><td>0.04</td></tr>
<tr><td>防灾减灾能力</td><td>经济能力</td><td colspan="3">以各基地县人均可支配收入数据经标准化处理后所得指数序列为防灾抗灾能力影响指数</td><td>0.08</td></tr>
<tr><td rowspan="3">环境敏感性</td><td rowspan="3">海拔高度（H）/m</td><td colspan="2">$H \leqslant 1000$</td><td>0</td><td rowspan="3">0.08</td></tr>
<tr><td colspan="2">$1000 < H \leqslant 1400$</td><td>$(H-1000)/400$</td></tr>
<tr><td colspan="2">$1400 < H$</td><td>1</td></tr>
</table>

（2）陕西苹果树花期冻害综合风险区划评述

陕西苹果树花期冻害综合风险区划结果如图 7.4 所示。

重度风险区。主要分布在陕西省果区西部沿白于山、子午岭和陇山，海拔约 1400 m 以上的部分地区，包括吴起、志丹、富县、旬邑、陇县、凤县、陈仓，宜川等境内部分地区。该区地理位置分布偏北，地势较高，春季冷空气活动强度大、频率高，冷空气活动过程中低温极值极低是花期冻害发生的主要原因。该区重度花期冻害 2～5 年一遇，同时存在 2～3 年一遇的中度花期冻害，以及约 5 年一遇的轻度花期冻害。

中度风险区。主要分布在延安中部、西部和渭北西部，海拔 1100～1400 m 的部

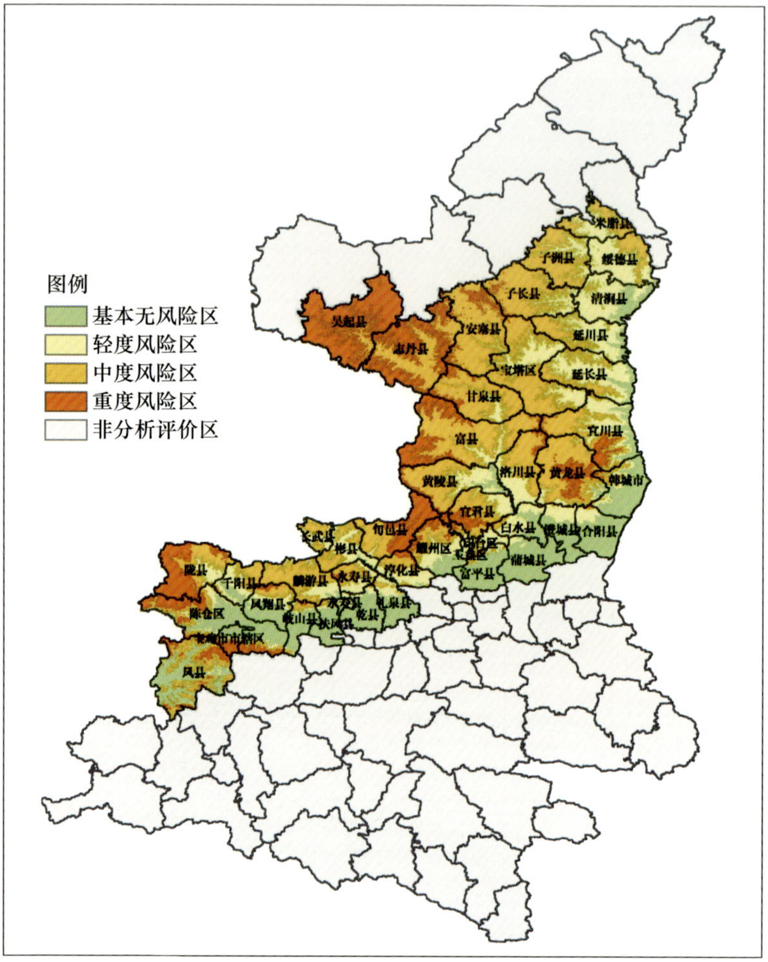

图 7.4　陕西苹果树花期冻害风险区划

分地区。此区海拔略偏高，春季冷空气活动较为频繁，冷空气活动的频次和强度综合叠加可导致苹果树花期冻害。该区中度花期冻害 3～4 年一遇，同时存在最多 4 年一遇的重度冻害及 3～4 年一遇的轻度花期冻害。

轻度风险区。主要分布在黄河沿岸以西、渭河沿岸以北，海拔约 700～1100 m 的地区，包括延安东部的大部分地区和渭北中度风险区南部的带状分布区域。该区海拔较重度和中度风险区略低，地理位置或偏东或偏南，苹果树花期冷空气活动势力弱、强度较低，易造成苹果树轻度花期冻害。该区轻度花期冻害约 3 年一遇，同时存在6～10 年一遇的中度花期冻害，重度花期冻害发生概率极低。

基本无风险区。主要分布在黄河沿岸以西、渭河沿岸以北，海拔约 700 m 以下地区。此区海拔较低，苹果树花期冷空气活动频率小、强度低，春季气温回升早，苹果树开花期基本无中度及以上冻害发生。

7.6.3　萌芽—幼果期干旱

苹果树萌芽—幼果期（3—5 月）是对水分最为敏感的一个生育期。苹果树萌芽—幼果期正常生长所需降水量约 170 mm 以上。陕西省苹果种植区 3—5 月降水量多在 170 mm 以下，多数年份苹果树萌芽—幼果期降水量不能满足果树生长需求，各地均有不同程度的旱情存在。

根据风险来源选取苹果树萌芽—幼果期综合风险区划指标如表 7.4 所示。基于 ArcGIS 对研究区域进行风险区划，将其分为重度、中度、轻度三个等级。

表 7.4　陕西苹果树萌芽—幼果期综合干旱风险区划指标

分析时段	风险来源	分析因子	成灾等级指标及灾损系数			各风险源致灾权重
			等级	指标	灾损系数	
3—5 月（萌芽—幼果期）	气候危险性	降水距平百分率（P_a）/%	轻	$-50<P_a$	0.15	0.90
			中	$-70<P_a\leqslant-50$	0.25	
			重	$P_a\leqslant-70$	0.35	
	承灾体易损性	产量规模	以各基地县最新苹果产量数据经标准化处理后所得指数序列为承灾体易损性影响指数			0.05
	防灾减灾能力	经济能力	以各基地县人均可支配收入数据经标准化处理后所得指数序列为防灾抗灾能力影响指数			0.05

重度风险区主要分布在延安西北部及榆林东南部，包括米脂、绥德、子洲、志丹、安塞、宝塔区的大部及吴起等的小部分地区。该区受大气环流影响，常年春季降水少、风沙大，气候干燥；3—5 月多年平均降水量 65～85 mm，极端最小降水量约20 mm。该区苹果树萌芽—幼果期水分需求矛盾突出，干旱灾害 1～2 年一遇（图 7.5）。

中度风险区主要分布在延安北部，吴起、甘泉、子长、清涧、延长、延川的大部及宝塔区、富县、志丹的部分地区和韩城的部分地区。该区受大气环流和地形地势影响，春季降水较少，年际降水稳定性差；3—5 月多年平均降水量 75～95 mm，极端最小降水量少于 30 mm。该区苹果树萌芽—幼果期干旱影响较重，干旱灾害约 2 年一遇（图 7.5）。

轻度风险区主要分布在延安南部、渭北和关中西部，包括富县中南部和宜川及以南除韩城中东部以外的所有分析区域。该区春季降水显著多于延安北部，但受大陆性季风气候影响，春季升温快，降水稳定性差，多数年份春季降水仍不

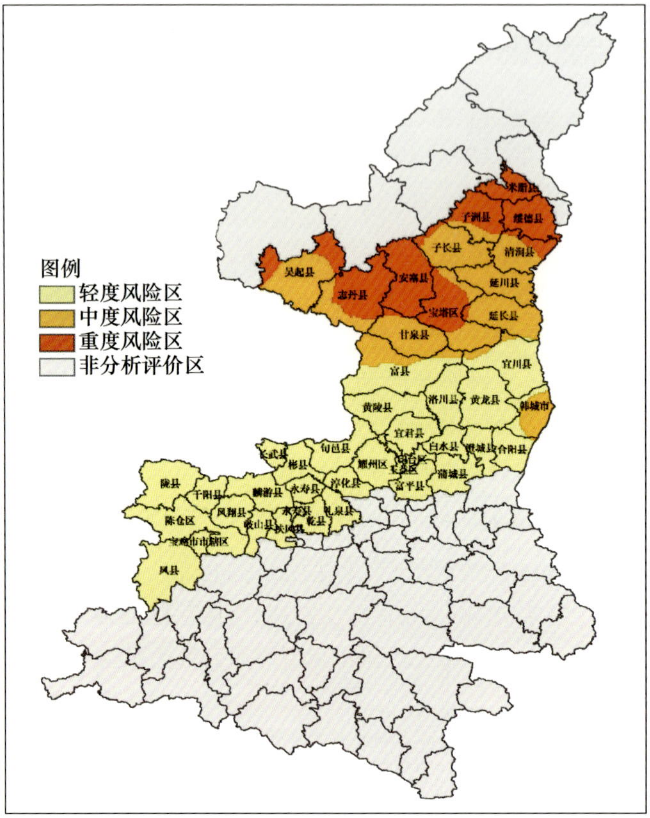

图 7.5　陕西苹果树萌芽—幼果期干旱综合风险区划

能满足苹果树萌芽—幼果期生理生态需水要求；该区 3—5 月多年平均降水量 90～130 mm，极端最小降水量少于 50 mm；苹果树萌芽—幼果期干旱灾害 2～3 年一遇(图 7.5)。

7.6.4　果实膨大期高温热害

(1)果实膨大期高温热害区划方法及区划指标

考虑孕灾环境、致灾因子、承灾体易损性和防灾减灾能力四个方面，分别选择海拔高度、高温出现的频率、苹果产量和人均可支配收入作为风险评估因子，计算风险指数 Y，以此作为风险区划指标，确定不同风险等级的空间分布，绘制气象灾害风险区划图，将陕西苹果膨大期高温热害划分为重度、中度、轻度和基本无风险 4 个区域(表 7.5)。

表 7.5　陕西苹果膨大期高温热害综合风险区划指标

<table>
<tr><th rowspan="2">分析时段</th><th rowspan="2">风险来源</th><th rowspan="2">因子</th><th colspan="4">成灾等级指标及灾损系数</th><th rowspan="2">各风险源致灾权重</th></tr>
<tr><th>等级</th><th colspan="2">指标</th><th>灾损系数</th></tr>
<tr><td rowspan="8">6—7 月
（果实膨大期）</td><td rowspan="3">气候危险性</td><td rowspan="3">极端最高气温（T_G）/℃</td><td>轻</td><td colspan="2">$35 \leqslant T_G < 38$</td><td>0.15</td><td rowspan="3">0.85</td></tr>
<tr><td>中</td><td colspan="2">$38 \leqslant T_G < 40$</td><td>0.25</td></tr>
<tr><td>重</td><td colspan="2">$40 \leqslant T_G$</td><td>0.35</td></tr>
<tr><td>承灾体易损性</td><td>产量规模</td><td colspan="4">以各基地县最新苹果产量数据经标准化处理后所得指数序列为承灾体易损性影响指数</td><td>0.04</td></tr>
<tr><td>防灾减灾能力</td><td>经济能力</td><td colspan="4">以各基地县人均可支配收入数据经标准化处理后所得指数序列为防灾抗灾能力影响指数</td><td>0.05</td></tr>
<tr><td rowspan="3">环境敏感性</td><td rowspan="3">海拔高度（H）/m</td><td colspan="2">$H \leqslant 1000$</td><td colspan="2">1</td><td rowspan="3">0.06</td></tr>
<tr><td colspan="2">$1000 < H \leqslant 1400$</td><td colspan="2">$(1400 - H)/400$</td></tr>
<tr><td colspan="2">$1400 < H$</td><td colspan="2">0</td></tr>
</table>

（2）果实膨大期高温热害区划评述

重度风险区主要分布在黄河西岸及其支流两岸、渭北塬区及渭河支流两岸，海拔约 900 m 以下的苹果种植区。此区地势偏低，主要是河谷川道地形，夏季苹果膨大期受下沉气流影响，高温日数多，极端最高气温高，是发生高温热害的高风险区。此区重度高温热害 10 年以上一遇，同时存在 2～6 年一遇的中度高温热害及 1～3 年一遇的轻度高温热害（图 7.6）。

中度风险区主要分布在渭北塬区重度风险区以北、黄河西岸重度风险区以西，海拔约 900～1100 m 的大部分地区。受阳坡地形或河谷沿岸下沉气流影响，夏季苹果膨大期高温热害时有发生。中度高温热害 7～14 年一遇，同时存在 2～9 年一遇的轻度高温热害，重度高温热害发生概率较小（图 7.6）。

轻度风险区主要分布在渭北中度风险区以北、延安中西部，海拔约 1100～1300 m 的大部分地区。受海拔较高和地形地势影响，夏季苹果膨大期无明显高温热害天气。此区轻度高温热害约 2 年一遇，中度及以上等级的高温热害发生概率极小。

基本无风险区主要分布在秦岭、陇山、子午岭、白于山、黄龙山山区，海拔约 1300 m 以上的大部分地区。该区海拔较高，夏季气候温凉，果实膨大期基本无高温热害发生（图 7.6）。

7.6.5　果实膨大期冰雹

根据冰雹风险来源选取苹果树果实期综合风险区划指标如表 7.6 所示。基于 ArcGIS 对研究区域进行风险区划，将其分为重度、中度、轻度与基本无风险 4 个等级。

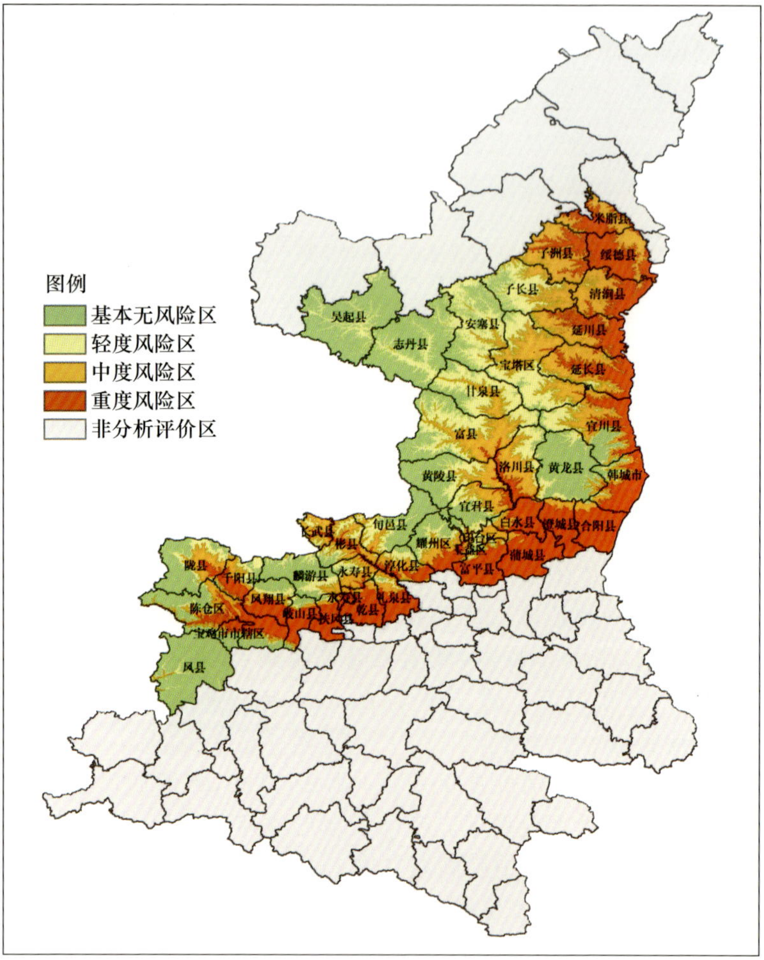

图 7.6　陕西苹果树果实膨大期高温热害风险区划

表 7.6　陕西苹果树果实膨大期冰雹灾害综合风险区划指标

分析时段	风险来源	因子	灾害指标计算依据	各风险源致灾权重
5—9 月	气候危险性	冰雹日数	以分析时段内冰雹出现日数数据标准化后的序列作为气象灾害危险性风险指数	0.80
	承载体易损性	产量规模	以各基地县最新苹果产量数据经标准化处理后所得指数序列为承灾体易损性影响指数	0.10
	防灾减灾能力	经济能力	以各基地县高炮、火箭数量数据经标准化处理后所得指数序列为防灾抗灾能力影响指数	0.10

重度风险区主要分布在延安中西部,包括吴起、志丹、安塞、宝塔区、甘泉、富县、洛川、黄陵、宜君的大部地区。该区为白于山、子午岭冰雹带区域,冰雹灾害发生频繁且强度大、危害重,是雹灾的重度风险区;多年年平均雹日约 2 d(图 7.7)。

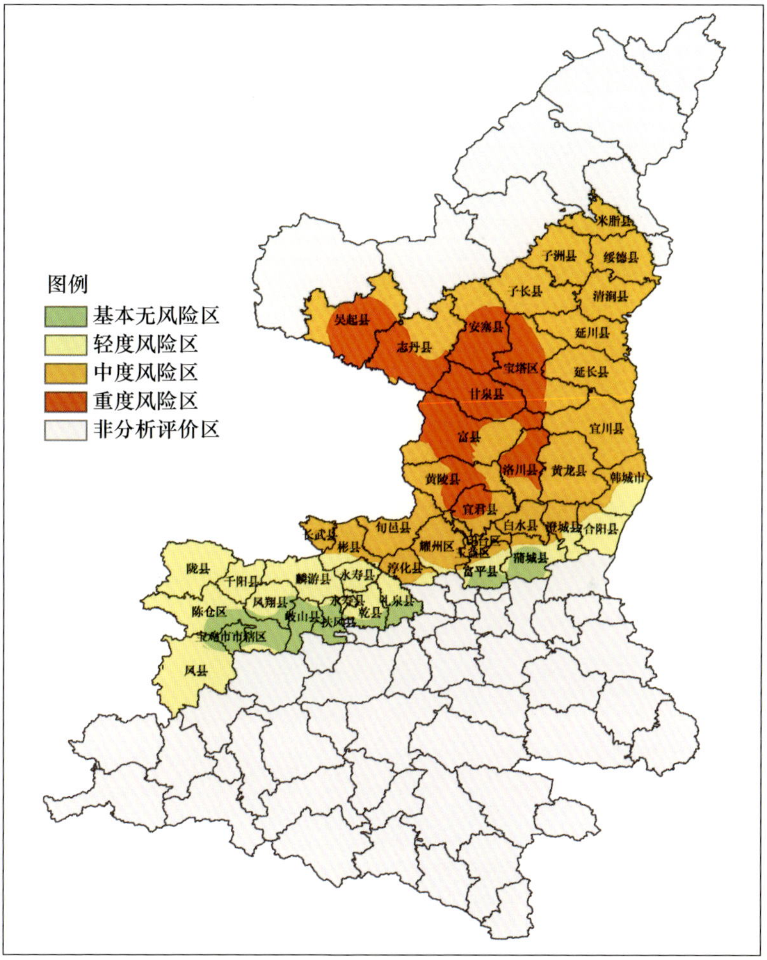

图 7.7 陕西苹果树果实膨大期冰雹风险区划

中度风险区包括韩城、合阳、澄城、蒲城、富平北部、耀州区、淳化、彬州、长武大部及以北所有非重度风险区。该区主要受西路和北路冷气流影响,冰雹灾害强度较大、危害较重;多年年平均雹日 1～2 d。该区及重度风险区均是陕西冰雹主要活动地带,同时也是陕西省苹果的主产区,冰雹危害较为严重,但近些年来该区加大了防雹高炮、火箭及防雹网的配置力度,防灾减灾能力有所提升(图 7.7)。

轻度风险区主要分布在关中西北部,关中东部有小区域分布,包括韩城、合阳、澄城、蒲城、富平的南部，礼泉、乾县北部，永寿、凤翔、千阳、陇县、陈仓、凤县等。该区为西路和北路冰雹路径的尾部，一般情况下，冷气流势力减弱，形成雹灾的概率大大减小；多年年平均雹日不足 1 d(图 7.7)。

基本无风险区主要分布在关中西部小部分地区，包括陈仓、凤翔东部，岐山、扶风大部，乾县、礼泉、富平、蒲城南部。该区苹果树主要生长期冰雹灾害很少发生(图 7.7)。

第 8 章

苹果病虫害监测预测预警与防治

8.1 苹果病虫害与气象条件的关系

8.1.1 病害与气象条件的关系

气象条件是病原生物及其寄主果树的重要生态因子，环境因素中温度、湿度、风等气象条件的变化，常常成为果树病害发生、发展的决定因素。气象因子可通过病原物和寄主，也可同时对双方施加影响而导致病害流行。而耕作栽培条件，在很大程度上也是由于改变了田间生态环境和小气候，从而影响到病原物的越冬传播及传病昆虫的繁殖和活动。

（1）温度

影响病菌的越冬繁殖和萌发速度。大多病原菌要求的适宜温度为25～30 ℃，高于或低于最适温度的时间越长，病菌孢子的萌芽时间也就越长。少数病原菌要求的温度较低。温暖加上潮湿的天气，适宜于病害的产生和侵染；高温多雨，利于病菌的繁殖和传播。夏季多雨高温有利于苹果树早期落叶病以及果实病害的猖獗。如枝叶过密，空气湿度过大，果锈、水锈也会相应增多。江南平原之所以不适宜种植中熟苹果品种，往往与伏旱、高温易引发日灼、裂果有关。

（2）降水和空气湿度

降雨伴随空气相对湿度的增大，直接降低了果树的抵抗力，是导致果树病害发生蔓延的重要影响因素之一。雨日、空气湿度和温度可左右病菌孢子产生的快慢和早晚，直接影响着病害发生的迟早和严重程度。连阴雨、雨日多、高湿寡照的气象条件能诱发病征的产生，使病害流行速率加快，病情加重。空气相对湿度＜70％，病菌的生育和繁殖往往受抑制。

(3)风

风是病原孢子传播三大自然动力中最主要的一种动力。风力输送病菌的远近取决于孢子的数量、体积、比重、形状和风速等。大风常伴随大雨，植株叶片相互摩擦冲击容易破伤感染病菌，另外病菌随风雨一起飞散或随水流动而传染。

8.1.1.1 腐烂病

苹果腐烂病俗称串皮湿、臭皮病、烂皮病，是由苹果黑腐皮壳菌侵染所引起的、发生在苹果树上的病害，是一种弱寄生性的真菌病害，各地普遍发生，以受冻和粗放管理、树势衰弱的果园较重。主要危害结果树枝干、果实，也可危害幼树和苗木(图 8.1)。苹果树腐烂病的发生可导致苹果树整体树势凋零、树主干和枝干枯萎死亡、最后整株死树，直至整个果园毁灭。苹果树腐烂病一般 5～6 a 生初结果树开始发病，20～30 a 生树发病株率 20%～30%，重病园发病株率可高达 80%以上，是对苹果生产威胁很大的毁灭性病害。

(1)危害症状

腐烂病有溃疡型和枝枯型。溃疡型发病初期病部红褐色，稍隆起，组织松软，有酒糟味，常流出黄褐色汁液。后期病部失水凹陷硬化，灰褐色至黑褐色，病健交界处开裂，病皮上密生黑色小粒点，潮湿时小黑点上溢出金黄色的丝状或馒头状的孢子角。枝枯型多发生在 2～4 a 生小枝、果台、干桩等部位。病部扩展迅速，常呈现黄褐色与褐色交错的轮纹状斑。春季发病的枝枯型斑，病部以上枝条很快干枯，后期病部也长出许多黑色小粒点。

图 8.1　苹果腐烂病枝干(左：枯枝型腐烂病；右：病斑上的分生孢子角)

(2)发病规律

发生冻害和高产后此病极易大流行。是一种弱寄生性真菌引起的病害。它主要以菌丝、分生孢子器和子囊壳在病皮内和病残株枝干上越冬。早春产生分生孢，同时，成熟的子囊孢子也大量放出。于 6 月下旬—9 月上旬入侵果树伤口处，并进入潜伏期。一年中有两次孢子流行高峰，分别在 4 月上旬—5 月中旬和 9 月中旬—10

月中旬，春季重于秋季。病菌随风雨传播。此病的侵入途径有剪锯口、机械伤、病虫伤、日灼、冻害和落皮层。侵入树体的病菌经过一段潜伏期后发病。此病几乎每年发病。外观症状出现的高峰期是在早春，5 月发病盛期结束。生长期内病斑不再活动，只有老弱枝干上的病斑可缓慢地扩展。晚秋是第 2 个发病高峰。

(3)防治要点

防治苹果树腐烂病需要从苗期和幼树期开始，保护树体不受病菌侵染；当树体受侵染或发病后，应及时铲除带菌组织，防止病菌生长、繁殖和积累。同时，保持健旺树势，防止潜伏病菌扩展致病。防治重点主要是增强树势、提高抗病力。第一，合理调整结果数量，保持树势；入冬前合理修剪，对老树喷或涂 20 倍果康宝一次。第二，3 月下旬—4 月上旬用 40%福美砷可湿性粉剂 100 倍液喷雾。第三，在 6 月下旬和 11 月上旬刮除病疤，深度达到木质部，并剪除病枝，用 50%福美砷可湿性粉剂 100～200 倍液涂刷主干、主枝。此外，还应注意增施磷、钾肥。

也可通过生物手段防治苹果树腐烂病：①施用植物源活性物质，如骆驼蓬醇提取物。②施用微生物和它的次生代谢物，如螺旋毛壳 ND35β-1-3 葡聚糖酶。③施用植物内生菌和它的其次生代谢物，如来自植物内生放线菌 BAR1-5 的无菌发酵滤液。

8.1.1.2 斑点落叶病

苹果斑点落叶病又称苹果褐纹病，是由苹果链格孢的强毒株系侵染所引起的、发生在苹果树上的病害(图 8.2)。可造成苹果树早期落叶引起树势衰弱，果品产量和质量降低，贮藏期还容易感染其他病菌，造成腐烂。病原为苹果链格孢的强毒株系(*Alternaria mali rob.*)，属半知菌亚门真菌。苹果斑点落叶病在世界各苹果产区均有发生；主要分布于中国、美国、新西兰和津巴布韦等国，日本、朝鲜半岛发生较重。

(1)危害症状

主要危害苹果树叶片，造成早落，也危害新梢和果实，影响树势和产量。叶片染病初期出现褐色圆点，其后逐渐扩大为红褐色，边缘紫褐色，病部中央常为一深色小点或同心轮纹。天气潮湿时，病部正面均可长出墨绿色至黑色的霉状物。幼叶被害，叶片呈畸形。危害严重时，被害叶干枯，提早脱落。果实被害，生近似叶片上的斑点。枝条被害，生褐色微凹陷的病斑，病斑周围常产生裂纹，在徒长枝或一年生枝条上产生病斑褐色或灰褐色，芽周变黑，凹陷坏死，直径 2～6 mm，边缘裂开。发病轻时，仅皮孔稍隆起。果面的病斑有 4 种类型，即黑点锈斑型、疮痂型、斑点型和黑点褐变型。①黑点锈斑型：果面上的黑色至黑褐色小斑点，略具光泽，微隆起，小点周围及黑点脱落处呈锈斑状。②疮痂型：灰褐色疮痂状斑块，病健交界处有龟裂，病斑不剥离，仅限于病果表皮但有时皮下浅层果肉可成为干腐状木栓化。③斑点型：果点为中心形成褐色至黑褐色圆形或不规则形小斑点，套袋果摘袋后病斑周围有花青素沉积，呈红色斑点。④黑点褐变型：果点及周围变褐，周围花青素沉积明显，呈红晕状。

图 8.2　苹果斑点落叶病(左:叶片;右:果实)

(2)发病规律

春雨早而多,夏季有连阴雨,病害发生早且重。该病由苹果轮斑病的强毒菌系所致,以菌丝体在被害叶和枝条上越冬。翌年春季产生分生孢子,分生孢子随气流、风雨传播,侵染春梢嫩叶。春天气温上升到 15 ℃左右,天气潮湿时,产生分生孢子,随气流、风雨传播,在叶面有雨水和湿度大、叶面结露时,病菌在水膜中萌发,从皮孔侵入进行初侵染,温度为 20～30 ℃、叶片有 5 h 水膜,病菌可完成侵入。在17 ℃时,侵入病菌经 6～8 h 的潜育期即可出现症状。果园密植,树冠郁闭,杂草丛生,树势较弱、地势低洼均易发病。

一般苹果园在花后即可出现病叶,随后病叶增多,7 月上中旬即有落叶。果园在病斑出现后 20 d 即开始产生分生孢子,这些孢子可再侵染。此病易侵染 35 d 内的嫩叶,尤其是 20 d 内的新叶。病原菌的潜育期很短,只有数小时。分生孢子的活动第一高峰在 5 月上旬—6 月中旬,第二高峰在 9 月,高温、高湿天气发病早,病叶率增长快。夏、秋季高温、高湿,病菌繁殖量大,发病周期缩短。

(3)防治要点

防治重点。一是加强栽培管理,增强树势,保护早期叶片,立足于防,可结合轮纹病、炭疽病及鳞翅目、食叶性害虫进行防治;二是清除病原,苹果树落叶后要及时清园,将枯枝落叶集中深埋或烧掉。药剂防治方面,5 月中旬落花后开始喷 1∶2∶200 倍波尔多液等,每隔 15～20 d 喷一次,交替用药,共喷 3～4 次。

8.1.1.3　白粉病

苹果白粉病是由白叉丝单囊壳菌引起、发生在苹果树上的病害(图 8.3)。苹果白粉病属于较为常见的病害,广泛存在于我国大部分苹果产区,在宁夏的发病趋势越发严重。在吉林、辽宁、河北、安徽、浙江、河南等省都有发生。尤其在渤海湾产区、西北地区、云南省等地发生严重。病原为白叉丝单囊壳菌(学名:*Podosphaera leucotricha* (Ell. et Ev.)Salm.)。苹果品种间的抗病性差异较大,其中以“倭锦”红玉”高度感染，“国光”“红富士”次之，“青香蕉”发病轻，“金冠”“元帅”较抗病。

(1)危害症状

白粉病主要为害实生嫩苗，大树芽、梢、嫩叶，也为害花及幼果。发病部位布满白粉是此病的主要特征。幼苗被害，叶片及嫩茎上产生灰白色斑块，发病严重时叶片萎缩、卷曲、变褐、枯死，后期病部长出密集的小黑点。树体被害，芽干瘪尖瘦，春季发芽晚，节间短，病叶狭长，质硬而脆，叶缘上卷，直立不伸展，新梢满覆白粉。生长期健康叶片被害则凹凸不平，叶绿素浓淡不匀，病叶皱缩扭曲，甚至枯死。花芽被害会使花变形、花瓣狭长、萎缩。幼果被害，果顶部位产生白粉斑，后形成锈斑。

图 8.3　苹果白粉病(左:叶片;右:枝条上的菌丝)

(2)发病规律

该病以菌丝在苹果树冬芽鳞片间或鳞片内越冬。翌年发芽时，越冬菌丝产生分生孢子，此孢子靠气流传播，直接侵入新梢。病害侵入嫩芽、嫩叶和幼果主要在花后一个月内，5 月为发病盛期，通常受害最重的是病芽抽出新梢。生长季中病菌陆续传播侵害叶片和新梢，病梢上产生有性世代，子囊壳放出子囊孢子行再侵染。秋季病梢上的孢子侵入秋梢嫩芽，形成二次发病高峰，10 月以后很少侵染。春暖干旱、夏季多雨凉爽、秋季晴朗有利于病害流行。

发病时新梢被害率高达 70%～80%，白粉病的发生与气候条件关系密切，喜湿怕水，高温干旱有利于发病，凡春季高温干旱的年份有利于病害前期的流行。春季多雨而低温容易助长白粉病的流行。

(3)防治要点

苹果白粉病的防治关键是休眠期冬季修剪、生长期喷药、加强田间管理、少种感病品种。在增强树势的前提下，要重视冬季和早春连续、彻底剪病梢，减少越冬病原，与生长期喷药保护相结合进行防治，方能收到较好的效果。化学防治的关键在萌芽期和花前花后的树上喷药。药剂中硫制剂对此病有较好的防治效果。苹果树萌芽前，提倡使用5波美度石硫合剂。苹果树花芽露红时喷第1次药，发病严重的果园落花后10～15 d喷第2次药。常用药剂有15%三唑酮可湿性粉剂1500～2000倍液、12%烯唑醇可湿性粉剂2000～2500倍液、25%已唑醇悬浮剂2000倍液、47%乙嘧·吡唑·丙水分散粒剂1500倍液等。

8.1.1.4　炭疽病

苹果炭疽病又名苦腐病、晚腐病，是由小丛壳属侵染所引起的、发生在苹果树上的一种病害，在世界上所有气候温暖湿润、适宜种植苹果的国家和地区都有发生（图8.4）。病原在有性态为小丛壳属（*Glomerella ciningulaia*（Stonem.）*Spauld. et Sch.*），无性态为胶孢炭疽菌（*Colletotrichum gloeosporioides*（Penz.）*Penz. et Sacc.*）。

（1）危害症状

苹果炭疽病主要危害果实，也侵害枝梢和果台，但很少。发病初期，果面上出现淡褐色圆形小病斑，随后病斑迅速扩大，呈褐色或深褐色，病斑有时有红色边缘。果面稍下陷，果肉软腐，溃烂部分呈圆锥状指向果心。当病斑直径达1～2 cm时，病斑上生出同心轮纹状小粒点。果实发病后，病斑凹陷，这是区分轮纹病的主要特征。病果上有一至多个病斑，病斑连片可使全果腐烂，造成果实脱落。果实若在深秋染病，病果腐烂失水干缩，变为黑色僵果，与好果区别明显，长期悬挂枝头不落。若采收前病菌侵入果实，贮藏期继续发病。果台发病多自顶端向下蔓延，危害重时抽不出副梢，最后干枯死亡。枝干发病多在病虫枝、枯死枝及生长衰弱枝的基部，发病症状与果实近似，病斑表面同样产生黑色小粒点。后期病皮龟裂脱落，严重时病部以上枝条逐渐枯死。

图8.4　苹果炭疽病果实发病症状

（2）发病规律

此病病菌自苹果树谢花后至果实成熟期都可侵染。炭疽病菌具有潜伏侵染特性，幼果受侵染后不易发病。在高温、高湿、多雨情况下病菌繁殖快，传染迅速，多在果实近成熟或成熟期发病。病菌繁殖的温度为15～40 ℃，最适温度为28 ℃；形成分生孢子的适宜温度为25～28 ℃，相对湿度为80%以上；分生孢子萌发最适宜温度为28～32 ℃，相对湿度在95%以上，此时分生孢子接触果面5 h即可侵入果肉，10 h大部分病菌完成侵入过程。

病菌潜伏期一般3～13 d，最长达40～50 d。炭疽病菌在高温、高湿、多雨水的情况下，繁殖快，传染迅速，特别是雨后高温更有利于大流行；晚秋雨少温度低，发病则轻。不同年份发病轻重与当年降雨早晚及雨量大小密切相关，一般降雨早而多的年份发病早而重，干旱年份则轻。

(3)防治要点

注意合理整形修剪，改善树冠通风透光条件，合理排灌和施肥，培养壮树，并结合果树修剪，及时清除病残枝、僵果，集中烧毁越冬病原，生长期要及时摘除处理初期病果。另外，果树周围不种刺槐，可以减轻炭疽病的发生。

8.1.1.5 轮纹病

轮纹病是苹果果实主要真菌病害之一。苹果轮纹病又称粗皮病、轮纹烂果病，是由梨生囊孢壳菌侵染所引起的、发生在苹果树上的一种病害(图8.5)。主要危害苹果树枝干和果实。病原在有性态为梨生囊孢壳菌(*Physalospora piricola Nose.*)，属子囊菌亚门；无性世代为轮纹大茎点菌(*Macrohoma kawatsukai Hara*)，属半知菌亚门。

图8.5 苹果轮纹病危害症状(左:果实;右:枝干)

(1)危害症状

在果实上，常以皮孔为中心，呈水渍状褐色同心轮纹状病斑，可以不断向四周扩大，并出现轮纹状小黑点。果实受病的表现在初期只有零星果点，分布较为稀疏，颜色呈黑色，随着苹果轮纹病的逐渐发展以果点为中心逐渐出现暗褐色斑点，并呈现深浅相间的同心轮纹状病斑，均匀为圆形，最外层出现明显的水渍圈。发展到后期病斑引起果实腐烂，溃烂部位发出酸腐的味道并伴随有黏液流出。

同时，也危害枝干，侵染枝干后，也以枝干皮孔为中心，呈现扁圆形褐色病斑，直径大小 3～20 mm 不等，中心突起，周边龟裂。病组织成轮纹翘起而脱落，当多数病斑接连时，树皮会变粗糙，因此也称为粗皮病。

苹果轮纹病和苹果炭疽病容易混淆，从二者病害的颜色上来看，苹果轮纹病和苹果炭疽病都呈黑褐色，但苹果炭疽病比苹果轮纹病的颜色偏深。从二者呈现的形状和状态来辨别，苹果轮纹病没有出现明显的凹陷，并且表面出现同心轮纹，排列较为紧密，但是呈不规则形状。病斑的大小不同、深浅交替，病部本身并不变形，病斑面齐平。如果病症发生在果实上，果肉呈现不规则腐坏状，病部果肉与健康部果肉之间有明显的分解，病健组织较不容易分离。苹果轮纹病发展到后期空气湿度较大时，斑处会有浅白色的液体流出。苹果炭疽病伴随有明显的凹陷，表面伴随同心轮纹且由小黑点组成，扩散的形状较为整齐有序。如果发生在果实上，病果呈漏斗状，果实表面不能保持弧面形状，病部果肉和健康部果肉有明显的界线，二者组织较容易分离。如果在阴天下雨等空气潮湿的天气，会表现出粉红色。从发展速度来分析，苹果轮纹病的发展速度较快，苹果炭疽病发展速度相对较慢。从发病后的味道和组织形式来看，苹果轮纹病组织出现软腐，味道则表现出一股醪糟或乙醇的味道。苹果炭疽病的组织则会较硬，味道表现出苦味。从病害的发生时间来看，苹果轮纹病比苹果炭疽病的发生时间较晚，苹果轮纹病一般在临成熟期和贮藏期发生，苹果炭疽病发生的时间主要是在果实生长的后期。

(2)发病规律

苹果轮纹病发病时间一般在 7—8 月。菌丝可在病部存活 4～5 a，每年 4—6 月产生孢子，7—8 月散发较多。因此，可在幼果期开始感染，但幼果盛长期不发病，一般在果实成熟期和贮藏期发病。果轮纹病的发病首先与果园的郁闭度有关系，光照条件好、通风透光、温度和相对湿度较高，一般温度在 20 ℃以上，湿度达到 75%以上就容易发生。特别是降水量较大，达到 10 mm 以上时，果园中大量的细菌开始繁殖、迅速扩散，并侵入到果实和树体中。在种植多年的老果园中，由于较长时间的病菌积累导致细菌极易扩散，所以传染力较大也较快。在园区日常管理中较为粗放，土壤黏重、树势较弱、土壤肥力不够的植株也易发生病害，受到病害侵蚀。一般春季雨水较多时，此病发病较重。

(3)防治方法

首先要加强果园管理，特别是对树势较弱的植株应提前进行修剪和调整，及早促使其正常生长，如果出现病弱树、小老树等应及早清理。对于土壤管理，加强对其营养的补充不仅可以促进植株的生长还可以增强抵抗能力，对于土壤黏重和红黏土、偏酸性的土壤中易促使此病的发病率的影响因素，可以通过调整土壤酸碱度的方式，通过土壤检测的结果调配肥料以达到适宜的酸碱度。其次还要在栽种前进行深翻深耕，蓬松土壤。

发生此病时，应及时刮除枝干病部，收集病果，加以销毁。化学药品可使用福美胂可湿性粉剂100倍或75%五氯酚钠粉100～200倍液。为了提高轮纹病的预防效果，降低受害损失，应在每年的3月中下旬—4月初进行喷施药剂。坐果后喷施果实保护剂，以波尔多液最好，一年喷施3～4次。在金冠品种上，为了避免出现果锈，第一次可改用50%的多菌灵1000倍，或者50%甲基托布津800倍、50%退菌特800倍液等药剂，或各药剂交替使用。

从果实的预防角度来分析，轮纹病主要侵蚀果实，特别是在果实的成熟期和贮藏期，因此要加强防护。可以在落花后的30 d内将果实套上袋子，对于特别需要苹果颜色转变的红色品种可以在采收前的15 d拆下。进入贮藏期，为了减少病果对健康果的传染，应严格进行筛选，及时将已经染病的果实挑出，同时还要注意储藏室的温度与湿度的控制。

8.1.1.6 根腐病

苹果根腐病的病菌系土壤习居菌，即尖孢镰刀菌的疾病（图8.6）。全国各地均有发生，以中部果区发生较重，常出现因烂根而成片死亡的现象。

图8.6 苹果根腐病

（1）危害症状

根腐病菌从早春根部开始萌动即可在根部为害，地上部要到发芽展叶后才表现。病菌首先为害根毛、小根再蔓延至大根，病初先在须根基部形成红褐色圆斑，病部皮层腐烂再扩大至整段根变黑死亡。病轻时，病根可反复产生愈伤组织和再生新根。地上部由于受多种因素影响而表现出不同的症状类型。4—5月，苹果树展叶后，树冠可出现4种症状：一是萎蔫型；二是叶片青干型；三是叶缘焦枯型；四是枝枯型。

（2）发病规律

苹果根腐病病菌在土壤中大量存在并长期进行腐生生活，也可寄生于苹果树根部，并且表现弱寄生，就是当树势强健时几乎不发病，只有当树势衰弱时才可能发病。主要是由根腐病菌和水涝、冻害、肥害等导致的生理性病害。

(3)防治方法

改良土壤:进行秋季全园深翻,增施有机肥,深化土层。肥力差的果园,可多种绿肥,增施钾肥,施肥量一般以每 50 kg 果施用纯氮 350 g、磷 150 g、钾 350 g 为宜。生长季节及时中耕锄草及保墒。盐碱地、低洼地,挖好排水沟,以便雨季排水防涝。冬季进行合理修剪,控制大小年,保持树势健壮。

加强防涝措施:及时排除积水,合理灌溉,防止果园土壤过干或过湿。

刮治病根:挖出根系后混合使用中草药杀菌剂 200～300 倍、生根剂 300 倍、大蒜油 1000 倍、有机硅进行灌根,重点在毛细根区和树茎基部,以灌透为目的,药液渗完后薄覆表土。树龄小于 3 a,1 瓶灌 10～20 株;树龄大于 3 a,1 瓶灌 5～10 株;老、弱树 1 瓶灌 3 株。切除病根,消毒晾根,换上新土。

8.1.2 虫害与气象条件的关系

温度、降水和湿度、光照、风等气象要素均可影响害虫的地区分布、迁移、生存时期、繁育与成活率;各气象因子的综合影响对于虫害的发生发展有重要作用。影响虫害的发生数量与危害程度的其他两个因素:食物及其天敌,也直接或间接受到气象条件的制约。

(1)温度

害虫的活动要求一定的适宜温度范围,一般在 8～40 ℃,其中 22～30 ℃为最适范围,－10～8 ℃与 40～45 ℃为停止生长发育范围,＜－10 ℃与＞45 ℃为致死范围。温度对发育速度的影响最为明显,在适宜范围内,害虫的发育速度随温度升高呈直线性增长,害虫的活动旺盛、寿命长、世代多。

(2)湿度

包括降水量和大气的相对湿度,影响害虫的成活率和繁殖力,影响程度因害虫种类不同而异,同一害虫因年份之间雨量和湿度的变化而使发生程度也有很大差异。湿度低时可直接影响卵的孵化、低龄幼虫的成活和成虫的产卵量。大雨对弱小的害虫造成机械损伤,从而降低田间虫口密度。

(3)光照

主要从光波、光强、光周期 3 个方面影响害虫的活动节律及行为。光波与害虫的趋光性关系密切。光强主要影响害虫的取食和栖息、交尾、产卵等昼夜节奏行为;与害虫体色、趋集程度也有一定关系。光周期对害虫的滞育和休眠起着信号作用,自然界短光照刺激害虫引起休眠。

(4)风

影响害虫的取食、迁飞等活动。一般弱风能刺激起飞,迁飞速度方向基本与风速、风向一致。但风太大又可以阻碍一些害虫的迁飞和传播。风力大时也影响害虫的田间分布。

8.1.2.1 桃小食心虫

(1)危害症状

桃小食心虫,又名桃小食蛾,幼虫多从果梗基部或顶部蛀入苹果果实,2 天后从蛀入孔流出水珠状半透明的果胶滴,不久果胶滴干缩,在蛀入孔处留下一小片白色蜡质物(图 8.7)。随着果实的生长,蛀入孔愈合成一针尖大的小黑点,小黑点周围的果皮略凹陷;幼虫蛀果后,在皮下及果内纵横潜食,果面上显出凹陷的潜痕,明显变形。近成熟期的果实受害,一般果形不变,但果内的虫道中充满棕褐色的虫粪。幼虫老熟后,在果实面咬一直径 2~3 mm 的圆孔,孔外常堆积棕褐色的虫粪。

图 8.7 桃小食心虫危害图

(2)发生规律

每年发生 1~2 代,以老熟幼虫结茧在土中越冬。越冬代幼虫在 5 月下旬开始破茧出土,出土盛期在 6 月中下旬,第 1 代成虫在 7 月下旬—9 月下旬出现,盛期在 8 月中下旬,多在“国光”“富士”等晚熟品种上出现。第 2 代幼虫造成落果最早在 8 月下旬,这一代老熟幼虫危害时间不整齐,落果盛期在 9 月中下旬,有少部分在 10 月落果。该虫的发生与温、湿度关系密切,越冬代幼虫出土始期,当旬平均气温达到 16.9 ℃、10 cm 处地温达到 19.7 ℃时,如果有适当的降水,即可连续出土。温度在 21.0~27.0 ℃,空气相对湿度在 75%以上,对成虫的繁殖有利;高温、干燥对成虫的繁殖不利,长期下雨或暴风雨抑制成虫的活动和产卵。

(3)防治要点

应抓住关键时期进行防治。第一,地面撒药,即越冬代幼虫出土盛期,进行地面撒药。第二,地面喷药,在越冬幼虫出土前在树下喷药,喷后耙松地表。第三,树上防治,防治适期为幼虫初孵期,对卵和初孵幼虫有强烈的触杀作用。

8.1.2.2 红蜘蛛

(1)危害症状

红蜘蛛,又名叶螨(图 8.8)。以成螨和幼螨、若螨吸食苹果树初萌嫩芽和叶片的汁液。蛛口密度较大时危害幼果。芽被害后变黄枯焦,影响展叶、开花。被害叶片初期呈现失绿小斑点,后期变黄、发脆,但不提早脱落。受害严重树体会被消耗大量养分,使得树势衰弱。

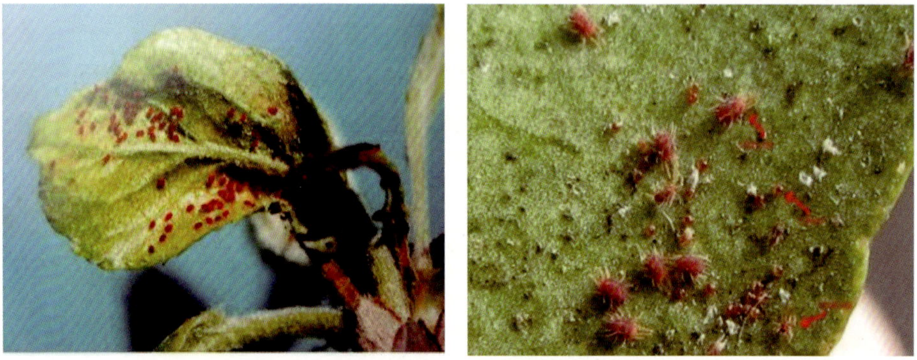

图 8.8 红蜘蛛危害图

(2)发生规律

每年发生 7～9 代。以卵在果台、小枝基部环痕和芽的基部等处越冬。越冬卵在 12～13 ℃时开始孵化。危害较重的时期是苹果树初花期至盛花期,若遇春旱,则蛛群发生量大,会导致嫩叶枯黄,花蕾萎蔫,影响坐果;危害最终的时期是 7—8 月,此时气温高,蛛群繁殖快,严重发生时,全树叶片枯焦。

(3)防治要点

进入春季之后,勤观察苹果园情况,发现苹果树上有红蜘蛛出现,可以先采用高压喷雾器喷水的方法,对苹果树树干树叶每周喷上 2～3 次,促使空气潮湿,有利于缓解果园的干旱,利于果树的生长,能起到冲洗掉红蜘蛛以及其幼虫的作用。或者采用 0.1～0.2 波美度的石硫合剂冲洗,再则也可以使用一些能够保护红蜘蛛天敌安全的杀螨剂,如速效浏阳霉素等,既可以达到杀螨阻断其繁殖的效果,又可以保护其天敌少受伤害。

8.1.2.3 金纹细蛾

(1)危害症状

幼虫从叶背潜食叶肉,形成椭圆形的虫斑,叶背表皮皱缩,叶片向背面弯折(图 8.9)。叶片正面呈现黄绿色网眼状虫斑,内有黑色虫粪。苹果树受害导致落叶早、果实小、产量低、树势衰弱。

(2)发生规律

每年发生5代,以蛹在被害叶片中越冬。翌年苹果树发芽时成虫羽化。待气温升高后,成虫多在早晨和傍晚活动,有趋光性。产卵于嫩叶背面,单粒散产。幼虫孵化后从卵和叶片接触处咬破卵壳,直接蛀入叶内危害。金纹细蛾对不同品种的苹果树叶片危害程度有明显差异。“国光”“富士”受害严重,“红星”“金冠”受害较轻。金纹细蛾跳小蜂是优势种的天敌。

(3)防治要点

一是人工防治,苹果树落叶后清除落叶,集中烧毁,消灭越冬蛹。二是药剂防治,常用药剂有1.8%阿维菌素3000～4000倍液、20%杀铃脲悬浮剂8000倍液、30%蛾螨灵可湿性粉剂1200倍液、35%氯虫苯甲酰胺水分散粒剂2000倍液、2.5%氟氯氰菊酯1500～2000倍液等,间隔10～15 d,连续防治两次可基本控制。三是诱杀成虫,利用金纹细蛾性诱剂诱杀,4月上旬—10月下旬,每亩悬挂3～5个性诱捕器,每月更换1次性诱剂,可大量诱杀雄虫,干扰正常交尾,降低田间落卵量。

图8.9　金纹细蛾危害图

8.1.2.4　卷叶蛾

(1)危害症状

幼虫为害苹果树的芽、叶、花和果实。小幼虫吐丝缀合树叶,大幼虫将2～3个叶片缠在一起,卷成饺子状虫苞,并取食叶片呈缺刻或网状,将叶片缀贴于果实上,啃食果皮,受害果实上被啃食出形状不规则的小坑洼(图8.10)。

(2)发生规律

每年2～4代,以幼虫在剪锯口、枝干翘皮缝内结茧越冬,翌年春季4月上旬开始出蛰,爬至芽以及嫩叶上取食。成虫昼伏夜出,有趋光性,对果汁、果醋和糖醋液趋性强。成虫产卵以及卵的孵化都要求较高湿度,当空气湿度低于50%时,产卵与孵化会受到抑制。

(3)防治要点

注意在休眠期彻底刮除树体粗皮、翘皮,消灭越冬幼虫。发生成虫害时可挂糖醋液诱杀成虫,配液按红糖 1 份、醋 3 份、水 16 份并加少量酒的比例调制。药剂防治方面,要抓住越冬幼虫出蛰盛期和第 1 代卵孵化盛期两个关键时期,可用灭幼脲 1500 倍液,氰戊苦参碱 1000 倍液或甲维盐 1000 倍液,每隔 10 天喷施 1 次。

图 8.10　金纹细蛾危害图

8.1.2.5　苹果绵蚜

(1)危害症状

成虫和若虫密集在苹果树背阴枝干的病疤伤口周围、剪锯口、小枝新梢、叶腋、果实萼洼、果梗以及根部或露出地表的根系等处寄生危害,吸取树液,被害部分的组织会渐成瘤状虫瘿,后期虫瘿破裂,造成大小、深浅不同的伤口(图 8.11)。蚜群数量较大的枝条,外观如棉絮状。

图 8.11　苹果棉蚜危害图

(2)发生规律

每年发生 10 余代。当早春平均气温达到 8.4 ℃时,越冬若虫开始活动,平均气温达到11.0 ℃时,初龄若虫开始扩散。5月下旬—7月初为全年繁殖最盛期。10月绵蚜发生数渐增,出现第二次发生盛期。在7—8月,受天敌日光蜂以及高温的影响,绵蚜发生数量受到抑制。

(3)防治要点

禁止从绵蚜发生地调入苹果苗木、接穗和种子,冬季要彻底刮除潜伏在枝干上的越冬幼虫,剪除虫梢并及时烧毁。药剂防治方面,萌芽前喷3~5波美度石硫合剂或5.00%的柴油乳剂,消灭虫卵,降低虫情基数;在芽萌动期喷48.00%的乐斯本1500倍液、52.25%的地农乐乳油1500倍液。

8.2 苹果病虫害人工调查

8.2.1 病虫害人工调查方法

苹果树病虫害监测的传统方法为人工调查。在人工调查过程中,一般采用5点取样法,需要按照合适的面积作为取样单元。小果园可以采用棋盘式5点取样,大果园可以根据取样路线采用线性路线取样,也可以根据地形特点,分区域采用5点取样。为了提高调查结果的准确度,可以2人同时取样调查。调查对象按照叶片、新梢、枝干以及果实进行分类。以下给出调查设计案例,实际应用中需要根据果园面积等实际情况进行调整。

(1)叶片调查

叶片调查对象包括叶螨、潜叶蛾及其天敌,褐斑病等。每点取样调查4株树,每株树在4株相向1/4范围分别取内膛5个叶丛枝上成熟叶片1个,4株树合计取样20片叶,合并观察记录,每个单元共取20株,100片叶,每周调查1次。

(2)新梢调查

对象包括蚜虫、卷叶蛾、盲蝽及主要天敌,以及白粉病、斑点落叶病等。新梢调查和叶片调查同步进行,采用5点取样,每点调查4株树,在4株树相向1/4范围每株调查外围5个新梢,每点调查20个新梢,每个调查单元调查20株,100个梢。

(3)枝干病虫害花前普查

调查对象包括苹果绵蚜、介壳虫、腐烂病等。每个果园采用5点取样,调查株发生率,每园调查20株。苹果绵蚜调查每株调查主干和4个大枝20个剪锯口。介壳虫调查 2 年生枝 5 枝，从基部向端部调查 30 cm 长。腐烂病调查发病大枝数。生长季发生高峰期不定期补充调查数量。

(4)果实病虫害调查

包括桃小食心虫、梨小食心虫、桃蛀螟、黑点病、轮纹病等。每个果园采用 5 点取样，分品种调查，每点调查 4 株树，每株调查中上部 50 个果实，成虫发生期调查卵果率，为害期调查蛀果率，每点调查 200 个果实，每园调查 1000 个果。

(5)性诱剂诱捕器监测

包括桃小食心虫、梨小食心虫、金纹细蛾、卷叶蛾等。可间隔 100 m 挂 1 个诱捕器，每园挂 4 个诱捕器，挂在树冠背阴处，离地面 1.5～1.8 m 高处，每 5 天调查 1 次，记录每个诱捕器诱蛾量，并及时更换诱芯和粘板。

8.2.2 各生育期主要病虫害种类

表 8.1 列出了苹果树不同生育时段常见病虫害种类，但在实际观测中，应根据实际观测结果详细记录所见病虫害种类和发生程度，不应仅限于表中所列病虫害种类。

表 8.1 苹果树各生育期主要病虫害种类

生育时期	主要病虫害种类
萌芽—开花前	苹果腐烂病、白粉病、山楂叶螨(成螨)、苹果全爪螨(卵)、卷叶蛾(幼虫)、蚜虫(卵)、介壳虫等
落花后—坐果期	苹果白粉病、锈病、果实霉心病、斑点落叶病、蚜虫、山楂叶螨、卷叶蛾等
幼果发育—套袋	苹果斑点落叶病、黑星病、锈病、叶螨、蚜虫、金纹细蛾等
果实膨大期	苹果褐斑病、黑星病、金纹细蛾、腐烂病、山楂叶螨、苹果全爪螨等
果实采收后	苹果腐烂病、轮纹病、山楂叶螨成螨、苹果全爪螨卵、卷叶蛾越冬幼虫、金纹细蛾蛹、斑点落叶病病菌、褐斑病病菌等

8.2.3 主要病虫害观测时间和范围

每旬观测 2 次，或每周观测 2 次。以观测样地为主结合生育状况进行观测。同时观测、记录主要病虫害种类与始期、盛期、终期，对果树的危害症状与采取的措施及恢复情况。当某种或某几种病虫暴发流行范围广、危害程度严重时，宜进行全产区调查，结合地理气候等背景信息形成分析报告(表 8.2)。

表 8.2 苹果树病虫灾害观测记录(样表)

病虫害种类			
发生时间		观测样地	
成灾范围、地点与面积(公顷)			
为害症状	花/蕾		
	叶		
	果		
	枝/干		
	根		
	全植株		
器官受害率	约 5%□ 约 10%□ 约 20%□ 约 30%□ 约 50%□ 约 70%□ 约 90%□ 或者您认为约________		
果树受害率	约 5%□ 约 10%□ 约 20%□ 约 30%□ 约 50%□ 约 70%□ 约 90%□ 或者您认为约________		
暴发流行的气候背景描述			
防治措施			
产量损失与树势影响评估			
其他补充说明:			

8.2.4 主要病虫害受害程度估测

在观测样地内统计记录受害植株百分率、受害部位的百分率。遇到苹果树较为重大或新发病虫害时,需加密进行观测和调查,拍摄相关图片和多媒体资料,形成调查报告。并及时加密观测重大病虫害的发展、危害进程,记录其从暴发、流行到消亡的过程及相关气候信息,过程中灾情的发展程度、损失评估,以及防御措施和效果等。最后撰写专题总结报告,内容包括病虫害发生的气候条件、生物学症状、受灾面积、成灾面积、造成的经济损失、防御方法和效果等。

8.3 苹果病虫害的主要监测方法

8.3.1 病虫害自动监测站

病虫害自动监测站包括孢子捕捉仪、高分辨率实景观测、病虫识别系统以及农作物病虫害监测预警软件等(图 8.12)。整个系统可实现根据所采集到的数据进行远程设备控制,包括测报系统及视频系统;能够实时采集传感器的数据、视频数据、苗情图像等信息,实现信息采集、生产监控、安全可视、在线监管,全面提升农业信息化和农业“四情”(墒情、虫情、灾情、苗情)监管水平;不同园区不同的基地进行个性化展示,含基地全景图,基地介绍,基地气象数据展示;全天自动捕捉病菌孢子,自动显微成像对所捕获的病菌孢子自动拍摄;采用光、电、数控技术,远程自动控制智能虫情测报灯及虫害识别计数。

其简要原理为孢子捕捉仪与智能虫情测报系统通过每天收集的害虫、孢子进行分类与计数,并形成数据库;之后通过数据分析与统计,判断某个区域某种作物发生虫害的趋势;最后通过天气预报,结合病虫害发生趋势发出有效预警,提醒相关管理人员以及职能部门提前采取防治措施,为苹果树高产提供保证。

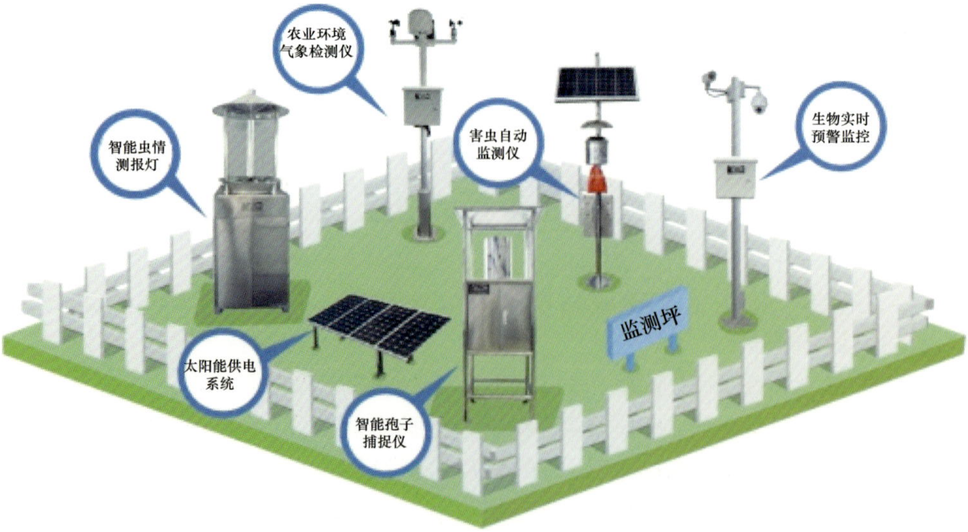

图 8.12　果园病虫害监测站示意图

8.3.2 病虫害图像识别监测技术与方法

8.3.2.1 贝叶斯决策方法

主要通过分析图像的光谱反射率来区分健康的叶片和病害区域。贝叶斯决策方法是一种基于贝叶斯定理的分类方法，可以用于苹果树病虫害识别。首先，需要收集苹果树叶片的健康和病虫害状态下的光谱反射率数据。其次，利用这些数据训练一个贝叶斯分类器，例如朴素贝叶斯分类器。在训练过程中，需要计算健康叶片和病虫害叶片在不同光谱波段下的概率分布，并估计这些分布的先验概率。训练完成后，可以使用该分类器对新的苹果叶片图像进行分类，将其识别为健康叶片或病虫害叶片。需要注意的是，贝叶斯决策方法的效果取决于训练数据的质量和数量，以及特征的选择和提取。因此，在使用贝叶斯决策方法进行苹果病虫害识别时，需要进行充分的数据预处理和特征分析，以提高识别准确率。

8.3.2.2 深度学习方法

苹果病害对苹果的产量和质量有巨大影响，因此病虫害的识别在苹果种植中是至关重要的。

识别技术：深度学习，特别是卷积神经网络（Convolutional Neural Networks，CNN），已被广泛应用于苹果病虫害识别。CNN能够自动提取图像中的深层特征，从而提高识别的精度和效率。

数据增强：为了增加样本量和提高模型的泛化性能，数据增强技术常被用于苹果病虫害图像识别。数据增强包括翻转、平移、旋转等操作，这有助于缓解数据不平衡问题，并提高模型的泛化效果。

8.3.2.3 基于VGG-F动态学习模型的苹果病虫害识别

为了提高自然环境下苹果病虫害的识别准确率和识别效率，提出了具有动态学习特征的VGG-F苹果病虫害识别模型。首先，依据常见的苹果病害和虫害类型构建图像数据集，同时采用Retinex算法对数据集中的含雾图像进行增强处理；其次选择网络层数较少的VGG-F网络模型作为迁移学习对象，并依据数据样本特性对重训练过程进行学习率动态调整，以及基于试验对比选取最佳动量值；最后，利用数据集对三种不同模型进行重训练和识别效果对比测试。数值测试结果表明：相比于原始VGG-F模型和深层模型VGG-19，苹果病虫害识别准确率分别提升了5%和0.63%，且该模型的重训练时间最短，从而验证了苹果病虫害识别模型的有效性。

8.3.2.4 面向移动端的苹果叶部病虫害轻量级识别模型

花叶病、斑点落叶病、褐斑病、白粉病、黄蚜、浅叶蛾和红蜘蛛是常见的苹果树叶部病虫害，严重影响了苹果的产量和品质。病虫害早期诊断和防治可以有效地控制病害传播，降低损失，保障苹果产业的健康发展。为解决现有轻量级模型无法精准识别早期苹果叶部稀疏小病斑的问题，该研究面向资源受限的移动端设备，提出一种轻量级识别模型 ALS-Net(Apple Leaf Net using Channel Shuffle)。在轻量化模型(ShuffleNetV2)的基础上，基于深度可分离卷积和通道混洗构建 ALS 模块，可降低模型的计算量和参数量。采用知识蒸馏策略训练模型，进一步提高网络精度。试验结果表明，ALS-Net 的模型精度可达 99.43%，且模型大小仅为 1.64 MB。移动端推理延迟为 55 ms，能够有效满足实际应用需求，并实现基于移动端的苹果树叶部病虫害自动实时监测。

8.4 苹果病虫害预测预警方法

苹果树病虫害的预测方法按时间的长短可以分为三种，即短期预测、中期预测和长期预测。在果树病虫害的预测中，最主要并且最常用的预测方法就是短期预测。相比其他两种方法，短期预测具有卓效性、快速性。根据短期预测方法对苹果病虫害进行预测，能够及时地发现苹果病虫害的苗头，在病虫害达到防治指标时及时进行药剂防治，这样可以减少药剂的使用次数，提高防治效果，同时也可以有效提高优质苹果的产量。

8.4.1 病虫害预测模型

苹果树病虫害的发生受多种因素的影响，且这些因素与病虫害的发生呈非线性关系。病虫害的发生系统本质上是一个非线性的动态系统，具有随机性、差异性、突发性等特点。因测报问题本质就是一个输入输出系统，而人工神经网络又可以逼近任意非线性系统，对于处理该类问题具有很强的优越性。目前研究较成熟，应用较广泛的是 BP 神经网络、RBF 神经网络以及具有反馈功能的 Elman 网络模型。

模糊时间序列预测模型(FTSPM)，在模糊 C 均值聚类算法(FCM)的基础上提出低噪声模糊 C 均值聚类算法(LNFCM)，从模糊聚类算法调用、历史数据论域划分、模糊关系建立等方面进行了改进和创新，建立了基于 LNFCM 的自调整模糊时间序列预测模型(LNFCM-SA-FTSPM)，并应用苹果病虫害发生数据进行了验证。

8.4.2 主要病害的预测方法

(1)病菌侵染期预测

在可能发生严重病害的苹果园选取感病品种。例如：选择“金冠”品种的苹果树

10 棵，这 10 棵树全年不允许喷洒杀菌剂，从花落以后开始随机选择 2500 个单果，用硫酸纸袋对所选的苹果进行套袋，为了隔绝外界的污染和菌源，套袋后要扎紧袋口，每隔 10 d 取下硫酸纸带暴露出 200 个苹果，此过程一直到采收前结束。将每次暴露出来的苹果放到储藏室里进行贮藏，一个月以后将观察统计出的不同暴露时期的病果率写入调查表中，结合本地的气候气象等自然因素，仔细地观察分析病菌侵染与他们之间的关系，综合分析总结出此类病害的主要侵染时期，及时发出预测预报。

（2）病菌孢子释放规律监测预测

在可能发生严重病害的苹果园选择易感病品种 10 棵树，所选择的这 10 棵树整年不能喷洒杀菌剂，在每棵树的东、南、西、北、中 5 个正方位上各悬挂 1 片载玻片，并且在每片载玻片上都要涂上凡士林，在取下载玻片后，用仪器去观察视野里病原菌孢子的数目，在调查表上记下病原菌孢子的数量，并绘制出病菌孢子田间释放图，结合当地的气温气候，仔细地观察分析病原菌孢子在田间的释放图，再查阅资料，综合分析出病菌孢子的释放规律，及时地发出监测预测。

（3）叶片病害田间发病定期监测预测

在可能发生严重病害的苹果园里选择感病品种，并且随机选定 5 棵树，把它们设置为定期调查树，所选择的这 5 棵树整年不能喷洒杀菌剂，每 7 d 观察一次，从所选树开始发病起一直到发病结束。每次取样观察的部位是在苹果树树冠的东、西、南、北、中 5 个方向，随机抽取当年生的枝条各 10 个，然后再调查所选枝条上的所有叶片，把所有的病叶数和病级数写入调查表内并且计算得出他们的病叶率和病情指数，当达到一定的标准时，立即发出预测预报，及时采取措施。

8.4.3 主要害虫的预测方法

（1）积温法

害虫的发育与温度有着极为密切的关系，因为害虫为了完成发育的每个阶段，就必须达到每个阶段的有效积温。所以根据积温法的运用，能预测及监测到害虫发育的各个阶段，在这之前果农首先得知道两个参数，即害虫的发育起始温度和有效积温。例如，苹小食心虫虫卵的发育起始温度为 10 ℃左右，有效积温为 60 ℃・d 左右，换句话说就是在春季田间 10 ℃以上温度累计达到 60 ℃・d 时，正是苹小食心虫虫卵田间孵化的高峰期，在这一时期，就可以发出预测预报，消灭大量的害虫。

（2）性诱捕器诱集法

目前我国人工合成的昆虫性信息素在世界上已经广泛运用，人们在运用昆虫性信息素去诱捕其他昆虫的手法也越来越成熟，现阶段已有的昆虫性信息素是桃小食心虫、梨小食心虫、苹小卷叶蛾等昆虫性信息素。例如：在苹果园利用梨小食心虫、苹小卷叶蛾的性信息素进行预测监测，明确它们的成虫期，在恰当的时候及时释放松毛虫赤眼蜂，降低在果园里的喷药率，可取得良好的防治效果。性诱捕器制作方法：首先要找到性信息素诱芯，再找到一个直径大于 15 cm 的碗，将性信息的诱芯平行悬挂到碗的中央，在碗中加入所配制的溶液，溶液表面距诱芯为 1 cm。在上述几种害虫的发生期，将所配制的溶液分别悬挂在苹果园树冠中，并且找到诱捕器距地面的合适高度（约 1.5 m），测报时每种害虫设置的诱捕器约为 6 个，两诱捕器之间间隔 25 m 左右。当将诱捕器挂到果树上后，每天早晨在记录表上记下在各诱捕器内落入溶液中雄虫的数量，为了保持碗中的清洁，必须在测报期间尽快将虫体捞出，不断向碗中加水，以此来保持水面与诱芯之间的距离，这项操作一直到成虫期结束才能终止。

（3）定期系统监测法

定期系统监测方法比较适用于短期测报，采用这种方法可以定向消灭害虫。苹果园几种主要害虫的定期监测方法：①苹果全爪螨种群数量监测。苹果树开花后，在果园东、西、南、北、中各正方位随机选定 1 株树，每 5 d 去观察一次，在每棵树的 5 个方向上随机摘取 4 片叶子，观察、统计出叶子上的活动螨数和夏卵数，登记到调查表上，当达到一定的指标时，及时采取有效的防治措施，喷洒药剂。②山楂叶螨种群数量监测。与上述的操作方法一致，在不同的正方位上选定苹果树，定期去观测，每株树在树冠的内膛和主干枝上的中段各随机取 10 片叶，观察、统计出叶子上活动的螨的数量填入到调查表中；另外，当此种螨虫扩散到外围树枝上时，须在主枝中段和外围树枝上进行取样，调查表中的取样部位由“内膛”改为“外围”，当达到防治指标时，发出预测预报，及时采取防治措施，喷洒选择性杀螨剂。③桃小食心虫卵果数量的监测。在苹果园分别选择代表中熟品种的 5 株树，代表晚熟品种的 5 株树，每 7 d 监测一次，在每棵树的树冠中部和外围各随机取 100 个苹果，每个品种的苹果共计 1000 个，调查卵果的数量，填入调查记录表中。当卵果率达到一定的标准时，立即喷洒 Bt 乳剂 600～1000 倍液等选择性农药。④出蛰期苹小卷叶蛾幼虫的监测。监测苹小卷叶蛾越冬幼虫在冬眠结束后，活动期之前，在苹果园里随机选择 5 棵树，每 2 d 去观察 1 次，在每棵树的树冠中部和外围各随机取 50 个芽丛，5 株树共计 500 个芽丛，定期检查出蛰的幼虫并及时地记入监测记录表中，当发现有虫芽率达防治标准时，马上发出预测预报，采取措施进行防治。

总之，通过对上面介绍的几种方法的综合运用，可明确地掌握苹果主要病虫害的侵染规律以及发生机制，进一步地了解到病害和虫害对苹果的具体侵染部位以及侵染的严重性。对于苹果病虫害的预测提倡遵循“生态学原则”进行综合的预测以及监测，所谓的生态学原则就是指在对植物进行育苗栽培、移植和养护的管理过程当中，对生态系统中的某个或某些构成部分进行有机调节，为植物本身以及病虫天敌创造一个适当的生存环境，从而达到预防或者减少病虫害的目的。

8.4.4 病虫害预警方法

苹果树病虫害的预警主要包括以下几种方法。

(1)发生期预警

通过观察苹果树害虫的趋性,如蛾类害虫的趋光性,可以利用黑灯光诱捕,根据每天捕捉的虫量预测成虫出现的时期,从而推测成虫产卵的高峰期和幼虫为害时期。此外,利用苹果树生长的物候期特点进行预报,苹果树害虫的发生往往与果树生长发育的不同物候期(如萌芽、展叶、开花、坐果、果实膨大等)有密切的相关性,可以通过观察这些物候期来预警害虫的发生。

(2)发生量预警

根据气候条件的变化预测果树病虫害的发生,例如多雨的年份红蜘蛛发生较轻,而干旱年份红蜘蛛发生十分猖獗。通过害虫的分布和密度的调查,了解虫口基数,如山楂红蜘蛛成虫的出蛰期,每个花芽有 2 个以上的虫口时,可以发出预警进行防治。

(3)病虫害监测与预警

通过观察苹果树的叶片、果实、花芽等部位的异常变化,及时发现病害和虫害的存在,判断发展趋势,及时预警。例如,苹果树叶片上的病斑、果实上的虫洞等都是常见的病虫害症状。监测方法包括目测观察、粘虫板、黄板、诱虫灯等。目测观察是最直观、简便的方法,通过定期巡视果园观察苹果树的生长状况和病虫害症状。粘虫板和黄板可以用于监测飞行中的虫害,例如蚜虫、白蚁等。诱虫灯可以吸引夜行性害虫,通过灯光和粘虫板的结合可以监测害虫的种群密度和分布。

(4)建立预警系统

基于历史病虫害监测数据和气象数据,利用数学模型进行预测。一方面,做好病虫害监测数据记录和分析,及时、准确地记录和整理监测数据,包括病虫害的种类、数量、分布等。通过对监测数据的分析,可以了解病虫害的季节性变化、发生规律和影响因素,为制定防治措施提供科学依据。另一方面,通过收集和分析病虫害的历史监测数据,分析病虫害发生发展状况与气象条件的关联度,建立模型,可以预测病虫害的发生时间、程度和影响范围。结合实时的气象数据,可以进一步调整预警结果,提高预警的准确性。

综上所述,苹果树病虫害的预警方法包括发生期的预测预报、发生量的预测预报、病虫害监测与预警、建立预警系统以及数据记录和分析等多个方面,这些方法综合运用可以帮助果农提前预测病虫害的发生和流行趋势,为防治措施的制定提供依据。

第 9 章

苹果农业保险气象服务

农业保险经历了传统模式与现代方式两个阶段，以商业保险方式为代表的传统模式生命周期极短，基于天气指数以政策性保险方式为代表的现代模式，目前正在不断推广。一些学者和政策制定者已经开始关注到苹果天气指数保险的重要性，部分研究人员利用气象数据和苹果种植数据，设计出一套能够反映苹果产量受损程度的天气指数。当气象条件达到预设的阈值时，保险公司将根据指数值向农户支付赔偿金。这种保险产品的优势在于，它可以通过客观的数据指标来避免传统农业保险中的道德风险和逆向选择问题，提高保险市场的效率。

苹果天气指数保险的发展面临一些挑战。首先，基差风险（basis risk）是一个需要重视的问题。基差风险是指保险理赔与实际损失之间的差异，它可能会影响到天气指数保险的效果。为了降低基差风险，需要提高气象数据和苹果种植数据的准确性和可靠性。其次，天气指数保险需要大规模推广才能形成规模效应，降低经营成本。然而，在苹果种植区域，由于气候、土壤等条件的差异，使得天气指数保险的适用性边界较为模糊。

总体来说，苹果天气指数保险的研究进展尚处于初级阶段，但已经引起了广泛关注。未来随着数据科学和保险科技的发展，以及政策对农业保险创新的支持，苹果天气指数保险有望得到更大的发展。

9.1 苹果天气指数农业保险

9.1.1 苹果农业保险模式

传统农业保险产品存在信息不对称、交易成本高、道德风险大、理赔纠纷多等诸多难点。天气指数保险是指把一个或几个气候条件对农作物损害程度指数化，每个指数都有对应的农作物产量和损益，保险合同以这种指数为基础，当指数达到一定水平并对农产品造成一定影响时，投保人就可以获得相应标准的赔偿。

天气指数保险的优势。一是减小道德风险。投保人可能改变自己的行为以增加损失的潜在可能性和严重性时，与传统农业保险相比，天气指数保险不会产生道德风险，因为天气指数保险不是根据个别生产者所实现的产量进行赔付的。二是抑制了传统农业保险中的逆向选择。逆向选择是由信息不对称引起的问题，如果投保人有比保险人更好的有关潜在损失可能性和严重性的信息，那么潜在的投保人就会利用这些信息选择购买或者不购买保险，这样选择买保险的人往往是那些风险大的人。三是保险成本低。由于天气指数保险不需要对单个农场进行监督，降低了管理成本；不需要进行大面积勘灾，减少了勘灾成本。四是信息透明、易标准化。气象监测数据准确、连续、可靠，天气指数保险提高了保险信息的透明度。指数保险合同的形式比许多传统的保险形式更容易被投保人理解，合同也无须针对不同的投保人进行相应的调整，易于标准化。五是保险风险分散能力更强。天气指数保险可以将农业系统风险转移到金融和再保险市场，在某些情况下，天气指数保险比传统的农业保险规避和分散风险的能力更强。

9.1.2 天气指数保险设计方法

9.1.2.1 天气指数保险设计方法和步骤

国内相关学者多将农业天气指数保险产品设计的一般方法和步骤概括为：前期的调查分析、资料的收集和处理、指数的选取、指数模型的构建、起赔值和赔付等级的确定、保险费率厘定、灾害风险评估、模型订正、天气指数保险理赔等主要内容和环节（图 9.1）。

9.1.2.2 天气指数保险产品设计

国内农业天气指数保险产品设计的重点是提高天气指数和损失率之间的相关性和保险定价的科学依据，尽量降低产品设计阶段出现的基差风险（图 9.2）。目前，相关研究在实践中主要通过三方面来实现。一是增强气象产量分离的有效性，尽量剥离趋势产量的影响。二是针对不同作物和不同气象灾害类型，利用灾害指标试验和产量相关分析研究，增加天气指数确定的合理性。三是合理确定作物单产风险分布或天气指数分布的概率模型，提高保险纯费率厘定的科学性。

9.1.3 苹果种植风险评估与保险费率研究

本节以陕西省为例，介绍苹果种植风险评估保险费率厘定方法。苹果是陕西省特色经济支柱产业，但在种植过程中面临着严重的气象灾害，农业保险在分散和转移其风险方面也未能充分发挥效能。根据陕西省 30 个苹果基地县 1981—2019 年的

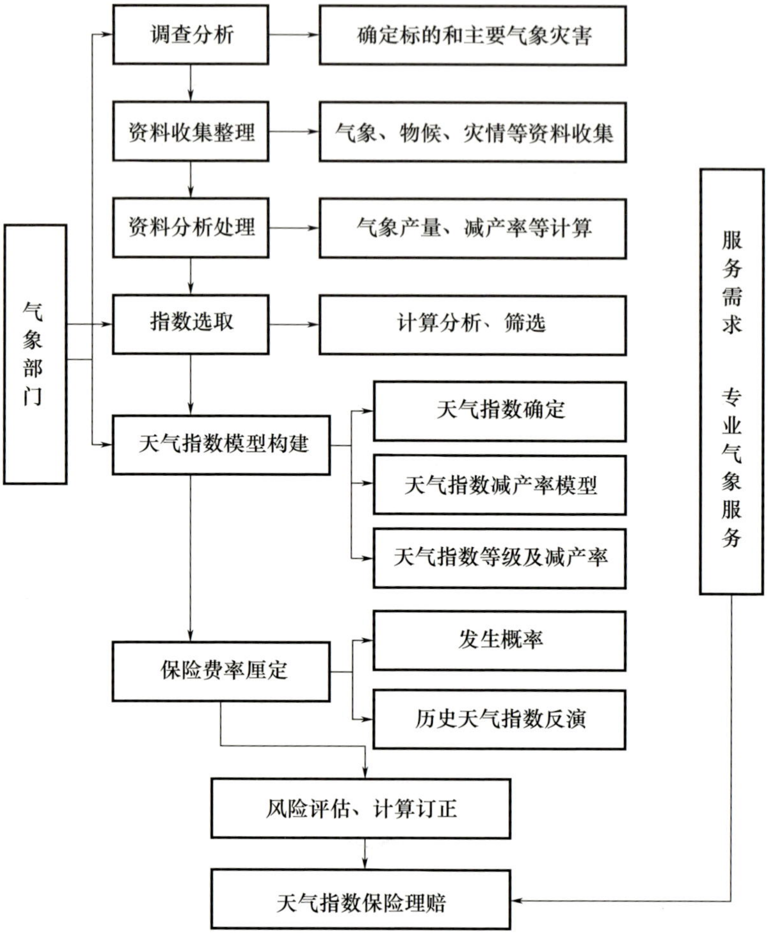

图 9.1　农业天气指数保险产品设计主要步骤与内容

种植面积、产量和单产数据，采用数理统计分析、单产分布模型模拟推导和最优分布模型筛选等方法，评估并厘定各地苹果种植风险以及农业保险费率。

评估结果显示：1981—2019 年陕西 30 个苹果基地县种植面积、产量和单产均呈波动上升趋势，洛川、礼泉和淳化的种植面积和产量位居陕西前列，多年平均种植面积分别为 2.12 万 hm^2、2.01 万 hm^2 和 1.94 万 hm^2，平均产量分别为 33.19 万 t、51.26 万 t 和 34.28 万 t；礼泉和扶风的单产较高，多年平均单产分别为 19.71 t/hm^2 和 16.89 t/hm^2。

30 个基地县苹果发生灾害的平均概率为 29.72%，延川、韩城、千阳、宜君、富平和岐山易发生重灾和巨灾，其中，延川和千阳的巨灾发生概率分别高达 24.18% 和 20.79%，韩城各级灾害发生的概率都比较高。

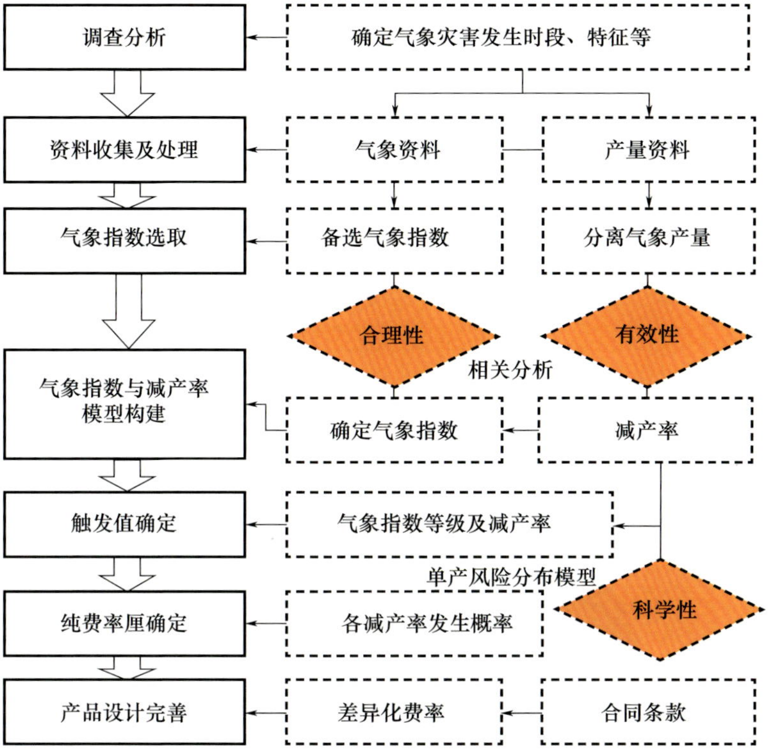

图 9.2 农业天气指数保险产品设计

30个基地县苹果种植的平均费率为5.23%，费率最高的是延川18.37%，其次是千阳和韩城，分别为16.61%和14.50%。礼泉、洛川和淳化三个苹果种植大县的费率则相对较低，分别为7.12%、7.35%、8.63%。30个基地县苹果种植的费率显著高于现行陕西省苹果保险的费率2.76%。因此，陕西省苹果种植空间分布有待调整，延川和千阳等高风险地区“北进西扩”还需谨慎，洛川和礼泉的种植优势可以继续保持，凤翔和淳化等低风险地区应该考虑扩种。在开展苹果农业保险时，须因地制宜地实行差异化费率，保证费率的科学性，提高农业保险的效能。

9.2 苹果树花期低温冻害天气指数保险产品设计案例

9.2.1 设计对象概况

张勇等(2023)以陕西省旬邑县为例，根据当地气象、苹果产业、物候、历史灾情等数据，分离苹果气象产量，确定苹果树花期冻害指数，构建苹果树花期冻害指数与减产率的关系模型，利用单产风险分布厘定县域各乡镇保险纯费率，实现苹果树花期冻害天气指数保险设计，减少农业保险逆选择，降低基差风险。

旬邑县地处渭北黄土高原，境内海拔 960～1350 m，年均气温 9 ℃，年降雨量 606 mm，年日照时数 2390 h，无霜期 180 d，土壤以黄绵土为主(图 9.3)。全县苹果种植面积 50 万亩，品种主要以晚熟“红富士”为主，是“全国优势农产品产业带建设示范县”“中国优质苹果基地”和“中国苹果 20 强县”，主要气象灾害以苹果花期冻害和干旱最为显著。

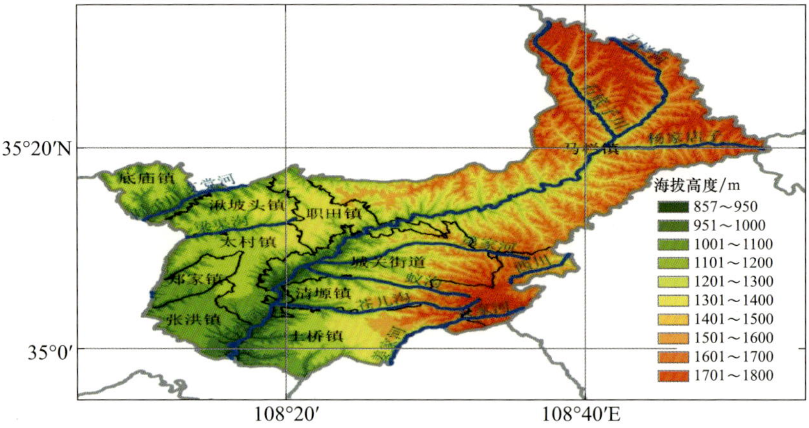

图 9.3　陕西省旬邑县地形图

9.2.2　苹果气象产量分离

气象产量分离是天气指数保险产品设计的重要内容之一。作物产量一般分为趋势产量、气象产量和随机波动项三部分。随机波动项一般可忽略不计。气象产量是指在正常生产年景中由气象因素造成产量偏离理论值的产量。以旬邑县为例，用苹果实际产量减去趋势产量即可得到苹果气象产量。1990 年前后，旬邑县苹果产量、面积出现快速增长，将 1991—2020 年的苹果产量、面积资料作为分析时段，分离苹果产量(图 9.4)。

采用滑动平均灰色预测法分离苹果气象产量，相较于传统的 HP 滤波法、线性滑动平均法、多元回归法趋势产量拟合法更适用于经济林果。滑动平均灰色预测法具有灰色预测模型短期预测和指数增长预测的优势，降低了随机性，提高了趋势产量拟合的精度，增强了气象产量分离的有效性。

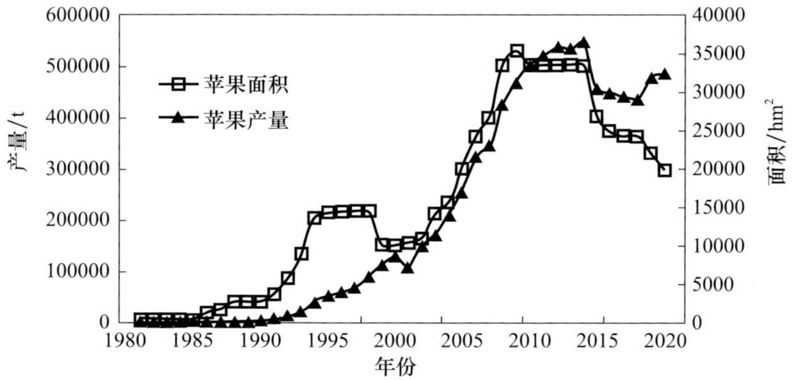

图 9.4 旬邑县苹果产量及面积动态变化图

9.2.3 苹果树花期冻害天气指数选取及费率厘定

(1)优选指标,提高天气指数选取的合理性

苹果树花期受冻造成的产量损失一方面与单次强低温冻害过程有关,另一方面还与多次连续低温冻害过程累积危害有关。选取苹果树花期极端低温冻害强度、苹果树花期多次低于受灾临界值的低温冻害过程累积危害两类因子作为苹果树花期冻害备选天气指数。

苹果树花期多次低于受灾临界值低温冻害过程累积危害的积温指标$\sum T$和$\sum T_s$。将日最低气温<−2 ℃作为受灾临界值,$\sum T$为花期≤−2 ℃日最低气温的绝对值累积和,$\sum T_s$为花期≤−2 ℃日最低气温与−2 ℃差值的绝对值累积和。天气指数的选取同样是天气指数产品设计的重要内容之一,选取苹果树花期极端低温冻害强度、苹果树花期多次低于受灾临界值的低温冻害过程累积危害两类因子作为苹果树花期冻害备选天气指数。其中苹果树花期多次低于受灾临界值的低温冻害过程累积危害温度作为积温类指标既包含极端低温危害,也包括低温累积危害。通过优选指标,提高天气指数选取合理性。

(2)苹果树花期冻害指数计算

$$\sum T = \sum_{i=1}^{n} |T_{-2i}| \tag{9.1}$$

$$\sum T_s = \sum_{i=1}^{n} |T_{-2i} + 2| \tag{9.2}$$

式中T_{-2i}为花期≤−2 ℃的日最低气温,n为花期日最低气温≤−2 ℃的日数。

近30 a旬邑县苹果树开花期最早为4月7日,最晚为5月2日,时间跨度近25日,但总体上花期存在提前趋势,故将备选指数与苹果减产率分析时段设定为4月1

日至 4 月 30 日，保证天气指数保险保期能够覆盖苹果整个花期。研究根据旬邑县苹果树花期历史资料，选取旬邑 4 月苹果花期的日极端低温危害、花期≤−2 ℃的低温冻害过程累积危害、花期≤−2 ℃的低温冻害过程有效累积危害，作为备选天气指数（表 9.1）。

表 9.1　苹果树花期冻害备选天气指数表

备选天气指数	意义	计算方法
T_c/℃	极端低温危害	花期极端最低气温
$\sum T$/(℃·d)	低温冻害过程累积危害	花期≤−2 ℃日最低气温的绝对值累积
$\sum T_s$/(℃·d)	低温冻害过程有效累积危害	花期≤−2 ℃日最低气温与−2 ℃差值的绝对值累积

（3）苹果树花期冻害天气指数选取

为分析天气指数与产量损失率之前的相关性，比较各年苹果气象产量的差异，使用相对气象产量表征各年气象产量的变化。相对气象产量 $Y_{wr}=Y_w/Y_t$。当相对气象产量 $Y_{wr}<0$，表明当年气象因素对苹果树生长造成不利影响，可将相对气象产量记为减产率 $|Y_{wr}|$，即为气象因素造成的产量损失率。

剔除其他气象灾害典型年，分析苹果树花期冻害天气指数与相对气象产量 Y_{wr}、减产率 $|Y_{wr}|$ 之间相关关系，最终确定苹果树花期冻害天气指数（表 9.2）。

表 9.2　天气指数与相对气象产量、减产率之间的 Pearson 相关分析

		T_c	$\sum T$	$\sum T_s$
$\|Y_{wr}\|$	相关系数	0.234	0.409*	0.591**
	显著性	0.205	0.022	0.004
Y_{wr}	相关系数	0.126	−0.297	0.528*
	显著性	0.501	0.105	0.028

根据苹果树花期冻害天气指数与减产率之间相关关系的强弱，最终确定苹果树花期冻害天气指数。其中减产率为气象因素造成产量损失率，由气象产量（负值）与趋势产量的比值计算而来。

（4）天气指数和损失率关系模型的构建

与苹果减产率 $|Y_{wr}|$、相对气象产量 Y_{wr} 相关性最高的天气指数均是 $\sum T_s$，遂确定 $\sum T_s$ 作为苹果花期冻害天气指数。进一步将天气指数 $\sum T_s$ 与减产率 $|Y_{wr}|$ 进行一元线性回归分析，回归方程通过了 $p<0.05$ 的显著性检验。为保证回归的意义，对天气指数 $\sum T_s$ 与减产率 $|Y_{wr}|$ 进行 ADF 检验（Augmented Dickey-Fuller test，单

位根检验法)。天气指数 $\sum T_s$ 与减产率 $|Y_{wr}|$ 均通过了单位根检验,变量为平稳序列,说明回归分析有意义,减产率 $|Y_{wr}|$ 与天气指数 $\sum T_s$ 存在对应关系。

根据苹果树花期冻害天气指数与减产率之间相关关系,确定花期≤−2 ℃日的低温冻害过程有效累积危害为天气指数。建立了天气指数和损失率关系模型,模型通过了显著性检验和单位根检验,说明减产率与天气指数存在正向线性关系,天气指数能够较好地表达产量损失。

(5)保险纯费率的厘定

保险定价的核心是保险纯费率的厘定。不同减产率与对应发生概率乘积的和,即为保险纯费率。不同减产率对应的发生概率可根据县域苹果单产风险分布模型的概率分布函数来确定。苹果单产风险是苹果实际单产偏离其预期单产的程度,即苹果单产的随机波动程度,可用苹果相对气象产量 Y_{wr} 表示。综合各技术方法适用性考虑到苹果产量数据的样本量较小,采用参数分布拟合法来拟合旬邑县苹果单产风险分布。传统的苹单产风险分布研究多选取直接正态、Weibull 分布模型中进行拟合和参数估计。苹果树花期冻害属于灾害气候事件,苹果单产风险分布研究侧重的并不是它的整体分布,而是超过某一阀值的尾部分布,选取 Weibull、Gen. Logistic、Gumbel Min、Cauchy、Burr、Frechet 多种分布模型中进行拟合检验。保险费率的厘定同样是天气指数产品设计中重要内容之一。研究针对苹果树花期冻害,选取 6 种极值分布模型对苹果单产的风险分布进行拟合,增强针对性,提高费率厘定科学性。采用 Anderson Darling(A-D)检验,结合概率密度函数图进行拟合优度检验,以选取最优分布模型。一般来说 A-D 检验值越小,该分布的拟合优度越高(表 9.3)。具体分布模型的参数估计采用极大似然法。

表 9.3 苹果单产风险分布拟合 A-D 检验值

	Weibull(3P)	Gumbel Min	Frechet(3P)	Gen. Logistic	Cauchy	Burr(4P)
A-D 检验值	0.62	0.64	2.34	0.47	0.27	0.56

利用 A-D 检验,结合概率密度函数图,进行拟合优度检验,选取最优分布模型(图 9.5)。

(6)保险触发值

陕西省政策性农业保险实施方案中关于保费的规定,苹果政策性农业保险金额为每公顷 45000 元。根据旬邑县苹果树花期冻害天气指数保险实际,分别以 0、2%、4%、6%、8%的减产率为例设置赔付触发条件,计算保险纯费率和纯保费。还根据陕西省政策性农业保险实施方案规定,计算了不同天气指数触发条件下的保险纯费率和纯保费(表 9.4)。

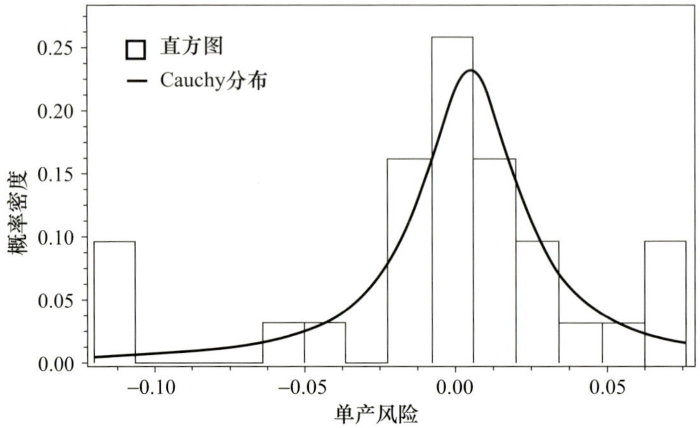

图 9.5 苹果单产风险分布直方图与 Cauchy 分布模型拟合

表 9.4 旬邑苹果树花期低温冻害天气指数不同触发条件下的纯费率和纯保费

触发值/℃·d	纯费率/%	纯保费/(元/hm²)
$\sum T_s > 0.0$	2.04	918.0
$\sum T_s > 1.8$	1.75	787.5
$\sum T_s > 4.3$	1.36	612.0
$\sum T_s > 6.8$	1.10	495.0
$\sum T_s > 9.2$	0.91	409.5

(7)纯费率订正

保险费率差异化设计,减少保险逆选择。利用已有旬邑县苹果树花期冻害风险区划成果中(图 9.6),各乡镇内区域气象站苹果树花期冻害风险指数的平均值计算乡镇苹果树花期冻害风险指数。县气象站所在的乡镇以县气象站苹果树花期冻害风险指数为准。区域气象站苹果树花期冻害风险指数为花期内区域气象站以日最低气温≤−2 ℃为致灾因子,根据致灾因子的强度、频次及其相应的权重,加权求和后进行标准化计算得来,其值越大灾害风险越高。

$$R_h = \frac{R k_h}{k_h} \qquad (9.3)$$

式中,R_h 为各乡镇的保险纯费率;R 为县气象站保险纯费率;k_h 为乡镇苹果树花期风险指数,k_b 为县气象站苹果树花期风险指数。

基于不同赔付触发条件,结合乡镇苹果树花期冻害风险指数,厘定旬邑县各乡镇苹果树花期冻害指数保险纯费率,实现保险费率差异化设计,减少保险逆选择。还利用乡镇一级的气象站资料,根据天气指数,结合地理信息数据,计算县气象站和

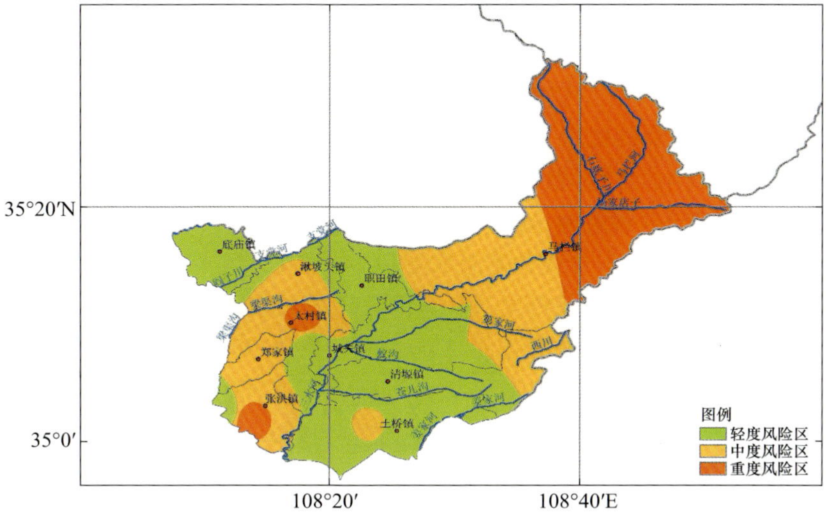

图 9.6 旬邑县苹果树花期冻害风险区划

各乡镇气象站苹果树花期冻害气象灾害风险指数，利用县气象站和各乡镇气象站指数的比值，厘定旬邑县各乡镇苹果树花期冻害指数保险纯费率，乡镇级别纯费率体系实现保险费率差异化设计，减少保险逆选择。投保户可根据乡镇实际情况选择不同赔付触发条件的保险产品，投保户购买指数保险产品后，保险期内达到赔偿触发条件，启动保险赔偿(表 9.5)。

表 9.5 不同天气指数触发条件下旬邑县各乡镇苹果树花期低温冻害天气指数保险的纯费率和纯保费

地点	纯费率/%				纯保费/(元/hm²)			
	指数触发值/(℃·d)				指数触发值/(℃·d)			
	>1.8	>4.3	>6.8	>9.2	>1.8	>4.3	>6.8	>9.2
太村镇	1.75	1.36	1.10	0.91	787.5	612.0	495.0	409.5
职田镇	1.54	1.19	0.96	0.80	690.8	536.8	434.2	359.2
张洪镇	1.36	1.06	0.86	0.71	612.3	475.8	384.9	318.4
郑家镇	0.77	0.60	0.48	0.40	345.4	268.4	217.1	179.6
清塬镇	1.48	1.15	0.93	0.77	665.7	517.3	418.4	346.1
底庙镇	1.84	1.43	1.16	0.96	828.9	644.2	521.1	431.1
土桥镇	0.88	0.68	0.55	0.46	396.6	308.2	249.3	206.2
马栏镇	1.77	1.38	1.11	0.92	796.7	619.2	500.8	414.3
湫坡头镇	1.47	1.15	0.93	0.77	663.2	515.4	416.8	344.8
城关街道	1.37	1.06	0.86	0.71	615.4	478.3	386.8	320.0

9.2.4 天气指数保险优势和问题分析

天气指数农业保险的优势表现在基于天气指数与减产率之间关系模型、单产风险分布概率,可实现不同赔付触发条件下费率科学厘定的苹果树花期冻害天气指数产品设计,依据各等级天气指数对应的减产率进行赔偿,可根据当地实际情况选择不同赔付触发条件。相较于陕西省传统的苹果农业保险产品,提高了气象灾害的针对性,可基于灾害风险实现差异化费率,发挥天气指数保险优势,提高陕西省苹果产业农业保险覆盖面,满足种植户苹果主要气象灾害的风险保障需求,减少保险机构运营成本。

存在的问题主要在于花期冻害程度不仅与低温冻害天气过程有关,还与开花期的具体时段有关。但开花期具体开始时间和持续时间,各年均存在一定差异。花期冻害程度与低温冻害天气过程强度也存在一定差异。为保证保险承保期能够覆盖苹果树整个花期,且易于投保户理解,未对苹果树开花期出现时间和持续时间、低温冻害出现时间、低温强度造成的苹果减产做深入分析,应在实践中进一步检验、修正和完善,改进苹果树花期冻害气象天气指数设计。

9.3 苹果天气指数保险产品设计及市场应用案例

9.3.1 苹果气象灾害保险指数设计思路

由于气候变化,全球灾害性天气和其他风险不断增多,粮食安全及农户收益的不确定性增加。苹果产业政策性农业保险存在气象灾害损失随机性大、灾害影响定量确定难、保费难以核定等问题。为此,通过对苹果关键生育期主要灾害的联合调查,分析评估影响苹果产量和品质的气象灾害,探索苹果天气指数保险,以期合理规避由于气象灾害给果农造成的损失,有效转移果业生产中的潜在风险,促进果农与保险业的双赢。本节以甘肃省庆阳市为例,介绍苹果指数产品设计及其市场应用方法。

9.3.2 资料应用及研究方法

研究主要采用长序列苹果物候期、栽植面积及总产量资料。苹果是受气候变化影响大的树种,从萌动到采收,可能遭受的气象灾害有霜冻冻害、干旱、高温、冰雹、阴雨寡照等。近年来推广了果园覆盖保墒及节水灌溉技术,干旱的不利影响明显降低;分步摘除双层果袋和铺反光膜等技术的推广缓解了秋季阴雨寡照影响果实着色的问题。冰雹是制约苹果产业的一大气象灾害,且损失有加重的趋势。因此,主要针对苹果树花期冻害、果实膨大期高温及冰雹等确定灾害性天气的风险等级,定损评估模型和农业保险指数。以苹果树花期的平均气温、最低气温、冻害出现频率,果实膨大期最高气温,以及冰雹的大小、降雹持续时间等作为主要研究对象,采用数理统计方法研究分析灾害特征。

9.3.3 苹果气象灾害保险指数

9.3.3.1 苹果树花期霜冻

(1)花期时间

开花期是苹果对气温最敏感的时期,一般在花蕾膨大期—幼果期易发生霜冻。据甘肃西峰农业气象试验站1990年以来苹果树物候观测资料,苹果树花蕾膨大期为4月2日,初花期为4月20日,盛花期为4月24日,终花期为4月30日,幼果期为5月9日。甘肃庆阳市苹果树花蕾膨大期—幼果期主要时段在4月上旬—5月上旬。

(2)霜冻频率

1990年以来,甘肃庆阳市苹果树花期霜冻出现次数10次。其中,1990—1999年最低气温整体平稳,苹果树花期霜冻出现的频率低;但2000年以后年际间最低气温变化幅度大,花蕾膨大期—幼果期最低气温霜冻频发,2006年花期最低气温达−5.2 ℃,2010年达−4.0 ℃。

(3)花期霜冻风险等级确定

庆阳市苹果以"红富士"为主,"红富士"属花期较易受霜冻的品种,花期霜冻的临界温度为:花蕾期−3.8～−2.8 ℃,开花期−2.2～−1.6 ℃,幼果期<0.0 ℃。根据同期气象资料、苹果冻害气象预警指标和灾害调查,按照最低气温强度(T_d),将苹果树花期霜冻冻害农业保险分为3个等级:低风险等级,$-2\ ℃<T_d<0\ ℃$;中风险等级,$-4\ ℃<T_d\leqslant-2\ ℃$;高风险等级,$T_d\leqslant-4\ ℃$(表9.6)。

表9.6 庆阳市1990—2017年苹果树花期霜冻风险等级

霜冻气温指标/℃	出现次数/次	出现概率/%
$-2<T_d<0$	6	21.4
$-4<T_d\leqslant-2$	2	7.1
$T_d\leqslant-4$	2	7.1

(4)花期霜冻气象保险指数模型

受全球气候变化影响,春季气温升高较为明显,苹果树生育期提前,霜冻造成的损失明显加重。造成苹果树花期霜冻冻害的气象因子为降温过程日最低气温,因此将降温过程中最低气温设定为低温冻害指数，并建立了苹果树花期霜冻冻害指标及产量定损标准(表 9.7)。

表 9.7　庆阳市苹果树花期霜冻冻害指标和产量定损标准

霜冻等级	霜冻气象指标(T_d)/℃	危害程度	产量定损率/%
低风险	$-2<T_d<0$	花及幼果出现受冻症状，中心花受冻率 30%～60%，对产量和品质有明显影响	10
中风险	$-4<T_d\leqslant-2$	花出现严重受冻症状，中心花受冻率 60%～80%，对产量和品质产生严重影响	20
高风险	$T_d\leqslant-4$	花普遍受冻严重，中心花受冻率 80%以上，减产 30%以上	30

9.3.3.2　果实膨大期高温灼伤

(1)高温出现时间

根据资料分析，庆阳市夏季对苹果生产有明显影响的高温干旱出现时间在 7 月上旬—8 月中旬。因此，将高温危害主要保险时间确定为 7 月 1 日—8 月 20 日。

(2)苹果高温灼伤风险等级确定

农业保险关注的是对苹果产量、品质及商品率产生的明显影响的高温天气。≥32.0 ℃的高温天气会造成套袋苹果灼伤，尤其是≥35.0 ℃的高温天气及连续出现会造成苹果严重灼伤，产生裂纹、干瘪及落果。如 2017 年 7 月上旬末至下旬初庆阳市出现了持续高温天气，除正宁县外，全市各县日平均最高气温≥35 ℃天数在 3～12 d，7 月 9—11 日最高气温达 35.5～39.9 ℃，其中环县、华池、西峰、宁县日最高气温为历史次高值，其余各县均突破历史极值。据当地气象与果业部门联合调查，全市范围出现苹果灼伤，受灾率普遍在 5%以上，高温严重的区域受灾率达 20%。因此，农业保险关注的重点应该是 35.0 ℃以上的高温天气。

(3)苹果高温灼伤气象保险指数

以连续一段时间内最高气温超过阈值部分的累加值作为苹果高温灼伤指数，将 35.0 ℃设为阈值，作为保险触发条件。

$$\text{高温灼伤指数}=\sum_{7\text{月}1\text{日}}^{8\text{月}20\text{日}}(\text{日最高气温}-35.0) \tag{9.4}$$

$$\text{赔付金额}=\text{高温灼伤指数}\times\text{赔偿标准} \tag{9.5}$$

9.3.3.3　苹果冰雹灾害

(1)冰雹灾害风险等级确定

冰雹发生时期不同，对苹果的危害也不同。果园受灾程度与冰雹的大小、密度、持续时间等相关，但目前冰雹的观测资料极为有限，仅有气象观测点数据。因此，苹果冰雹危害等级需要结合灾害调查现场，根据冰雹持续时间、降雹密度综合分析评定，并参照表 9.8 确定灾损率。

表 9.8 庆阳市苹果冰雹灾害定损标准

时间	冰雹直径/mm	灾损率/%
4 月	<5	0
	⩾5	0～10
5 月	<5	0
	⩾5	10～30
6 月	1～5	10～30
	6～10	30～50
	>10	50～70
7—9 月	1～5	10～40
	6～10	40～80
	>10	80～100
10 月	已采摘	0
	未采摘	参照 7—9 月

(2)冰雹灾害气象保险指数

设定冰雹灾害指数是以一次降雹过程中的最大值与时间的算数关系,以出现的降雹大小为标准,并结合降雹的持续时间计算冰雹灾害指数。

$$冰雹灾害指数=冰雹最大直径(mm)\times降雹时间(min) \tag{9.6}$$

$$赔付金额 = 冰雹灾损率 \times 赔偿标准 \tag{9.7}$$

9.4 苹果树花期冻害理赔天气指数保险案例

本节以甘肃平凉市为例,介绍苹果理赔天气指数产品设计思路及其应用方法。平凉市苹果种植虽有一些龙头企业参与,但多数地区仍以农户为基本种植单位,且山地较多,参保地块分散不集中,保险理赔难度较大。2006 年以来,当地气象部门建成了基本覆盖所有乡镇甚至到部分村社的区域自动气象观测站,能够实时传输气象要素信息。周嘉等(2017)结合平凉市实际,借助于自动气象站观测信息,吸取指数保险优点,尝试开发气象理赔指数,为进一步发展政策性农业保险寻找突破口。同时,通过在实践中检验,进一步修正和完善气象理赔指数,更好地满足农业保险的实际需求。

苹果树花期冻害不仅与低温强度及持续时间有关,还与低温出现时间、出现前的气温、降水等有关。为便于应用,以连续低温的累积值作为冻害指数。结合历史气象资料,反推得到多年平均损失率,解决产量资料时间序列短,影响保险费率计算的问题，同时也为实行区域差别费率提供参考依据。建立在理赔指数和实时气象资料基础上的保险理赔相对客观公正，减少投保户和保险公司之间的分歧，对政策性农业保险的可持续发展具有较为重要的意义。

利用平凉7县(区)气象资料、苹果树物候观测资料和产量资料，基于低温冻害指数，确定了苹果因冻害减产指标和低温冻害气象指标之间的关系，设计苹果低温冻害气象理赔指数。利用历史气象资料，计算历年低温冻害指数和气象理赔指数，得到多年平均损失率。

(1)理赔方法

以冻害事件发生为基础，根据冻害造成产量的损失率，确定损失理赔支付的合同，理赔指数是事先规定的气象灾害事件对应的气象指数，每个指数值对应一定的赔付率。将苹果树花期冻害理赔指数划分为4个等级，气象要素未达到2级冻害标准时，理赔指数为0；气象要素达到2级冻害标准时，理赔指数为1；气象要素达到3级冻害标准时，理赔指数为2；气象要素达到4级冻害标准时，理赔指数为3。理赔指数为1、2、3时各对应一定的赔付率。苹果为多年生果树，一般种植第5年后进入丰产期，因此投保果园限定为5 a以上的丰产果园，以正常年景下的平均区域产量作为投保产量，根据气象观测数据值确定理赔指数，以每公顷保险额按赔付率×投保产量×单价进行理赔。

(2)因灾减产率的确定

将苹果产量划分为气象条件、农机措施和随机“噪音”三类，其一般通式为：

$$y = y_t + y_w + \Delta y \tag{9.8}$$

式中，y为实际产量，y_w为气象产量，y_t为趋势产量，Δy为“噪音”项，所占比例很小，在实际计算中常被忽略，不予考虑。因此，上式可简化为：

$$y = y_t + y_w \tag{9.9}$$

分段采用逐步回归法拟合趋势产量，随着苹果栽培技术的提高，苹果产量的大小年影响问题基本可以通过农技措施得到消除，可包含在趋势产量中：

$$y_t = a + b\,y_{ear} + \sum_{i=0}^{n} c_i\,s_i \tag{9.10}$$

式中，y_t为趋势产量，a、b、c_i (i=1,…,n)均为系数，y_{ear}为年份，s_i为前i年种植面积(i=0,1,…,n)。

从历年实际产量中分离出气象产量，计算相对气象产量百分比：

$$y_f = \frac{y_w}{y_t} \times 100 = \frac{y - y_t}{y_t} \times 100 \tag{9.11}$$

式中，y为实际产量，y_w为气象产量，y_f为相对气象产量百分比。

由上式计算的相对气象产量百分率剔除了社会经济因素、耕作水平等的影响，消除了年际间总产量不同对气象产量的影响，以相对气象产量(y_f)作为气象条件对

产量的影响序列，$y_f<0$ 时，$|y_f|$ 为不利气象条件造成的减产率。

(3)理赔指数和纯费率的确定

去除气象灾害发生年的产量序列，与相应气象资料求相关，利用逐步回归可建立正常年景的相对气象产量序列，分析灾害发生年致灾因子和减产率之间的关系，构建致灾指标序列，得到不同等级气象灾害对应的产量损失率和气象要素值，确定理赔指数和赔付率。计算农业保险费率的核心是纯费率(损失率)的计算，纯费率的计算是以多年平均损失率为基础，其计算公式为：

$$R = E[L](1+\varphi) \tag{9.12}$$

式中：R 为保险纯费率；L 为产量损失；$E[L]$ 为产量损失的数学期望，当资料年代足够长时，可用随机变量 $\bar{L}=\frac{\sum_{i=1}^{n} L_i}{n}$ 取代 $E[L]$（L_i 为第 i 年的损失率，n 为年代数），研究所用气象资料超过 30 a，可将历史气象资料换算成气象灾害损失率，以 $\bar{L}$ 取代 $E[L]$。φ 为稳定系数，反应产量损失率的离散程度。

$$\varphi = \frac{\sigma}{\bar{L}} \times 100\% \tag{9.13}$$

其中，$\sigma = \sqrt{\frac{1}{n-1}\sum_{i=1}^{n}(\bar{L}-L_i)^2}$。

(4)冻害理赔指数确定

根据平凉市近年来苹果花期冻害实地调查，开花期温度低于 0 ℃时，苹果花器就有可能受冻，影响产量和品质，因此农业保险应重点关注 0 ℃以下的低温冻害等级，不同强度的冻害，造成的损失程度不同。根据花期冻害减产率的分布，花期低温冻害对产量的影响划分为 4 个等级，1 级冻害对产量影响较小，2～3 级冻害影响较大，4 级冻害花器严重受冻，减产超过 50%。根据近年来苹果冻害调查，往往持续几日的低温冻害对苹果产量影响更重，并且随着冻害强度增加而加重，冻害呈现出累积效应。

按照冻害指数和减产率之间的关系，设计平凉市苹果树花期冻害农业保险气象理赔指数见表 9.9，低温冻害指数变化范围为 1 ℃。

表 9.9　平凉市苹果树花期冻害保险气象理赔指数

理赔指数	低温冻害指数/℃	平均减产率/%	赔付率//%
0	>−1.7	<20	0
1	−2.7～−1.7	20～30	25
2	−3.7～−2.7	30～40	35
3	−4.7～−3.7	40～50	45
4	≤−4.7	≥50	55

9.5 苹果收入保险的研究及应用

9.5.1 苹果收入保险研究进展

从国际经验和我国农业保险的实践来看，收入保险将是未来农业保险产品的主导形态，它不仅是我国农产品定价机制改革的重要手段，而且是实现国家宏观和微观多重农业政策目标的重要途径，探索建立农产品收入保险制度将是农业保险发展与创新的新方向。陕西省开展了苹果收入保险的探索，提供防范自然灾害和市场价格波动“双保障”，扩大农业保险覆盖面，满足农户投保多样性需求。

国外学者对收入保险的研究主要集中于两方面：一是探索收入保险定价，二是从供给和需求两方面分析推行收入保险的效果。国内学者的研究贡献是探索构建收入保险机制，尝试对我国玉米、水稻、小麦等粮食作物进行收入保险定价。前期研究对收入保险机制构建的探索日臻完善，但保险定价仅仅局限于粮食作物，对经济作物的定价研究较少。陕西省苹果产业有其独特的产量风险；价格风险方面，由于苹果易保存且储藏期长，在拟合价格分布时应考虑苹果较长销售期这一特性。对其进行收入保险研究，这是在我国开展经济作物收入保险的必要尝试。本节以陕西省为例，探讨苹果收入保险的研究与应用状况。

9.5.2 完善苹果收入保险的条件

开展苹果收入保险是否具有可行性，需满足两大核心目标：一是保险公司能否实现可持续经营；二是果农是否有投保意愿，且能负担。要满足目标，应具备三个关键要素：区域产量与价格数据信息、承保理赔管理能力及经验和政府支持。

(1)区域产量与价格数据的累积

从数据量来看，陕西省具有丰富的苹果产量数据累积，最小聚合层面是县级，统计年份始于1980年。近年来，陕西省苹果生产采取生产基地模式，已在渭北地区建成世界上面积最大的集中连片苹果生产与加工基地，全面推行标准化生产模式，建立苹果产量、品种、级别、花期、挂果量等多方面完整数据库，相关数据不断完备。随着卫星测产和无人机航拍技术的应用，苹果产量数据将更加丰富和精确。另外，陕西农产品产量保险已经开展十年，保险公司亦积累丰富的产量数据。

陕西省苹果交易采取的是完全市场化运作模式，政府对于苹果产业的支持集中于政策引导和资金支持，交易过程中并无政府农产品保护价格。完整的产业链及不断扩大的国际国内市场使得陕西省苹果交易实现完全市场化机制，陕西省果业协会和农业部门每月发布陕西省苹果价格监测数据，这是陕西省苹果开展收入保险试点得天独厚的优势。

(2)承保理赔管理能力及经验的累积

陕西省自2007年开展苹果产量保险，多家保险公司积极参与，在产品开发、风险管理、运作模式、理赔服务、数据积累等方面打下基础。产品开发方面，综合考虑多种因素，合理定价；风险管理方面，加强与气象、农业、科研院校等部门和机构合作，降低自然灾害风险。在运作模式上，采取政府与企业合作的模式，多家保险公司共同承保，并向再保险市场进行分保，分散承保风险。在理赔服务方面，建立“农保通”智能管理平台，落实宣传、凭证、赔款等“四到户、两公开”(承保收费到户、凭证发放到户、损失确定到户、赔款支付到户；承保信息公开、理赔结果公开)的服务举措。保险公司与科研机构、高校合作，为果农提供技术指导，降低病虫害率，提高产量和质量。这些都为陕西省苹果收入保险的开展提供了宝贵的经验。

(3)政府对农业保险的支持

2014年中央一号文件首次提出进行目标价格保险试点，鼓励保险机构开展特色优势农产品保险，中央财政通过以奖代补的方式予以支持。随后三年的中央一号文件中都提及开展收入保险的试点工作，可见中央政府对收入保险试点工作的支持。陕西省政府积极响应，财政补贴力度不断加大，补贴金额持续提高。从发展趋势来看，未来中央财政和地方财政的补贴力度还将进一步加大，补贴制度也将进一步完善。综上所述，陕西省已经基本具备开展收入保险的条件，以现有局部试点为基础，进一步在渭北地区苹果生产基地进行苹果收入保险的试点推广。

9.5.3　苹果收入保险方案设计

(1)区域选择

苹果主产区产量波动会影响苹果价格，而产量和价格的负相关将降低收入保险的赔付。因此苹果收入保险应首先在苹果主产区推广。陕西省渭北旱塬是符合苹果生态适宜指标的最佳区域，尤以洛川、黄陵、白水、旬邑最佳。无论是从满足苹果收入保险的可保要求，还是生产目标看，收入保险应在上述几个县区试点推广，后期可尝试在此区域推广区域收入保险，即以某种收入指数为赔付依据的收入保险。

(2)预测县产量

收入保险中的保障产量是以一定比例的预期产量为设定依据，不能简单地以过去几年产量的算术平均为预期产量，同时，随着新技术的引进，苹果产量总体呈上升趋势，计算保障产量使用的历史年份越长，保障产量对农户越不利，因此需要采用趋势调整后的产量作为保障产量。预测保障产量有多种方法可供选择，较为流行的方法是非参数法预测产量趋势，此方法的优点是不需要预先设定分布函数形式，直接对序列进行分布估计，操作方法较为简单。

（3）保障价格的设定

据国外经验，确定保障价格的方式有两种：一是保险公司基于现货价格预测确定。收入保险开展初期，保障价格一般由承保公司根据采摘季节开始前市场供需状况和往年地头收购价格预测确定，但随着农产品期货市场的建立和价格采集系统的成熟，此方法逐步被取代。二是基于期货市场价格确定，期货合约有价格发现功能，保险公司依据期货合约价格确定收入保险保障价格。但是使用期货价格还是现货价格确定保障水平，在学界仍存在争论，而目前陕西苹果收入保险处于开展初期，苹果也未在国内商品交易所上市，并无完善的期货市场，因此选择基于现货价格预测保障价格。

（4）保险赔付规则

保险赔付的规则是农户实际收入低于预期收入，实践中是实际收入减少超过8%，保险人将对农户进行赔付。

（5）保险费率厘定

收入保险同时应对产量和价格波动造成的风险损失，考虑到苹果产量和价格风险的内在联系，采用 Copula 联合函数估计这种内在联系。上述费率原理和方法仅限于计算陕西省苹果保险的基础费率，对于苹果因品种、种植方式（如套袋与否、采用纸袋或膜袋）等面临不同风险，需在实施过程中不断完善，通过附加费率来覆盖这类风险。

9.5.4 苹果收入保险的定价

徐婷婷等（2017）选取陕西省 1990—2016 年苹果产量数据和价格数据，以非参数法对苹果的产量和价格数据进行分布拟合，再通过 Copula 函数计算苹果产量风险和价格风险的相关关系，最后采用蒙特卡洛模拟法计算苹果收入保险的纯保费费率。通过对陕西省苹果收入保险的定价研究，得出以下结论。

（1）陕西省苹果的价格和产量存在负相关性。当苹果收入保险保障水平为 70% 时，保险费率为 12%，费率较高，与国内外其他学者研究存在一定差异。

（2）尽管收入保险的费率高于产量保险费率，但是这种以农户收入为保险标的的复合险种要比单一的产量保险更具有吸引力，对农户的保障作用也更强、更有效。农作物收入保险因具有同时覆盖产量风险和价格风险的特性，已成为各国农业保险的主导产品态势。

（3）经济作物收入保险具有明显的区域特征。作为国内最重要的苹果产地，陕西省苹果种植面临较高的产量风险和价格风险，种植收入具有较大的波动性，对收入保险有一定的潜在需求。

9.5.5 苹果收入保险的展望

通过陕西省苹果收入保险研究的典型案例，对苹果和其他农作物收入保险的发展做进一步的探究，主要从以下几个方面分析：

(1)作物收入保险方面

以苹果收入保险为出发点，探索研究推广其他作物收入保险的可行性。收入保险将是未来农业保险产品的主导形态，但并非所有地区、作物都适合开展收入保险，探索其他作物收入保险有一定的研究意义。同时，可进一步研究开展区域收入保险的可行性。

(2)收入保险费率精算方面

虽然本案例采用了蒙特卡洛模拟法多次重复抽样估算了收入保险费率，但若要得到准确的农作物收入保险费率，则需要精确产量和价格的联合分布 Copula 函数，使得保费更加精确与科学。另外，本案例仅对厘定的保险费率针对的苹果品种为富士苹果，但苹果品种众多，且品质存在差异，因此不同品种，不同质量的作物收入保险保费厘定问题需要深入研究。

(3)政府补贴方面和巨灾风险分散机制方面

陕西省政府对苹果收入保险试点地区的补贴是 70%。合理分配农户和财政对保险费的承担比重，各级政府如何承担补贴比例是苹果和农作物收入保险能否成功开展的关键问题。同时，巨灾风险问题还应依靠政府建立巨灾风险分散机制，如政府提供再保险，建立健全巨灾风险分散机制，或建立巨灾风险准备金等。若无相应的先决条件，保险公司经营收入保险的稳定性将下降，将影响收入保险制度的可持续性。

(4)法律保障和保险监管方面

法律和监管对于收入保险的重要性不言而喻，目的是有效防范保险公司和农户的道德风险，以及更好保护投保农户的利益，也保护政府的政策目标的顺利实现。法律法规不健全，保险监管不到位，收入保险将无法开展。这都是事关农作物收入保险可否在我国成功开展的关键性问题。

第 10 章

苹果气象服务技术体系

10.1 苹果气象服务技术体系的发展目标

苹果气象服务技术体系是基于农业气象理论和苹果气象服务多年实践，不断探索形成。苹果气象服务技术体系的发展目标是发展精细化气候区划与灾害风险区划技术、体系化气候变化影响评估技术、精准化苹果农用预测预警技术、效益化气象灾害防控适用技术、智慧化苹果气象大数据应用技术。

10.2 精细化气候适宜性区划与灾害风险区划技术

苹果种植气候适宜性区划是政府关注度最高的气象服务技术，是“布局规划、品种调整”等决策的重要依据。如：陕西苹果北扩西进，我国苹果优势区趋向黄土高原战略调整。基于品种的区划指标研究、基于地形的细网格插值模型构建、基于产业布局调整技术支撑的应用是技术进步的关键。

苹果气象灾害风险区划是科学应用苹果种植气候适宜性区划、“防灾减灾工程性立项及措施、救灾资金投入、农业保险投入”等决策的重要依据。基于分品种分发育期的气象灾害区划指标研究、基于细网格的评估模型构建、基于灾害防御、救灾需求的应用是发展技术的重点。

10.3 体系化气候变化影响评估技术

10.3.1 气候变化影响评估技术

构建基于气候资源与气象灾害分析的苹果动态气候适宜性区划与气象灾害风

险区划，产量、物候期、病虫害时空演变、适应气候变化的适用技术研究等为一体的影响评估技术体系（图 10.1）。

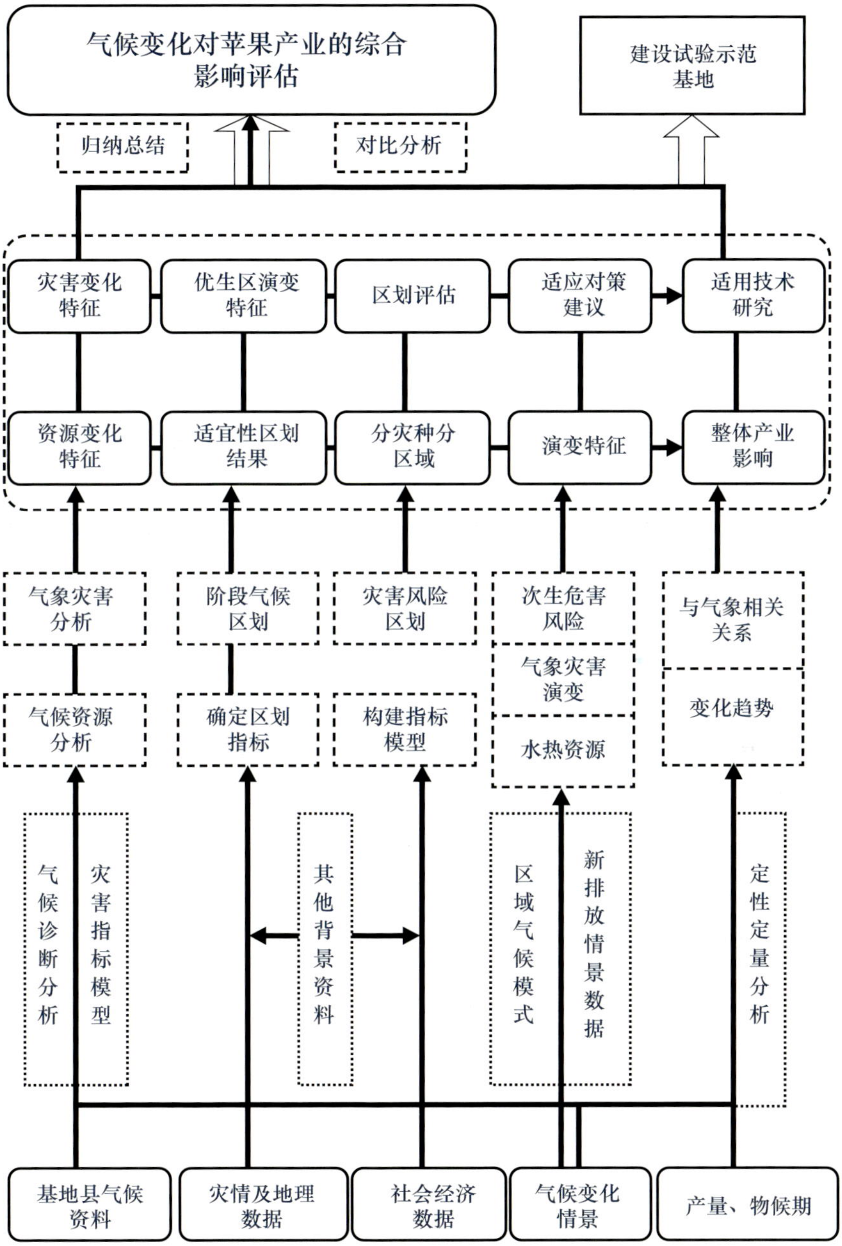

图 10.1　苹果气候变化影响评估技术体系

10.3.2 气候变化预估技术

使用区域气候模式在 RCPs 温室气体排放情景下模拟的预估数据作基础，并利用历史资料对模式预估数据进行订正，模拟不同排放情景下苹果产区水热资源及气象灾害变化，提高预估适用性（图 10.2）。

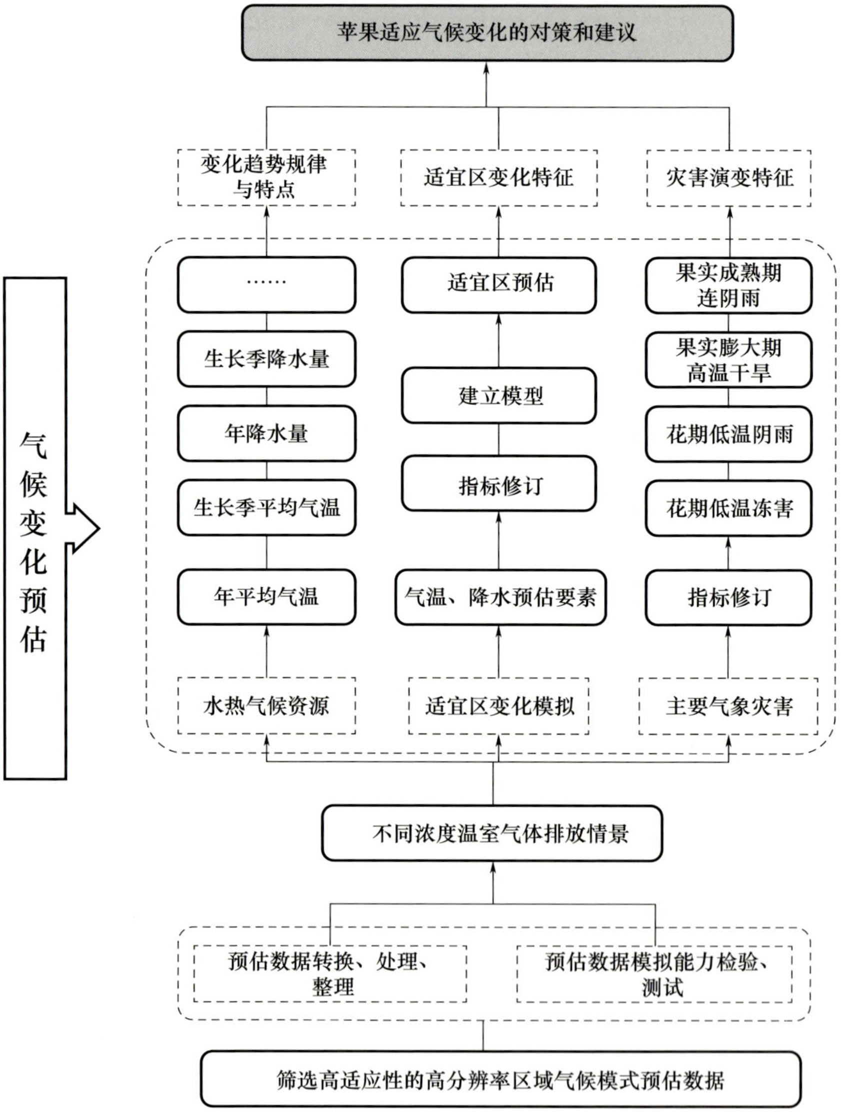

图 10.2　苹果产区气候变化预估技术体系

10.4　精准化预测预警技术

苹果精准化预测预警以苹果优质高效生产为核心，以环境条件、管理措施对苹果生长发育影响的机制为基础，针对苹果生长发育、生产管理环节、灾害防御、环境调节等进行的定量化预测预报预警。苹果生长-环境-管理互作机理模型是进行苹果精准化预测预警的综合性系统工具，它将气候、土壤、品种特性及管理措施等因素作为输入参数，通过定量分析苹果的生长动态、产量形成以及资源利用效率，可用于模拟和预测苹果在不同环境条件下的生长发育过程，并结合农业管理措施优化苹果生产过程(图10.3)。

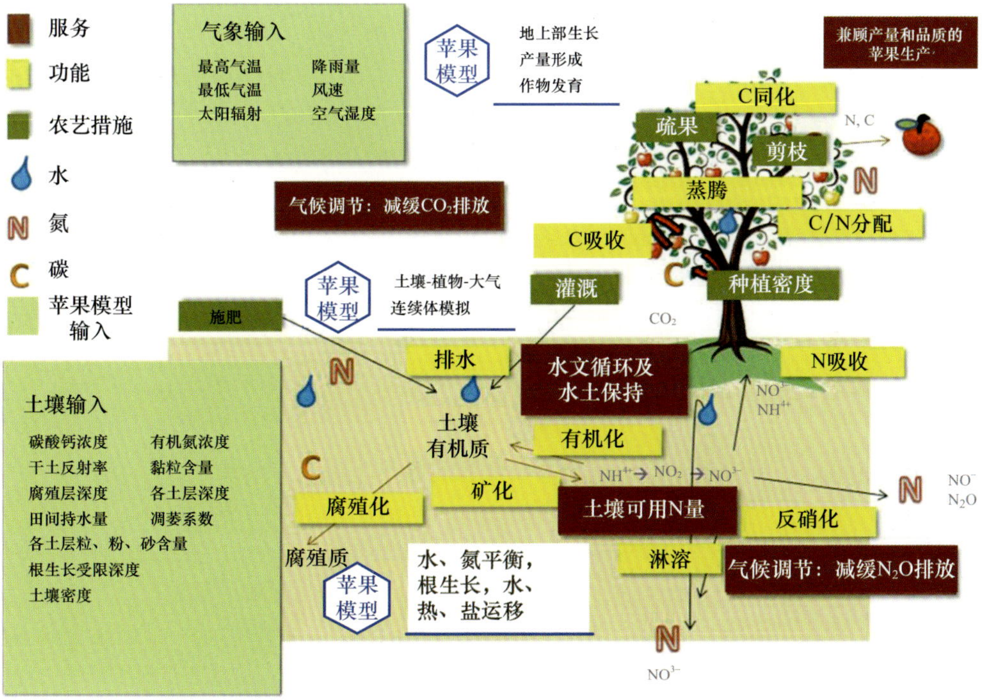

图10.3　苹果生长-环境-管理互作机理示意图

10.5　效益化气象灾害(干旱)防控适用技术及应用

研发提高降水有效性的苹果树应对干旱适用技术。聚焦关键期确定覆盖方式如角度、面积、材料,效果检验标准等。通过分析关键生育期果园干旱与水分供需特征,实施 3 a 对比试验,检验降水有效性提升效果等方法,开发了“黄土高原苹果园双覆盖调水节水技术”,形成了陕西省地方标准《黄土高原苹果园双覆盖调水节水技术操作规程》(DB61/T 1101—2017)(陕西省气象局,2017)。

10.5.1 生育期水分供需矛盾分析

开展生育期水分供需矛盾分析,是确定何时覆盖的依据。陕西苹果产区 80%果园无灌溉条件,90%果园关键生长期自然降雨不满足需求(540.0 mm)。果区年均降水量 530.0 mm。各果区 3—6 月<10.0 mm,过程雨量平均为 3.2 mm,平均月降水次数为 2~3 次。需采取覆膜、覆盖、集流、保墒等措施,缓解水分供需矛盾,确保果树正常生长。

10.5.2 基于最大集水量与保墒效果实施覆盖

覆盖方式:树盘内覆草、周边覆膜;合理的倾斜角度与面积,实现减小无效降水、提高有效降水的目标,从而减缓干旱的影响(图 10.4)。

理论集雨量:平均每次膜上集流水量=覆膜面积 9 m^2×平均每次过程降雨量 0.0032 m×水比重 1000 kg/m^3=28.8 kg,相当于每次灌溉了近 30 kg 水,每月按此量灌溉 2~3 次,调水效果相当显著。

试验设计:4—9 月逐旬观测对比观测土壤墒情与生长状况。单点开展 3 种覆盖方式与非覆盖对比观测 1 年,多点(选择降水 400~600 mm,间隔 50 mm 代表区果园 4+1个)开展双覆盖与非覆盖对比试验 2 年。

10.5.3 防控效果检验

对比各层土壤贮水量月平均单叶鲜重、干重数据,检验效果。其结果显示,试验处理区浅层 0~50 cm 土壤深度墒情均明显好于对照区果树,最大相差 7.4 mm。双覆盖措施可集聚自然降水的效果达 1.0∶5.6,提高果园 30%左右的水分利用效率,投入产出比达 1∶5~8。

双覆盖处理果树较对照树平均单叶鲜重增加 0.152 g,干重增加 0.073 g。双覆盖措施增加了叶片的干物质含量,干旱程度越重覆盖效果越好。

10.5.4 果园双覆盖调水节水操作规程要点

(1)适用地区

该技术适用于生育期降水量小于 540 mm 或年降水量小于 600 mm,无灌溉条件的苹果种植区。

(2)操作时间

宜选在晚熟品种果实采收后至土壤封冻前,时间一般在10月中旬—11月上旬。覆盖操作应结合施基肥进行,并于次年同时期更换地膜,重新铺设。

(3)材料选择

地膜覆盖材料的选用应符合《聚乙烯吹塑农用地面覆盖薄膜》(GB 13735—2017)(工业和信息化部,2017)中的规定。一般要求厚度0.015~0.020 mm,宽度80~100 cm。地膜颜色可选白色或黑色;2 a以下幼龄果树宜选白色地膜,3 a以上果树宜选黑色地膜。有机物覆盖种类宜选用树枝粉碎物、锯末、作物(小麦、玉米、谷子、油菜)秸秆、作物荚壳(麦糠、玉米芯)、农产品加工废弃物(果渣、酒糟、醋糟、菌渣)等(图10.4)。

图10.4　苹果双覆盖措施

(4)操作要求

一是选择株行距至少3×4 m,便于操作,进行树盘双覆盖;二是果园双覆盖调水节水技术中,双覆盖即内外两种覆盖方式;三是在树体周围60~80 cm的距离的范围外开始覆膜,膜宽70~100 cm;四是在树体周围60~80 cm的距离内覆盖有机物,厚度要求10~15 cm。

10.6　智慧化苹果气象大数据应用技术

10.6.1　基于大数据的精细化苹果气象服务系统

苹果气象服务系统以客观的网格化预报产品、苹果种植基地县基础观测信息、苹果气象灾害监测预报和产量预测模型为基础，通过模型算法、业务交互分析和产品加工制作，形成面向业务人员和决策用户的不同时间尺度与空间尺度的苹果气象灾害监测、预报、预估评估产品、苹果树不同生育期气象条件和关键灾害因子的影响评价数据表和苹果定量化产量预报数据表等业务产品，形成标准化业务数据产品支撑全国苹果气象服务中心成员单位开展苹果气象服务，提升全国苹果气象服务综合保障能力(图 10.5)。

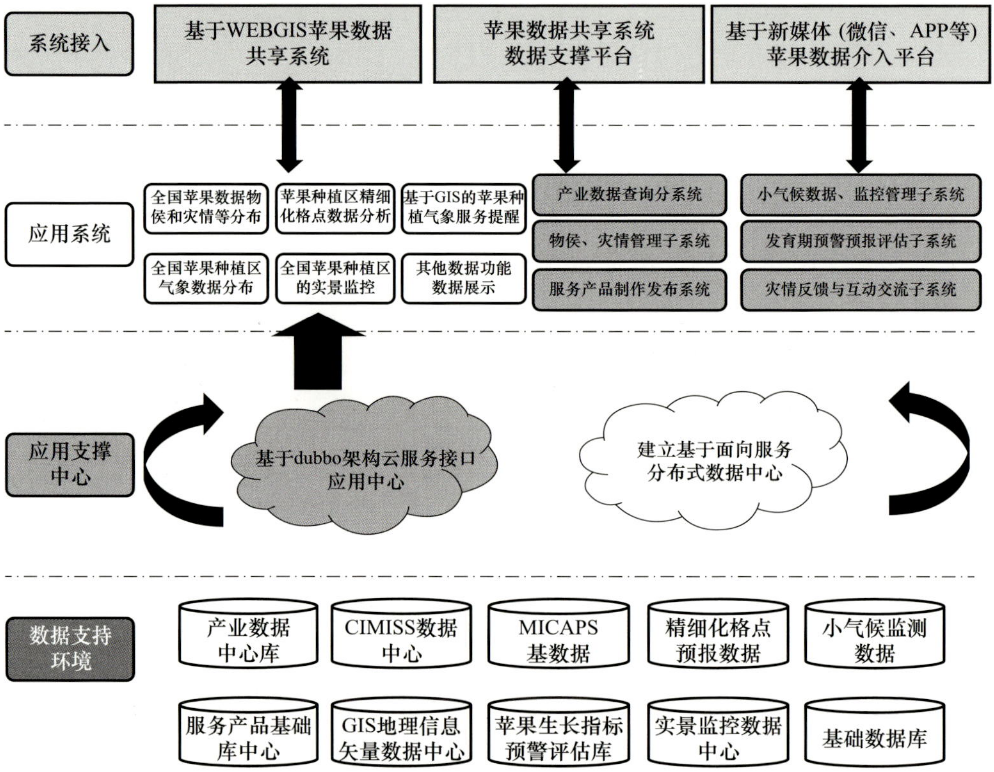

图 10.5　苹果气象服务系统架构图

10.6.2　“一张图”分析子系统

基于空间维度、灾害维度，从气象大数据云平台调用各类年、月、日、时不同时间尺度数据，融合边界、土地利用类型、地形、基础地理信息资料，通过水平拼接突破围幅限制、垂直叠加专题空间集成，集合数据挖掘、信息统计、空间分析、模型应用等方面，最终建立“一张图”分析子系统，实现 40 多种数据、产品按时间、不同产区空间展示(图 10.6)。

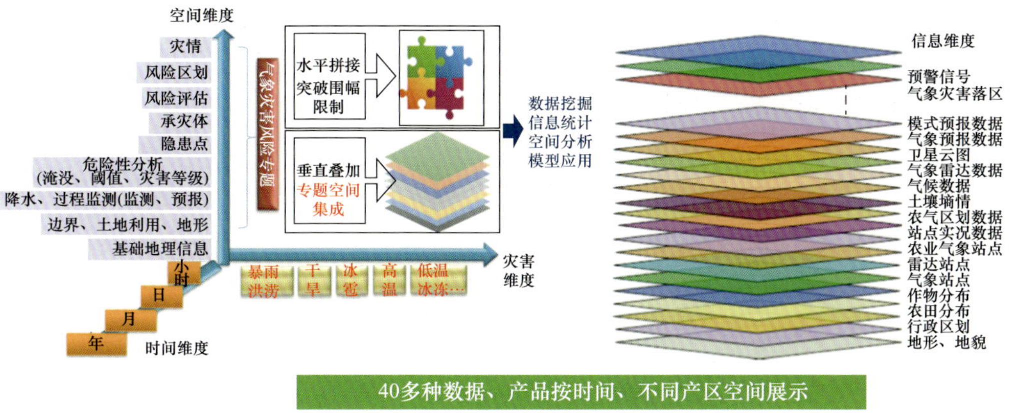

图 10.6 “一张图”分析子系统架构

10.6.3 智慧农业(苹果)系统数据流程

智慧农业(苹果)系统数据流程包含了数据源、服务器、客户端三大部分，其中数据源包括了“天擎”系统中苹果主要种植区的实时天气数据，格点系统中的指数信息，陕西农网平台里面的苹果气象报告、要闻速递，智慧农业平台里面的苹果生产措施、实时互动功能，互联网中的苹果产品价格等相关信息，将这些数据在智慧气象农业(苹果)数据业务处理中心加工融合(图 10.7)，最后通过手机客户端推送给苹果种植户，实现苹果智慧农业气象服务。

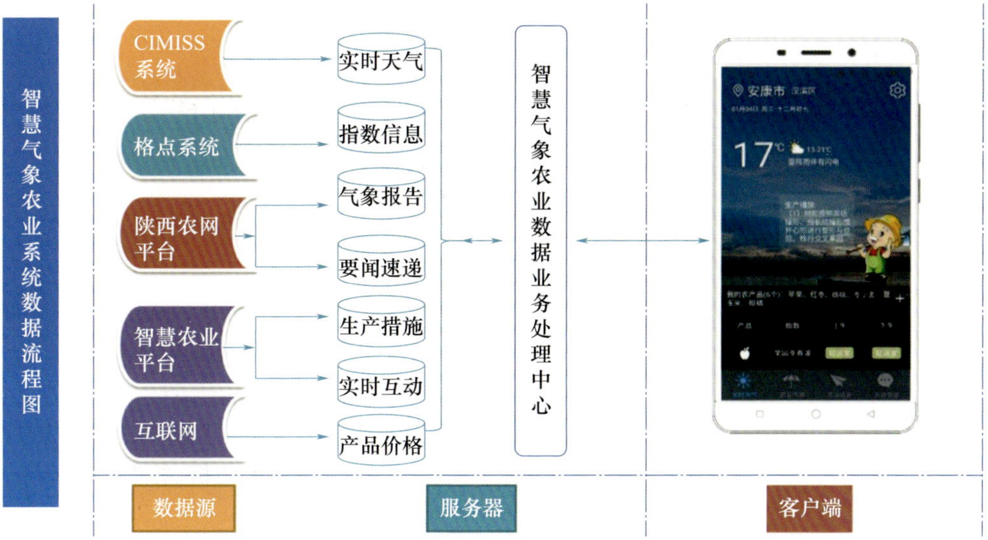

图 10.7 智慧农业系统数据流程图

参考文献

白沙沙，2012. 鲜食苹果品质评价研究[D]. 北京：中国农业科学院.

白秀广，李纪生，霍学喜，2015. 气候变化与中国苹果主产区空间变迁[J]，经济地理，35(6)：130-137.

曹兵，宋丽华，1994. 相似优先比在宁夏红富士苹果气候区划中的应用[J]，宁夏农学院学报(4)：59-62.

曹辉，2021. 灌溉制度对南疆矮砧密植滴灌苹果生长、产量和品质的影响[D]. 阿拉尔：塔里木大学.

柴芊，栗珂，刘璐，2010. 陕西果业基地苹果花期冻害指数及预报方法[J]. 中国农业气象，31(4)：621-626.

车向军，张天峰，周忠文，等，2019. 甘肃庆阳苹果气象灾害保险指数设计[J]. 中国果树(3)：104-106，109.

车向军，张天峰，任继帮，等，2020. 气候资源变化对陇东地区苹果生产的影响[J]，江苏农业科学，48(1)：128-133.

程雪，孙爽，张镇涛，等，2020. 我国北方地区苹果不同干旱等级时空特征[J]. 应用气象学报，31(4)：405-416.

程振龙，吴孟泉，曾业隆，等，2018. 基于GIS的栖霞市苹果种植区土地适宜性评价[J]，山东农业大学学报(自然科学版)，49(1)：82-89.

段鹏伟，马筱建，石海强，等，2021. "富士"苹果果实品质与海拔的相关性分析[J]，中国农学通报，37(22)：49-56.

冯娟，2014. 不同产地富士苹果果实品质分析与比较[D]. 银川：宁夏大学.

葛徽衍，张永红，王永茂，等，2014. 苹果园双覆盖调水节水技术试验分析[J]. 陕西农业科学，60(7)：30-33.

工业和信息化部. 2017. 聚乙烯吹塑农用地面覆盖薄膜：GB 13735—2017[S]. 北京：中国标准出版社.

龚成宇，王毅，宋海岩，等，2021. 干旱胁迫对黄果柑果实品质及糖酸代谢酶活性的影响[J]. 西南农业学报，34(2)：272-278.

郭兆夏，王景红，柏秦凤，2013. 陕西苹果幼果期干旱风险评估及区划[J]，农业灾害研究，3(8)：57-59.

国家气象局，1993. 农业气象观测规范(上、下卷)[M]. 北京：气象出版社.

侯丽薇，孙立城，穆维松，2001. 苹果产量的神经网络预测模型[J]. 中国农业大学学报(社会科学版)，24(1)：51-53.

匡立学，聂继云，李银萍，等，2020. 中国不同地区"富士"苹果品质评价[J]，中国农业科学，53(11)：

2253-2263.
李凤,2012. 中国苹果产业区域比较优势分析[J],江苏农业科学,40(6):397-399.
李丽杰,马怀宇,吕德国,等,2020. 辽宁省不同气候区域"寒富"苹果果实品质比较[J],北方园艺(12):8-16.
李倩,王莹,林毅,等,2013. 基于GIS辽宁省"红富士"苹果农业气候区划[J],中国农学通报,29(28):173-178.
李世奎,朱佳满,周远明,等,1985. 我国苹果种植区划研究[J],山西果树,(4):2-7.
李艳荣,杨丽娜,贾桂梅,2021. 邢台市富岗苹果品质与气象因子的关系[J],现代农村科技,(8):61-63.
梁轶,王景红,邸永强,等,2015. 陕西苹果果区冰雹灾害分布特征及风险区划[J]. 灾害学,30(1):135-140.
刘闯,1989. 辽宁省苹果气候资源综合评价模型[J],地理科学,9(2):181-188,196.
刘国惠,1981. 辽宁省苹果气候区划[J],农业气象,3(3):30-34.
刘健国,唐意辉,张佩昌,等,1992. 山东黄淮海平原苹果品质气候区划[J],西北林学院学报,(4):43-49.
刘金铜,蔡虹,高福存,1998. 丘陵山地元帅系苹果品质与气候条件关系初探[J],中国农业气象,19(2):25-28,41.
刘璐,王景红,屈振江,等. 2012. 陕西省苹果单产非线性预测模型研究[J]. 中国农学通报,28(25):248-251.
刘璐,王景红,张树誉,2018. 陕西红富士苹果气候品质指标及认证技术[J]. 中国农业气象,39(9):611-617.
刘天军,范英,2012. 中国苹果主产区生产布局变迁及影响因素分析[J],农业经济问题,33(10):36-42,111.
陆秋农,1980. 我国苹果的分布区划与生态因子[J]. 中国农业科学,13(1):46-51.
农业部种植业管理司,2009. 苹果等级规格:NY/T 1793—2009[S]. 北京:中国农业出版社.
亓雪龙,王贵平,孟华,2011. 基于遗传算法的苹果产量组合预测模型研究[J]. 果树学报,28(1):165-170.
邱美娟,刘布春,刘园,等 2021. 中国北方苹果种植需水特征及降水适宜性[J]. 应用气象学报,32(2):175-187.
屈振江,周广胜,魏钦平,2016a. 苹果花期冻害气象指标和风险评估[J]. 应用气象学报,27(4):385-395.
屈振江,周广胜. 2016b. 中国富士苹果种植的气候适宜性研究[J],气象学报,74(3):479-490.
屈振江,周广胜,2017. 中国产区苹果越冬冻害的风险评估[J]. 自然资源学报,32(5):829-840.
全国农业气象标准化技术委员会,2017. 富士系苹果花期冻害等级:QX/T 392—2017[S]. 北京:气象出版社.
陕西省果树研究所,1979. 陕西苹果品种区划的讨论[J],陕西农业科技,(1):1-4.
陕西省气象局,2017. 黄土高原苹果园双覆盖调水节水技术操作规程:DB61/T 1101—2017[S]. 西安,陕西省质量管理监督局.

宋晓丽，张复宏，王洪煜，等，2018. 我国苹果主产区比较优势空间变迁及影响因素[J]，北方园艺(14)：168-177.

苏哲斌，2009. 灰色马尔柯夫模型在陕西省苹果产量预测中的应用[J]. 西北农林科技大学学报(自然科学版)，37(7)：135-139.

王彩峰，史建民，2017. 山东省苹果种植面积的时空演变特征分析[J]，中国农业资源与区划，38(12)：170-177.

王贵平，夏伟，薛小敏，等，2021. 不同采收期新红将军和寒富苹果果实品质差异分析[J]，安徽农业科学，49(13)：41-43.

王海波，李光林，陈学森，等，2010. 中早熟苹果品种果实的风味物质和风味品质[J]，中国农业科学，43(11)：2300-2306.

王建勋，高疆生，庞新安，等，2006. 阿拉尔垦区红富士苹果栽培气候生态条件的分析[J]，干旱地区农业研究，23(4)：134-137.

王景红，梁轶，2012. 陕西主要果树气候适宜性与气象灾害风险区划图集[M]. 陕西：陕西科学技术出版社.

王菱，1993. 黄土高原地区苹果品质气候区划[J]，中国农业气象，14(6)：5-8.

王润元，1991. 河西东部苹果种植气候区划[J]，甘肃气象，(2)：33-35，42.

王润之，任水莲，1987. 新疆苹果产地气候适宜性的综合评判[J]，新疆气象(9)：16-20.

王玺，韩玉虎，2011. 我国苹果主产省单产水平影响因素分析及建议[J]. 中国果树(1)：67-69.

王轩，2012. 不同产地红富士苹果品质评价研究[C]//中国食品科学技术学会第九届年会论文集.

王轩，2013. 不同产地红富士苹果品质评价及加工适宜性研究[D]. 北京：中国农业科学院.

魏钦平，张继祥，毛志泉，等，2003. 苹果优质生产的最适气象因子和气候区划[J]，应用生态学报，14(5)：713-716.

吴燕民，徐晓雷，吴彦祥，等，1991. 甘肃省新红星苹果栽植区划研究[J]，甘肃农业科技，(6)：15-17.

徐吉花，赵政阳，王雷存，等，2011. 苹果果实品质评价因子的选择研究[J]. 干旱地区农业研究，29(6)：269-274.

徐婷婷，孙蓉，崔微微，等，2017. 经济作物收入保险及其定价研究——以陕西苹果为例[J]保险研究，(11)：33-43.

杨建民，张国良，周怀均，1993. 新红星苹果栽植区划的模糊聚类分析[J]，河北林学院学报(1)：23-27.

杨素苗，董宇航，马筱建，等，2021. 气象因子对河北省富士苹果果实品质的影响[J]，天津农业科学，27(3)：65-71.

杨小利，2014. 甘肃平凉市苹果花期冻害风险分析及区划[J]. 干旱地区农业研究，32(4)：231-235.

姚聪，王俊，2007. 中国苹果产量预测模型比较分析[J]. 果树学报，23(5)：682-684.

余优森，葛秉钧，蒲永义，1990. 苹果含糖量与温度关系的研究[J]，中国农业气象，11(3)：34-38.

余优森，李光华，1995. 苹果优质气候资源与区域性研究[J]，应用气象学报，6(1)：7.

袁嘉玮，张健，王璐，等，2020. 山西南部苹果花期冻害时空分布特征及综合防御技术[J]，干旱地区农业研究，38(5)：205-210.

张勇，屈振江，刘璐，等，2023. 渭北苹果花期冻害气象指数保险设计[J]. 气象科技，51(4)：605-612.

张玥滢，刘布春，邱美娟，等，2019. 气候变化背景下中国苹果适宜种植区北移西扩：基于高分辨率格点气象数据的区划分析[J]，中国农业气象，40(11)：678-691.

周罕觅，张富仓，Roger Kjelgren，等，2015. 水肥耦合对苹果幼树产量、品质和水肥利用的效应[J]，农业机械学报，46(12)：173-183.

周罕觅，马林爽，孙旗立，等，2024. 基于多目标综合评价的苹果水氮综合调控[J]，中国农业科学 57(18)：3654-3670.

周嘉，王小巍，周安宁，等，2017. 平凉市苹果花期冻害政策性农业保险气象理赔指数设计[J]. 湖北农业科学，56(16)：3144-3148.

周仲显，1985. 宁夏苹果气候区划[J]，宁夏农业科技，(1)：32-36.

朱琳，郭兆夏，李怀川，等，2001. 陕西省富士系苹果品质形成气候条件分析及区划[J]，中国农业气象，22(4)：50-53.

朱琳，李星敏，李艳丽，等. 2009. 陕北苹果适宜区基地县北扩的气候论证[J]，陕西气象(6)：1-4.

附录 1

农业灌溉用水定额:苹果

一、适用范围

本定额适用于苹果种植区开展农业用水总量配置、水资源论证、取水许可审批、节水评价和灌溉排水工程规划与设计等工作,也用于指导地方农业灌溉用水定额制定和修订。

二、词语解释

灌溉用水定额:指在规定位置和规定水文年型下核定的某种作物在一个生育期内单位面积的灌溉用水量。

灌溉用水定额通用值:指根据灌区现状水平,在规定水文年型,满足区域用水供需平衡,某种作物在大中型灌区斗口、小型灌区渠首、井灌区井口位置的单位面积灌溉用水量。

灌溉用水定额先进值:指按照《节水灌溉工程技术标准》(GB/T 50363—2018),采取渠道防渗输水灌溉、管道输水灌溉、喷灌、微灌等节水灌溉方式,在规定水文年型,某种作物在大中型灌区斗口、小型灌区渠首、井灌区井口位置的单位面积灌溉用水量。

净灌溉用水定额:指在备耕期及作物全生育期内,未计入渠系输水和田间灌水损失的单位面积上的净灌溉水量。

灌溉水利用系数:指灌入田间可被作物利用的水量与渠首引进的总水量的比值。

渠道防渗:指减少渠道水量渗漏损失的技术措施。

管道输水灌溉:指由水泵加压或自然落差形成的有压水流通过管道输送到田间给水装置,采用改进地面灌溉的方法,也称管灌。

喷灌:指利用专门设备将有压水流通过喷头喷洒成细小水滴,落到土壤表面进行灌溉的方法。

微灌：指通过管道系统与安装在末级管道上的灌水器，将水和作物生长所需的养分以较小的流量，均匀、准确地直接输送到作物根部附近土壤的一种灌水方法。

地面灌溉：指采用沟、畦等地面设施，对作物进行灌水的方式。

改进地面灌溉：指改善灌溉均匀度和提高灌溉水利用率的沟、畦、格田灌溉技术。

三、灌溉用水定额分区

灌溉用水定额分区分为二级。一级分区与水资源规划、灌溉规划分区相协调；二级分区综合考虑各省农业灌溉分区确定。

灌溉用水定额一级分区为8个分区，包括：东北区、海河区、黄河上中游区、黄河中下游、淮河区、长江中下游区、西南区、内陆河区。

灌溉用水定额二级分区为76个分区，包括10个省（区、市）。具体分区所含区域情况见附表1-1。

四、灌溉用水定额

全国各分区苹果灌溉用水定额见附表1-2。

五、计算方法

灌溉用水定额通用值由净用水定额和现状大中型灌区斗口、小型灌区渠首、井口的灌溉水利用系数计算确定。

$$m_{通用}=m_{净}/\eta_{斗}$$

式中：$m_{通用}$为灌溉用水定额通用值，单位为m^3/亩；$m_{净}$为净用水定额，单位为m^3/亩；$\eta_{斗}$为按大中型灌区现状斗口以下灌溉水利用系数、地表水小型灌区或井灌区现状灌溉水利用系数进行综合确定；如果没有大中型灌区斗口以下灌溉水利用系数，可参照地表水小型灌区现状灌溉水利用系数进行综合确定。

灌溉用水定额先进值由净用水定额和《节水灌溉工程技术标准》（GB/T 50363—2018）规定相应节水灌溉技术的灌溉水利用系数最低值计算确定。

（1）渠道防渗输水灌溉方式下用水定额

$$m_{渠道防渗}=m_{净}/0.70$$

（2）管道输水灌溉方式下用水定额

$$m_{管灌}=m_{净}/0.80$$

（3）喷灌用水定额

$$m_{喷灌}=m_{净}/0.80$$

（4）微灌用水定额

$$m_{微灌}=m_{净}/0.85$$

附表 1-1　全国苹果产区灌溉用水定额

一级分区	范围	二级分区	50%水文年					75%水文年				
			通用值	先进值/(m³/亩)				通用值	先进值/(m³/亩)			
				渠道防渗灌溉	管道输水灌溉	喷灌	微灌		渠道防渗灌溉	管道输水灌溉	喷灌	微灌
东北区	辽宁	Ⅰ$_1$辽西低山丘陵区	211	188	165	165	155	225	201	176	176	165
		Ⅰ$_2$辽西低山丘陵区	121	108	94	94	89	165	147	129	129	121
		Ⅱ辽河中下游平原区	93	83	73	73	68	150	134	117	117	110
		Ⅲ辽北低丘波状平原区	108	96	84	84	79	160	143	125	125	117
		Ⅳ辽东山区	81	72	63	63	59	130	116	101	101	95
		Ⅴ辽南半岛丘陵区	115	103	90	90	84	170	152	133	133	125
海河区	河北	Ⅰ坝上内陆河区	120		111	111	105	150		139	139	131
		Ⅱ冀西北山间盆地区	120		111	111	105	150		139	139	131
		Ⅲ燕山山区	120		111	111	105	150		139	139	131
		Ⅳ太行山山区	120		111	111	105	150		139	139	131
		Ⅴ太行山山前平原区	120		111	111	105	150		139	139	131
		Ⅵ燕山丘陵平原区	120		111	111	105	150		139	139	131
		Ⅶ黑龙港低平原区	120		111	111	105	150		139	139	131
	山西部分地区	Ⅰ晋北区	126	86	75	75	71	200	136	119	119	112
		Ⅱ晋中区	292	199	174	174	164	359	244	214	214	201
		Ⅲ晋东南区	158	107	94	94	88	252	171	150	150	141
	河南部分地区	Ⅰ$_1$豫北平原区	199	161	141	141	132	246	199	174	174	164
		Ⅰ$_2$豫北山丘区	183	148	129	129	122	231	186	163	163	154
黄河上中游区	宁夏	卫宁沙坡头灌区	274		246	246	232	292		263	263	247
		青铜峡河东灌区	276		248	248	233	292		263	263	247
		青铜峡河西银南灌区	266		239	239	225	279		250	250	235
		青铜峡河西银北灌区	259		233	233	219	272		244	244	229
		周边小扬水灌区	256		230	230	216	272		244	244	229
		扬黄灌区	248		223	223	209	272		244	244	229
		井灌区	233		209	209	196	251		225	225	212
		南部山区库井灌区	188		169	169	159	223		200	200	188
	甘肃	陇东片	200	158	138	138	130	220	174	152	152	143
		陇中片	200	158	138	138	130	220	174	152	152	143
		陇南片	180	142	124	124	117	210	166	145	145	137

续表

一级分区	范围	二级分区	50%水文年					75%水文年				
			通用值	先进值/(m^3/亩)				通用值	先进值/(m^3/亩)			
				渠道防渗灌溉	管道输水灌溉	喷灌	微灌		渠道防渗灌溉	管道输水灌溉	喷灌	微灌
黄河上中游区	山西部分地区	Ⅰ晋北区	126	86	75	75	71	200	136	119	119	112
		Ⅱ晋中区	292	199	174	174	164	359	244	214	214	201
		Ⅲ晋东南区	158	107	94	94	88	252	171	150	150	141
		Ⅳ晋南区	368	250	219	219	206	441	300	263	263	247
	陕西部分地区	长城沿线风沙区	315	252	220	220	207	405	323	283	283	266
		黄土丘陵沟壑区	245	196	171	171	161	315	252	220	220	207
		黄土高原沟壑区	140	112	98	98	92	210	168	147	147	138
		渭北旱塬区	160	128	112	112	105	245	196	171	171	161
		关中东部平原区	230	184	161	161	151	315	252	220	220	207
		关中南部平原区	210	168	147	147	138	280	224	196	196	184
		关中西部平原区	195	156	136	136	128	265	212	185	185	174
黄河中下游区	河南部分地区	Ⅰ$_1$豫北平原区	199	161	141	141	132	250	199	174	174	164
		Ⅰ$_2$豫北山丘区	183	148	129	129	122	233	186	163	163	154
		Ⅱ豫西区	167	135	118	118	111	215	174	152	152	143
		Ⅲ$_1$豫中平原区	159	129	113	113	106	207	167	146	146	138
		Ⅲ$_2$豫东平原区	151	122	107	107	101	191	154	135	135	127
	山东部分地区	Ⅰ鲁西南	210	174	152	152	143	260	215	188	188	177
		Ⅱ鲁北	215	178	156	156	146	270	223	195	195	184
淮河区	山东部分地区	Ⅲ鲁中	190	157	138	138	129	240	199	174	174	163
		Ⅳ鲁南	180	149	130	130	123	230	190	166	166	157
		Ⅴ胶东	200	165	145	145	136	250	207	181	181	170
	河南部分地区	Ⅳ$_2$淮北平原区	119	96	84	84	79	151	122	107	107	101
		Ⅳ$_3$淮南山丘区	64	51	45	45	42	119	96	84	84	79
长江中下游区	河南部分地区	Ⅳ$_1$南阳盆地区	135	109	96	96	90	167	135	118	118	111
	陕西部分地区	汉中安康丘陵山区	140	112	98	98	92	230	184	161	161	151
		商洛丘陵浅山区	160	128	112	112	105	245	196	171	171	161
		汉中盆地及陕南川道区	90	72	63	63	59	175	140	122	122	115

续表

一级分区	范围	二级分区	50%水文年					75%水文年				
			通用值	先进值/(m³/亩)				通用值	先进值/(m³/亩)			
				渠道防渗灌溉	管道输水灌溉	喷灌	微灌		渠道防渗灌溉	管道输水灌溉	喷灌	微灌
西南区	云南	Ⅰ滇中区	203	136	119	119	112	224	150	131	131	124
		Ⅱ滇东南区	182	121	106	106	100	203	136	119	119	112
		Ⅲ滇西南区	171	114	100	100	94	192	129	113	113	106
		Ⅳ滇东北区	192	129	113	113	106	214	143	125	125	118
		Ⅴ滇西北区	186	124	109	109	102	214	143	125	125	118
		Ⅵ干热河谷区	214	143	125	125	118	239	160	140	140	132
内陆河区	甘肃省河西走廊	河西片	220	174	152	152	143	230	182	159	159	150
	新疆	Ⅰ$_1$北疆塔额山间盆地区	502	456	399	399	376	552	501	439	439	413
		Ⅱ$_3$北疆伊犁河谷平原区	396	360	315	315	296	439	399	349	349	328
		Ⅱ$_4$北疆西缘河谷中低山区	474	431	377	377	355	524	476	416	416	392
		Ⅱ$_5$北疆阿勒泰河谷平原区	616	559	489	489	461	679	617	540	540	508
		Ⅱ$_6$北疆北缘河谷低山区	587	534	467	467	439	651	591	518	518	487
		Ⅲ$_7$北疆准格尔盆地南、西缘区	601	546	478	478	450	665	604	529	529	498
		Ⅳ$_9$东疆吐哈盆地高温区	750	681	596	596	561	828	752	658	658	619
		Ⅳ$_{10}$东疆吐哈盆地东缘区	665	604	529	529	498	736	669	585	585	551
		Ⅴ$_{12}$南疆塔里木盆地西缘区	623	566	495	495	466	686	624	546	546	514
		Ⅴ$_{13}$南疆塔里木盆地北缘平原区	644	585	512	512	482	708	643	563	563	529
		Ⅴ$_{14}$南疆塔里木盆地北缘冲积扇区	637	579	506	506	476	700	636	557	557	524
		Ⅴ$_{15}$南疆塔里木盆地南缘平原区	665	604	529	529	498	729	662	579	579	545
		Ⅴ$_{16}$南疆塔里木周边山间河谷及盆地	552	501	439	439	413	608	553	484	484	455

附表 1-2 全国苹果灌溉分区

一级分区	范围	二级分区	二级分区所辖区域
东北区	辽宁	Ⅰ₁ 辽西低山丘陵区	阜新市郊区、阜新蒙古族自治县、彰武县、朝阳市郊区、朝阳县、北票市、建平县、凌源市、喀喇沁左翼蒙古族自治县
		Ⅰ₂ 辽西低山丘陵区	锦州市郊区、义县、凌海市、葫芦岛市郊区、兴城市、绥中县、建昌县
		Ⅱ辽河中下游平原区	沈阳市郊区、辽中区、新民市、辽阳市郊区、灯塔市、辽阳县、鞍山市郊区、台安县、海城市、盘锦市郊区、盘山县、盘锦大洼区、营口市郊区、大石桥市、黑山县、北镇市
		Ⅲ辽北低丘波状平原区	康平县、法库县、铁岭市郊区、昌图县、开原市、铁岭县、调兵山市、西丰县
		Ⅳ辽东山区	丹东市郊区、东港市、宽甸满族自治县、凤城市、岫岩满族自治县、本溪市郊区、本溪满族自治县、桓仁满族自治县、抚顺市郊区、抚顺县、清原满族自治县、新宾满族自治县
		Ⅴ辽南半岛丘陵区	大连市郊区、庄河市、瓦房店市、大连普兰店区、长海县、盖州市
海河区	河北	Ⅰ坝上内陆河区	张北县、沽源县、康保县、尚义县
		Ⅱ冀西北山间盆地区	张家口察北管理区、张家口塞北管理区、张家口下花园区、张家口宣化区、张家口桥东区、张家口桥西区、张家口经济开发区、张家口崇礼区、赤诚县、涿鹿县、蔚县、阳原县、怀安县、张家口万全区、怀来县
		Ⅲ燕山山区	承德双桥区、承德双滦区、承德鹰手营子矿区、承德县、平泉市、滦平县、隆化县、宽城满族自治县、兴隆县、围场满族蒙古族自治县、丰宁满族自治县、秦皇岛海港区、秦皇岛山海关区、秦皇岛北戴河区、秦皇岛经济技术开发区、卢龙县、青龙满族自治县、迁西县、迁安市
		Ⅳ太行山山区	保定平山县、井陉县、赞皇县、行唐县、灵寿县、元氏县、石家庄鹿泉区、石家庄井陉矿区、涞源县、阜平县、涞水县、易县、保定满城区、顺平县、唐县、曲阳县、临城县、内丘县、磁县、武安市、涉县、邯郸峰峰矿区
		Ⅴ太行山山前平原区	保定莲池区、保定竞秀区、涿州市、保定徐水区、望都县、定州市、安国市、高碑店市、定兴县、容城县、保定清苑区、蠡县、博野县、雄县、安新县、高阳县、石家庄长安区、石家庄新华区、石家庄裕华区、石家庄桥西区、石家庄高新技术产业开发区、石家庄栾城区、石家庄藁城区、新乐市、正定县、无极县、晋州市、深泽县、赵县、高邑县、辛集市、邢台高新技术产业开发区、刑台大曹庄管理区、刑台襄都区、刑台信都区、柏乡县、刑台任泽区、刑台南和区、宁晋县、隆尧县、沙河市、鸡泽县、成安县、邯郸永年区、临漳县、邯郸肥乡区
		Ⅵ燕山丘陵平原区	唐山丰润区、唐山丰南区、唐山曹妃甸区、唐山开平区、唐山古冶区、唐山路南区、唐山路北区、玉田县、滦州市、遵化市、滦南县、乐亭县、昌黎县、秦皇岛抚宁区、三河市、大厂回族自治县、香河县
		Ⅶ黑龙港低平原区	廊坊安次区、廊坊广阳区、固安县、永清县、霸州市、文安县、大城县、衡水桃城区、安平县、饶阳县、深州市、武强县、武邑县、阜城县、景县、故城县、衡水冀州区、枣强县、衡水滨湖新区、新河县、南宫市、巨鹿县、平乡县、广宗县、清河县、威县、临西县、邱县、曲周县、广平县、大名县、魏县、馆陶县、沧州新华区、沧州运河区、沧州渤海新区、黄骅市、海兴县、盐山县、孟村回族自治县、沧县、青县、任丘市、河间市、肃宁县、献县、南皮县、泊头市、东光县、吴桥县

续表

一级分区	范围	二级分区	二级分区所辖区域
海河区	山西部分地区	Ⅰ晋北区	大同云州区、大同城区、阳高县、左云县、广灵县、天镇县、浑源县、灵丘县、新荣区、朔城区、山阴县、应县、朔州平鲁区、右玉县、怀仁市
		Ⅱ晋中区	阳泉城区、阳泉郊区、平定县、阳泉矿区、盂县、和顺县、寿阳县、榆社县、左权县、昔阳县
		Ⅲ晋东南区	长治上党区、长治城区、襄垣县、沁县、长子县、平顺县、黎城县、长治郊区、长治屯留区、武乡县、壶关县、潞城区、忻府区、代县、五台县、神池县、原平市、繁峙县、定襄县、宁武县
	河南部分地区	$Ⅰ_1$豫北平原区	安阳市区、安阳县、汤阴县、滑县、内黄县、濮阳市区、清丰县、南乐县、濮阳县、新乡市区、新乡县、获嘉县、卫辉市、武陟县、博爱县、浚县、淇县
		$Ⅰ_2$豫北山丘区	林州市、焦作市区、修武县、鹤壁市区
黄河上中游区	宁夏	卫宁沙坡头灌区	中卫市区、中宁县
		青铜峡河东灌区	吴忠利通区、灵武市
		青铜峡河西银南灌区	青铜峡市、永宁县、银川市各农业县区
		青铜峡河西银北灌区	贺兰县、平罗县、石嘴山惠农区
		周边小扬水灌区	中卫南山台子、贺兰山东麓小扬水、甘城子扬水、狼皮子梁扬水、五里坡扬水、陶乐扬水
		扬黄灌区	固原市、盐环定扬水、吴忠红寺堡区、固海扬水
		井灌区	固原原州区北部、海原县、同心县、盐池县井灌区
		南部山区库井灌区	西吉县、彭阳县、固原原州区南部、泾源县、隆德县井灌区
	甘肃	陇东片	平凉市、庆阳市
		陇中片	兰州市、白银市、定西市、天水市(秦安县、甘谷县、清水县、张家川回族自治县)、武威市天祝藏族自治县
		陇南片	陇南市、天水市的麦积区与秦州区、甘南藏族自治州迭部县、舟曲县
	山西部分地区	Ⅰ晋北区	静乐县、岢岚县、河曲县、五寨县、偏关县、保德县
		Ⅱ晋中区	太原小店区、太原杏花岭区、太原万柏林区、阳曲县、娄烦县、太原迎泽区、太原尖草坪区、太原晋源区、古交市、清徐县、汾阳市、交口县、吕梁离石区、临县、中阳县、兴县、文水县、孝义市、石楼县、方山县、柳林县、岚县、晋中榆次区、祁县、灵石县、介休市、晋中太谷区、平遥县、交城县
		Ⅲ晋东南区	高平市、晋城城区、沁水县、泽州县、阳城县、陵川县、沁源县
		Ⅳ晋南区	霍州市、洪洞县、蒲县、永和县、乡宁县、大宁县、安泽县、侯马市、翼城县、汾西县、临汾尧都区、隰县、襄汾县、吉县、古县、浮山县、曲沃县、新绛县、河津市、垣曲县、运城盐湖区、万荣县、夏县、芮城县、稷山县、绛县、闻喜县、临猗县、平陆县、永济市

续表

一级分区	范围	二级分区	二级分区所辖区域
黄河上中游区	陕西部分地区	长城沿线风沙区	定边县、靖边县、榆林横山区、榆林市、神木市、府谷县
		黄土丘陵沟壑区	佳县、吴堡县、米脂县、绥德县、子洲县、清涧县、延安市、子长市、延川县、延长县、延安安塞区、志丹县、吴起县、甘泉县
		黄土高原沟壑区	洛川县、富县、黄陵县、黄龙县、宜川县、宜君县
		渭北旱塬区	铜川王益区、铜川印台区、铜川耀州区、白水县、澄城县、合阳县、韩城市、长武县、彬州市、旬邑县、永寿县、淳化县、麟游县
		关中东部平原区	潼关县、华阴市、渭南华州区、渭南临渭区、西安临潼区、蓝田县、大荔县、蒲城县、富平县、泾阳县、三原县、高陵区
		关中南部平原区	西安新城区、西安碑林区、西安莲湖区、西安雁塔区、西安未央区、西安灞桥区、西安长安区、周至县、西安鄠邑区、宝鸡陈仓区、眉县
		关中西部平原区	礼泉县、咸阳秦都区、咸阳渭城区、武功县、乾县、兴平市、扶风县、岐山县、凤翔县、陇县、千阳县、宝鸡渭滨区、宝鸡金台区、咸阳杨陵区
黄河中下游区	河南部分地区	Ⅰ$_1$ 豫北平原区	范县、台前县、温县、孟州市、沁阳市、原阳县、延津县、封丘县、长垣市
		Ⅰ$_2$ 豫北山丘区	济源市
		Ⅱ 豫西区	洛阳市区、孟津县、新安县、栾川县、嵩县、汝阳县、宜阳县、洛宁县、伊川县、偃师市、三门峡市区、渑池县、卢氏县、义马市、灵宝市、郑州上街区、巩义市、荥阳市、新密市、登封市、石龙区、鲁山县、汝州市
		Ⅲ$_1$ 豫中平原区	郑州市区（不含上街区）、中牟县、新郑市、平顶山市区（不含石龙区）、宝丰县、叶县、郏县、漯河市区、舞阳县、临颍县、许昌市区、鄢陵县、襄城县、禹州市、长葛市
		Ⅲ$_2$ 豫东平原区	开封市区、杞县、通许县、尉氏县、兰考县、商丘市区、民权县、睢县、宁陵县、柘城县、虞城县、夏邑县、永城市、周口市区、扶沟县、西华县、商水县、沈丘县、郸城县、太康县、鹿邑县、项城市
	山东部分地区	Ⅰ 鲁西南	菏泽牡丹区、菏泽经济开发区、菏泽高新技术产业区、菏泽定陶区、曹县、成武县、单县、巨野县、郓城县、鄄城县、东明县、济宁任城区、微山县、鱼台县、金乡县、嘉祥县、梁山县
		Ⅱ 鲁北	德州德城区、禹城市、乐陵市、宁津县、齐河县、德州陵城区、临邑县、平原县、武城县、夏津县、庆云县、东昌府区、临清市、冠县、莘县、阳谷县、东阿县、聊城在平区、高唐县、聊城经济技术开发区、聊城高新区、滨州滨城区、滨州沾化区、惠民县、阳信县、无棣县、滨州开发区、博兴县、滨州北海新区、滨州高新区、东营市东营区、东营河口区、东营垦利区、广饶县、利津县、济宁济阳区、商河县、高青县

续表

一级分区	范围	二级分区	二级分区所辖区域
淮河区	山东部分地区	Ⅲ鲁中	济南历下区、济南市中区、济南天桥区、济南槐荫区、济南历城区、济南长清区、济南章丘区、济南莱芜区、济南钢城区、平阴县、济宁兖州区、曲阜市、泗水县、邹城市、汶上县、邹平市、泰安泰山区、泰安岱岳区、新泰市、肥城市、宁阳县、东平县、淄博张店区、淄博周村区、淄博临淄区、淄博淄川区、淄博博山区、桓台县、沂源县、潍坊奎文区、潍坊潍城区、潍坊寒亭区、潍坊坊子区、青州市、寿光市、安丘市、高密市、昌邑市、临朐县、昌乐县
		Ⅳ鲁南	临沂兰山区、临沂罗庄区、临沂河东区、临沂高新区、临沂经济开发区、郯城县、兰陵县、沂水县、沂南县、平邑县、费县、蒙阴县、临沭县、莒南县、诸城市、枣庄市中区、枣庄薛城区、枣庄山亭区、枣庄峄城区、枣庄台儿庄区、滕州市、日照东港区、日照岚山区、莒县、五莲县、日照经济技术开发区、日照山海天旅游度假区
		Ⅴ胶东	烟台芝罘区、烟台莱山区、烟台福山区、烟台牟平区、烟台经济技术开发区、烟台高新区、烟台蓬莱区、龙口市、莱州市、招远市、栖霞市、莱阳市、海阳市、烟台长岛综合试验区、烟台保税港区、青岛市南区、青岛市北区、青岛李沧区、青岛崂山区、青岛西海岸新区、青岛城阳区、青岛即墨区、胶州市、平度市、莱西市、威海环翠区、威海文登区、荣成市、乳山市、威海火炬高技术产业开发区、威海经济技术开发区、威海临港经济技术开发区、威海南海新区
	河南部分地区	Ⅳ$_2$ 淮北平原区	驻马店市区、西平县、上蔡县、平舆县、正阳县、确山县、泌阳县、汝南县、遂平县、新蔡县、舞钢市、息县、淮滨县
		Ⅳ$_3$ 淮南山丘区	信阳市区、罗山县、光山县、新县、商城县、潢川县、固始县
长江中下游区	河南部分地区	Ⅳ$_1$ 南阳盆地区	南阳市区、南召县、方城县、西峡县、镇平县、内乡县、淅川县、社旗县、唐河县、新野县、邓州市、桐柏县
	陕西部分地区	汉中安康丘陵山区	凤县、太白县、略阳县、宁强县、佛坪县、留坝县、西乡县、镇巴县、安康汉滨区、岚皋县、汉阴县、石泉县、宁陕县、紫阳县、旬阳县、平利县、镇坪县、白河县
		商洛丘陵浅山区	商洛商州区、洛南县、山阳县、丹凤县、商南县、镇安县、柞水县
		汉中盆地及陕南川道区	汉中汉台区、勉县、汉中南郑区、城固县、洋县的大部分、宁强县、西乡县的一部分盆地和汉阴县、安康汉滨区、石泉县一部分月河川道以及平利县的吉阴等一些平坝
西南区	云南	Ⅰ滇中区	昆明五华区、昆明盘龙区、昆明官渡区、昆明西山区、安宁市、昆明呈贡区、昆明晋宁区、富民县、禄劝彝族苗族自治县、嵩明县、寻甸回族彝族自治县、曲靖马龙区、武定县、永胜县(除金沙江河谷区域)、鹤庆县(除金沙江河谷区域)、澄江市、宜良县、石林彝族自治县、姚安县、大姚县(除金沙江河谷区域)、易门县、禄丰县、大理市、洱源县、玉溪红塔区、玉溪江川区、个旧市、开远市、蒙自市、建水县、石屏县(除元江-红河河谷区域)、弥勒市、泸西县、祥云县、弥渡县、南涧彝族自治县、巍山彝族回族自治县、通海县、华宁县、楚雄市、牟定县、南华县、曲靖麒麟区、陆良县、沾益区、漾濞彝族自治县

续表

一级分区	范围	二级分区	二级分区所辖区域
西南区	云南	Ⅱ滇东南区	屏边苗族自治县、河口瑶族自治县、麻栗坡县、马关县、西畴县、广南县、富宁县、文山市、丘北县、砚山县、师宗县、罗平县、富源县
		Ⅲ滇西南区	金平苗族瑶族傣族自治县、绿春县、江城哈尼族彝族自治县、孟连傣族拉祜族佤族自治县、西盟佤族自治县、龙陵县(除怒江河谷区域)、陇川县、瑞丽市、芒市、澜沧拉祜族自治县、勐海县、勐腊县、永德县(除怒江河谷区域)、镇康县(除怒江河谷区域)、双江拉祜族佤族布朗族傣族自治县、耿马傣族佤族自治县、沧源佤族自治县、临仓临翔区、凤庆县、云县、腾冲市、梁河县、盈江县、保山隆阳区(除怒江河谷区域)、昌宁县、永平县、普洱思茅区、宁洱哈尼族彝族自治县、景谷傣族彝族自治县、元阳县、墨江哈尼族自治县、景东彝族自治县、镇沅彝族哈尼族拉祜族自治县、景洪市、施甸县(除怒江河谷区域)、双柏县、峨山彝族自治县、新平彝族傣族自治县(除元江-红河河谷区域)
		Ⅳ滇东北区	大关县、彝良县、威信县、盐津县、永善县、镇雄县、绥江县、水富市、宣威市、会泽县、鲁甸县、昭通昭阳区
		Ⅴ滇西北区	福贡县、贡山独龙族怒族自治县、泸水市、兰坪白族普米族自治县、香格里拉市、德钦县、维西傈僳族自治县、玉龙纳西族自治县、丽江古城区、宁蒗彝族自治县、剑川县、云龙县
		Ⅵ干热河谷区	永仁县、元谋县、宾川县、华坪县、昆明东川区、巧家县、鹤庆(中江、朵美、黄坪)金沙江河谷区域、永胜金沙江河谷区域、大姚金沙江河谷区域、元江哈尼族彝族傣族自治县、红河县、新平彝族傣族自治县的元江-红河河谷区域(水塘、戛洒、腰街、漠沙一带)、石屏元江-红河河谷区域、隆阳怒江河谷区域、龙陵怒江河谷区域(勐糯一带)、施甸怒江河谷区域、永德怒江河谷区域、镇康怒江河谷区域
内陆河区	甘肃省河西走廊	河西片	酒泉市、嘉峪关市、张掖市、金昌市、武威凉州区、民勤县、古浪县
	新疆	$Ⅰ_1$ 北疆塔额山间盆地区	塔城市、额敏县、裕民县
		$Ⅱ_3$ 北疆伊犁河谷平原区	伊宁市、伊宁县、霍城县、察布查尔锡伯自治县、巩留县
		$Ⅱ_4$ 北疆西缘河谷中低山区	新源县、昭苏县、特克斯县、尼勒克县、温泉县
		$Ⅱ_5$ 北疆阿勒泰河谷平原区	布尔津县、福海县、和布克赛尔蒙古自治县
		$Ⅱ_6$ 北疆北缘河谷低山区	阿勒泰市、富蕴县、青河县、哈巴河县、吉木乃县
		$Ⅲ_7$ 北疆准格尔盆地南、西缘区	博乐市、精河县、乌苏市、沙湾县、玛纳斯县、克拉玛依市所辖农业县、呼图壁县、昌吉市、乌鲁木齐米东区、阜康市、吉木萨尔县、奇台县、乌鲁木齐市所辖农业县
		$Ⅳ_9$ 东疆吐哈盆地高温区	吐鲁番高昌区、托克逊县、鄯善县

续表

一级分区	范围	二级分区	二级分区所辖区域
内陆河区	新疆	IV_{10}东疆吐哈盆地东缘区	哈密市所辖农业县
		V_{12}南疆塔里木盆地西缘区	叶城县、莎车县、泽普县、英吉沙县、麦盖提县、巴楚县、喀什市、疏附县、疏勒县、岳普湖县、伽师县、阿克苏市、温宿县、阿瓦提县、柯坪县、库车市、沙雅县、新和县、阿图什市、阿克陶县
		V_{13}南疆塔里木盆地北缘平原区	轮台县、库尔勒市、尉犁县、博湖县
		V_{14}南疆塔里木盆地北缘冲积扇区	和硕县、和静县、焉耆回族自治县
		V_{15}南疆塔里木盆地南缘平原区	和田市、和田县、墨玉县、皮山县、洛浦县、策勒县、于田县、民丰县、且末县、若羌县
		V_{16}南疆塔里木周边山间河谷及盆地	塔什库尔干塔吉克自治县、乌什县、拜城县、阿合奇县、乌恰县

附录 2

苹果种植面积及长势遥感监测示例

1. 2020 年陕西省苹果种植面积监测

采用 2020 年哨兵 2(Sentinel-2)卫星影像资料，基于卷积神经网络(CNN)方法进行陕西苹果种植分布提取。

1.1 陕西省苹果种植情况

2020 年陕西省苹果遥感监测面积为 854.47 万亩(附图 2-1)，主要分布在渭南市、榆林市、咸阳市、延安市，面积占比分别为 14.66%、15.14%、23.89%、33.47%(附表 2-1)。

附表 2-1 陕西省 2020 年苹果种植情况

地市	面积/万亩	面积占比/%
铜川市	53.07	6.21
宝鸡市	56.64	6.63
咸阳市	204.17	23.89
渭南市	125.23	14.66
延安市	285.99	33.47
榆林市	129.37	15.14

1.2 陕西省主要市县苹果种植分布

1.2.1 榆林市及重点县苹果种植分布

2020 年陕西省榆林市苹果遥感监测面积为 129.37 万亩(附图 2-2、附图 2-3)，主要分布在横山区、靖边县、绥德县、米脂县、子洲县，面积占比分别为 13.75%、10.05%、20.17%、19.07%、17.51%(附表 2-2)。

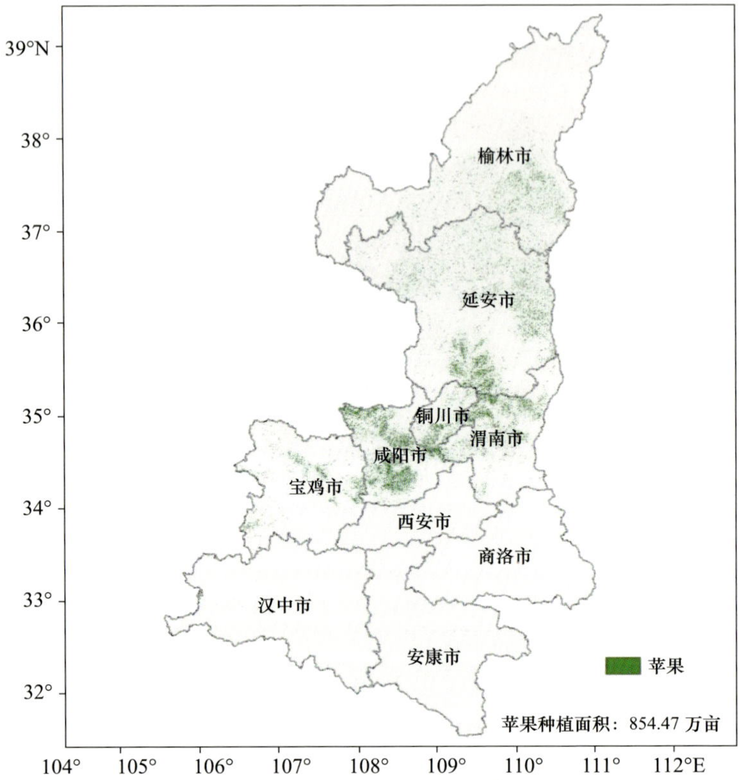

附图 2-1 陕西省 2020 年苹果种植分布专题图

附表 2-2 榆林市各区县 2020 年苹果种植情况

区县	面积/万亩	面积占比/%
榆阳区	4.06	3.14
横山区	17.78	13.75
府谷县	1.62	1.25
靖边县	13.00	10.05
定边县	0.33	0.25
绥德县	26.10	20.17
米脂县	24.67	19.07
佳县	5.29	4.09
吴堡县	2.02	1.56
清涧县	11.06	8.55
子洲县	22.65	17.51
神木市	0.79	0.61

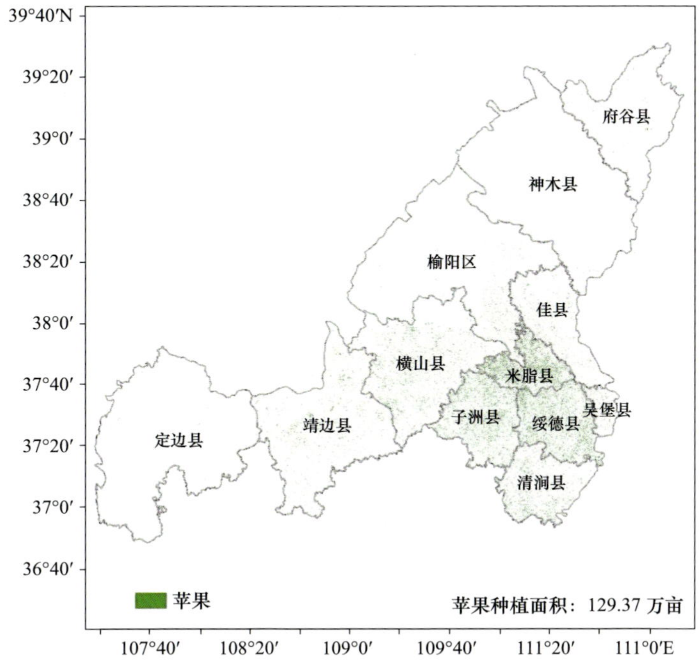

附图 2-2　榆林市 2020 年苹果种植分布专题图

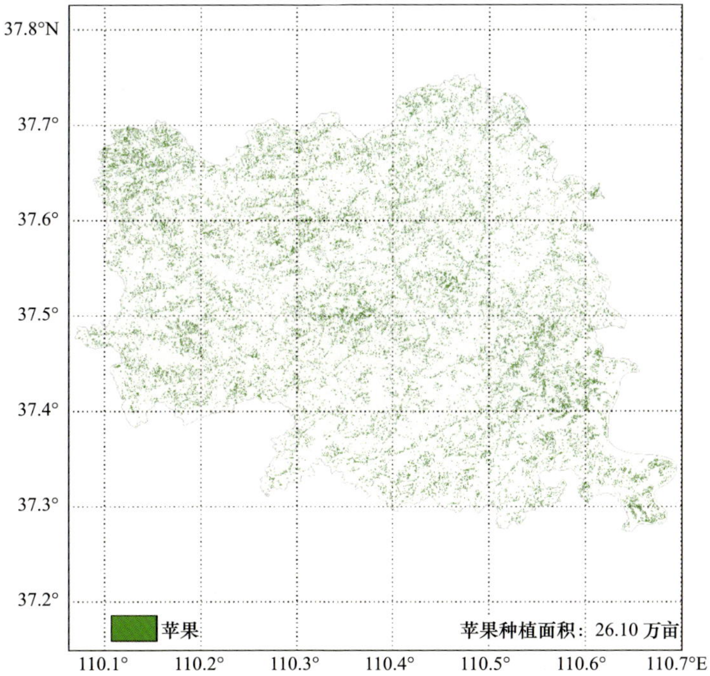

附图 2-3　绥德县 2020 年苹果种植分布专题图

1.2.2 延安市及重点县苹果种植分布

2020年陕西省延安市苹果遥感监测面积为285.99万亩（附图2-4、附图2-5），主要分布在延长县、洛川县、宜川县，面积占比分别为11.38%、17.39%、10.10%（附表2-3）。

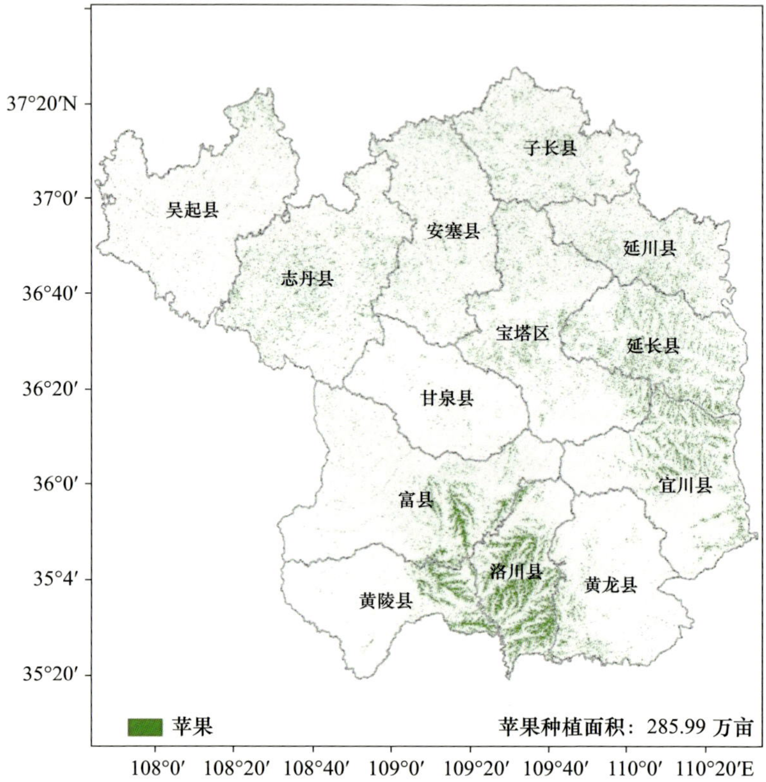

附图2-4 延安市2020年苹果种植分布专题图

附表2-3 延安市各区县2020年苹果种植情况

区县	面积/万亩	面积占比/%
宝塔区	26.88	9.40
安塞区	16.94	5.92
延长县	32.54	11.38
延川县	17.72	6.20
子长县	17.50	6.12
志丹县	27.75	9.70
吴起县	9.90	3.46

续表

区县	面积/万亩	面积占比/%
甘泉县	2.15	0.75
富县	28.19	9.86
洛川县	49.72	17.39
宜川县	28.89	10.10
黄龙县	9.58	3.35
黄陵县	18.22	6.37

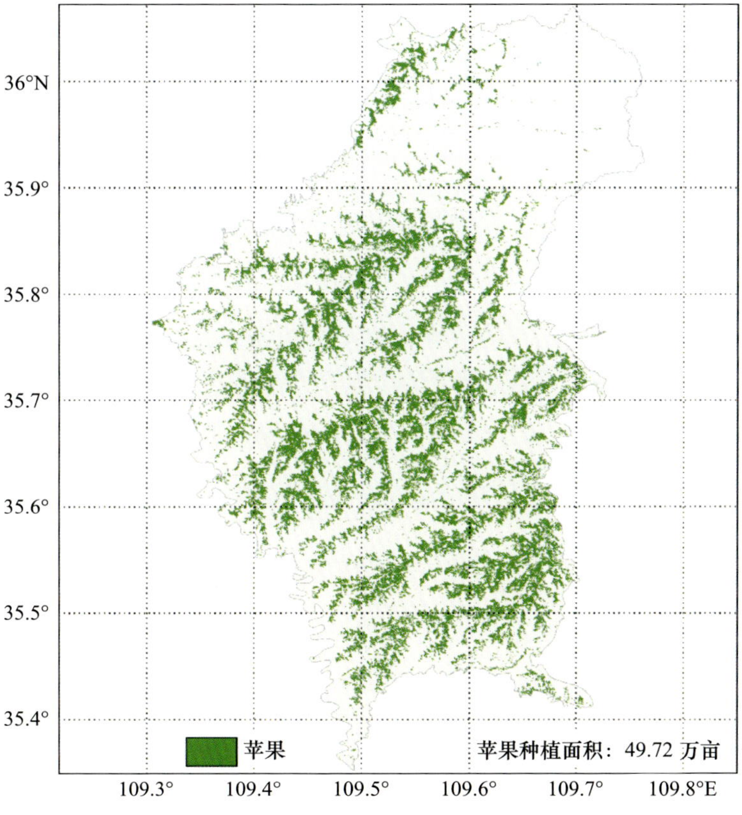

附图 2-5　洛川县 2020 年苹果种植分布专题图

1.2.3　渭南市及重点县苹果种植分布

2020 年陕西省渭南市苹果遥感监测面积为 125.23 万亩(附图 2-6、附图 2-7)，主要分布在合阳县、澄城县、蒲城县、白水县，面积占比分别为 16.50%、18.53%、13.16%、29.06%(附表 2-4)。

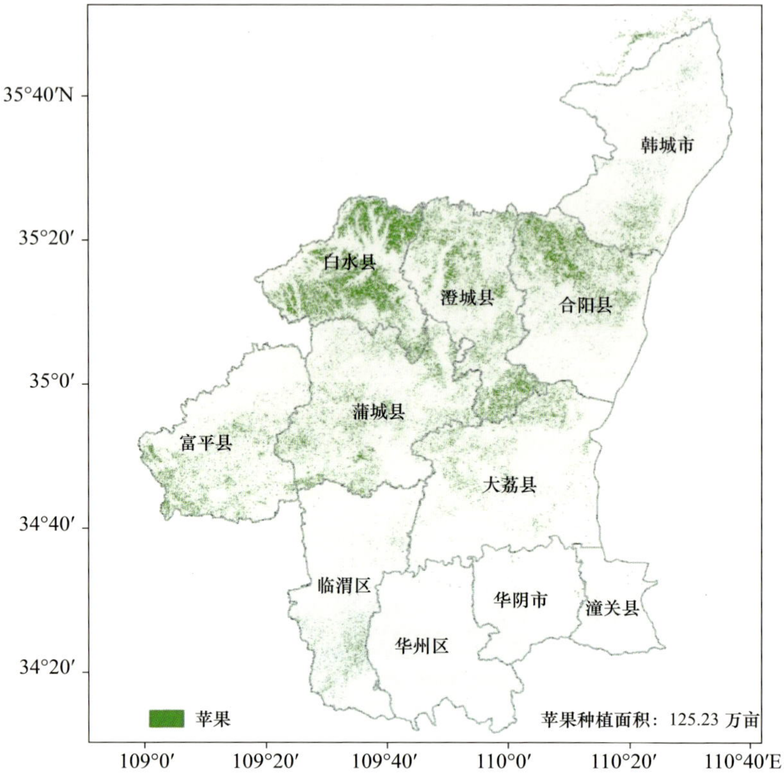

附图 2-6　渭南市 2020 年苹果种植分布专题图

附表 2-4　渭南市各区县 2020 年苹果种植情况

区县	面积/万亩	面积占比/%
临渭区	3.82	3.05
华州区	0.08	0.06
潼关县	0.10	0.08
大荔县	8.28	6.61
合阳县	20.66	16.50
澄城县	23.21	18.53
蒲城县	16.48	13.16
白水县	36.39	29.06
富平县	10.87	8.68
韩城市	5.22	4.17
华阴市	0.12	0.10

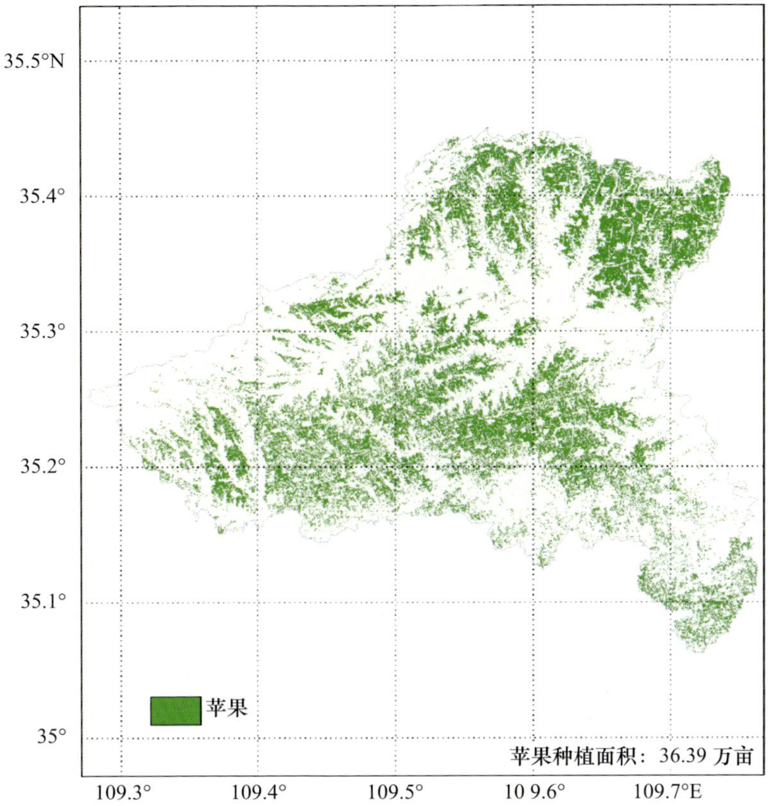

附图 2-7 白水县 2020 年苹果种植分布专题图

1.2.4 铜川市及重点县苹果种植分布

2020 年陕西省铜川市苹果遥感监测面积为 53.07 万亩(附图 2-8、附图 2-9)，主要分布在印台区、耀州区、宜君县，面积占比分别为 22.19%、53.74%、20.15%(附表 2-5)。

附表 2-5 铜川市各区县 2020 年苹果种植情况

区县	面积/万亩	面积占比/%
王益区	2.08	3.92
印台区	11.77	22.19
耀州区	28.52	53.74
宜君县	10.70	20.15

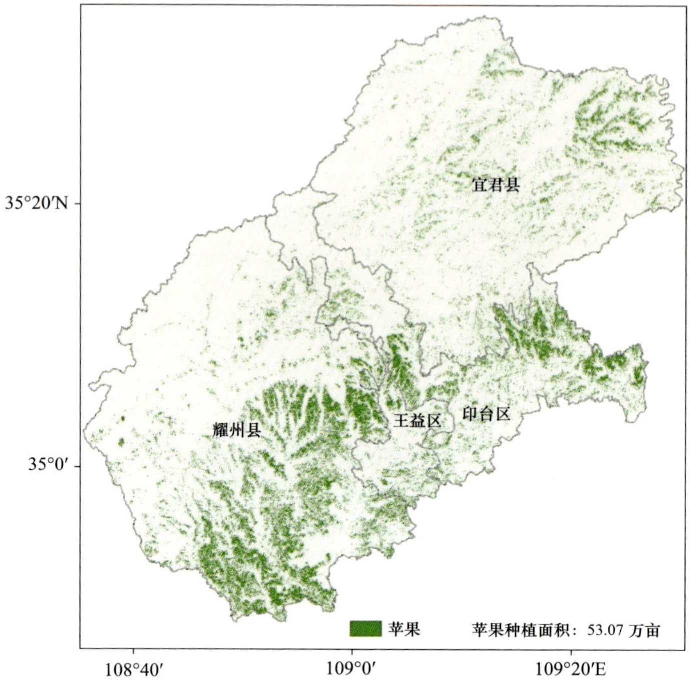

附图 2-8　铜川市 2020 年苹果种植分布专题图

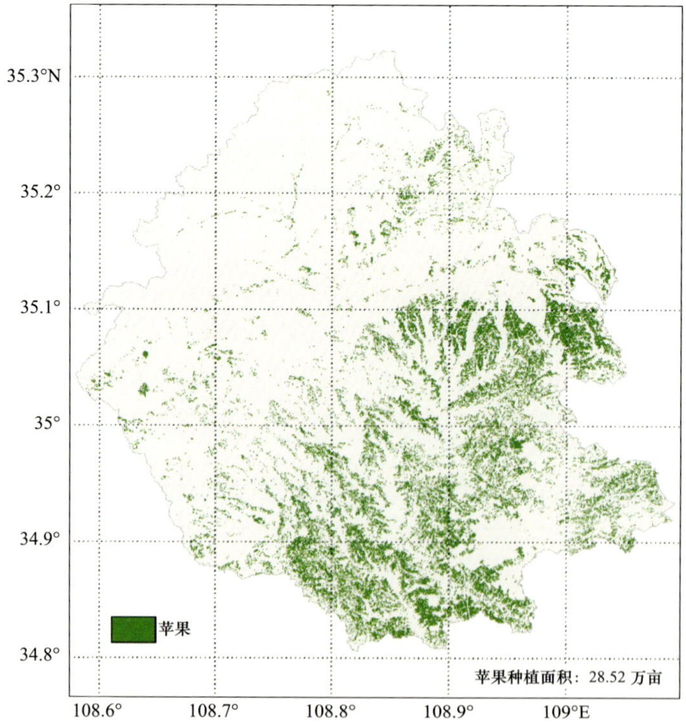

附图 2-9　咸阳市耀州区 2020 年苹果种植分布专题图

1.2.5　咸阳市及重点县苹果种植分布

2020 年陕西省咸阳市苹果遥感监测面积为 204.17 万亩(附图 2-10、附图 2-11)，主要分布在乾县、礼泉县、长武县、淳化县、彬州市，面积占比分别为 17.16%、20.81%、10.69%、16.28%、12.29%(附表 2-6)。

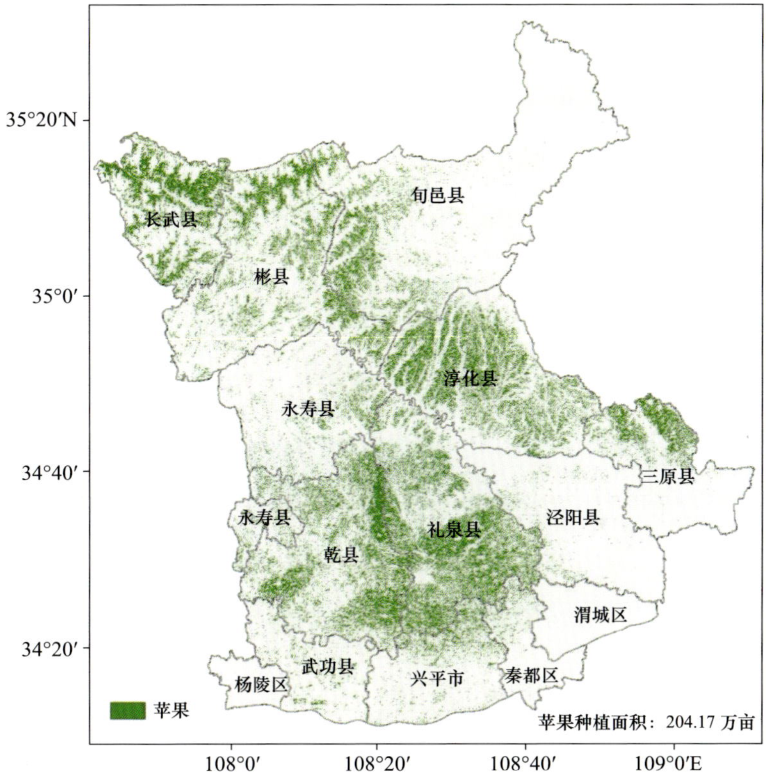

附图 2-10　咸阳市 2020 年苹果种植分布专题图

附表 2-6　咸阳市各区县 2020 年苹果种植情况

区县	面积/万亩	面积占比/%
秦都区	1.46	0.71
三原县	9.75	4.77
泾阳县	1.61	0.79
乾县	35.04	17.16
礼泉县	42.49	20.81
永寿县	7.74	3.79

续表

区县	面积/万亩	面积占比/%
长武县	21.83	10.69
旬邑县	16.78	8.22
淳化县	33.23	16.28
武功县	2.66	1.30
兴平市	6.49	3.18
彬州市	25.09	12.29

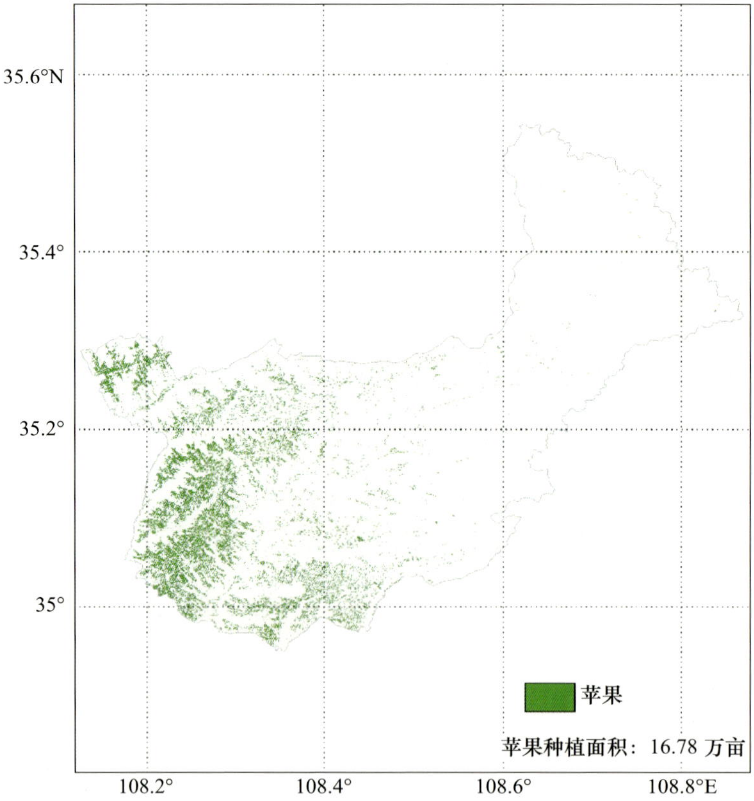

附图 2-11　旬邑县 2020 年苹果种植分布专题图

1.2.6　宝鸡市及重点县苹果种植分布

2020 年陕西省宝鸡市苹果遥感监测面积为 56.64 万亩(附图 2-12、附图 2-13)，主要分布在陈仓区、凤翔县、扶风县、千阳县、凤县，面积占比分别为 10.48%、22.74%、20.96%、11.28%、14.75%(附表 2-7)。

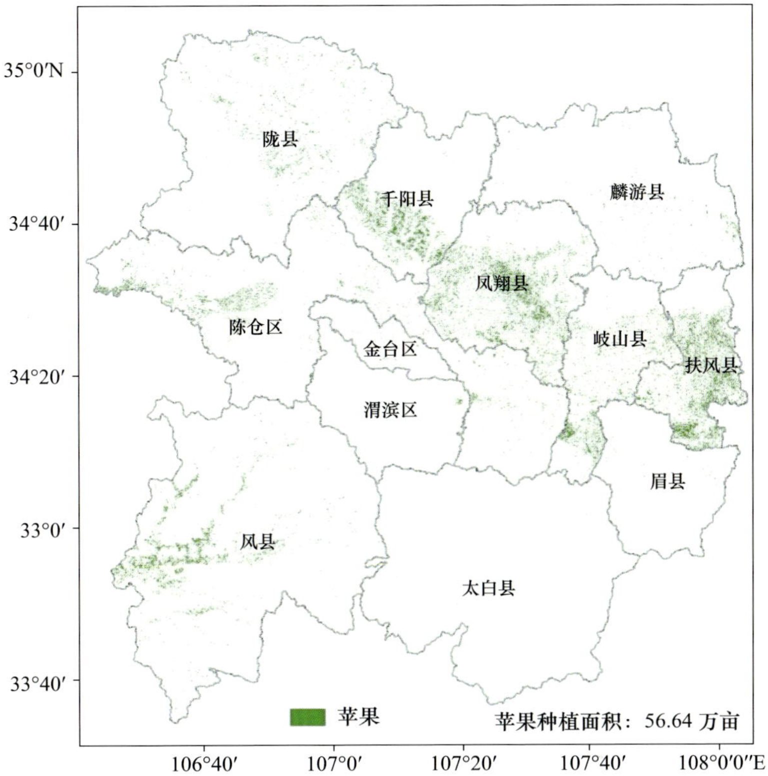

附图 2-12　宝鸡市 2020 年苹果种植分布专题图

附表 2-7　宝鸡市各区县 2020 年苹果种植情况

区县	面积/万亩	面积占比/%
渭滨区	0.11	0.19
金台区	0.10	0.18
陈仓区	5.93	10.48
凤翔县	12.88	22.74
岐山县	5.30	9.35
扶风县	11.87	20.96
眉县	0.15	0.26
陇县	4.51	7.96
千阳县	6.39	11.28
麟游县	1.04	1.83
凤县	8.35	14.75
太白县	0.02	0.03

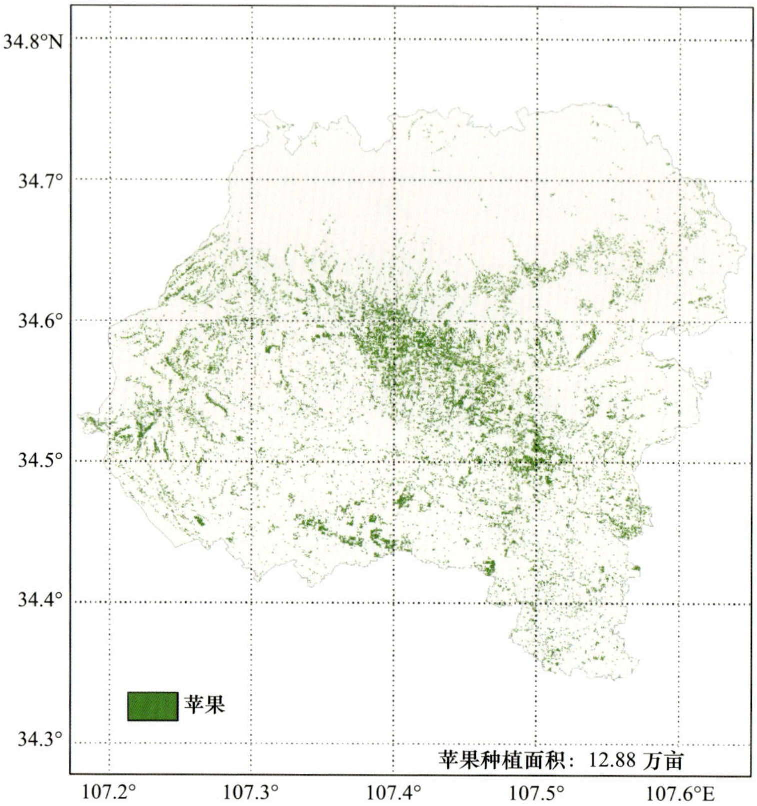

附图 2-13　凤翔县 2020 年苹果种植分布专题图

2. 2020 年陕西省重点县苹果树长势监测

2.1　绥德县长势情况

采用 2020 年 4 月 8 日遥感影像，对 2020 年 4 月上旬绥德县苹果树长势进行监测。绥德县 2020 年 4 月上旬长势监测结果见附图 2-14。

苹果树长势分为 9 个等级：极好、很好、好、较好、中等、较差、差、很差、极差，根据苹果树长势图能得出，绥德县苹果在 2020 年 4 月上旬月长势整体偏差，苹果树长势等级在中等以上的面积占 0.01%(附图 2-15)。

2.2　洛川县长势情况

采用 2020 年 5 月 28 日遥感影像，对 2020 年 5 月下旬洛川县苹果树长势进行监测。洛川县 2020 年 5 月下旬长势监测结果见附图 2-16。

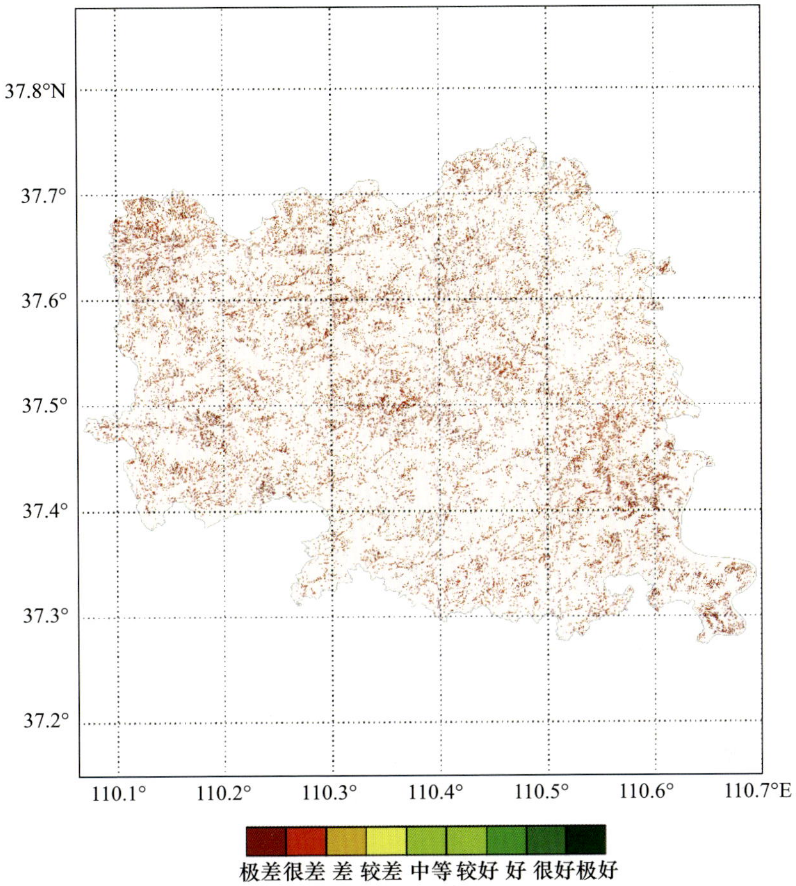

附图 2-14 绥德县 4 月上旬苹果树长势专题图

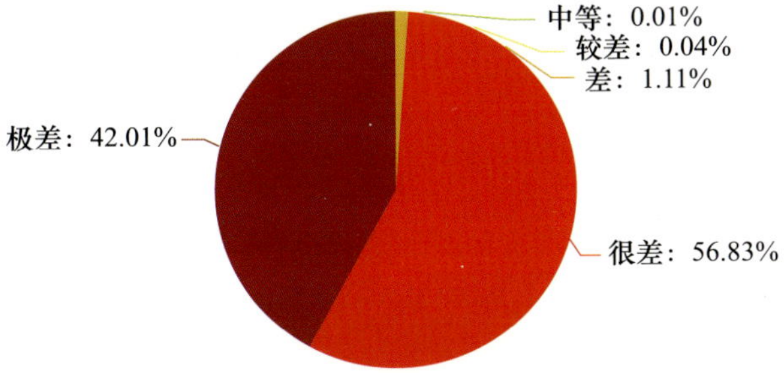

附图 2-15 绥德县 2020 年 4 月上旬苹果树长势饼图

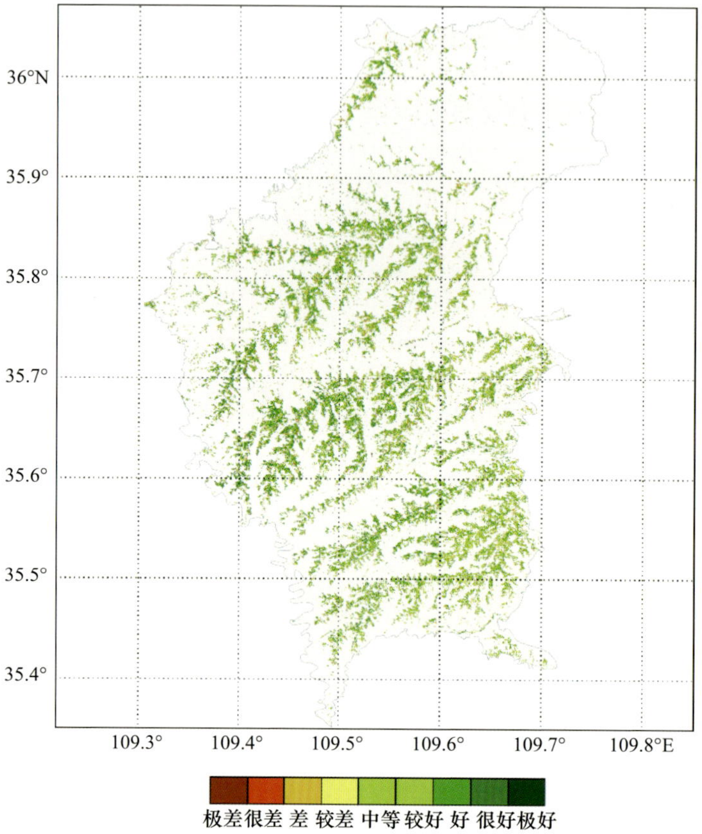

图 2-16　洛川县 2020 年 5 月下旬苹果树长势专题图

苹果树长势分为 9 个等级：极好、很好、好、较好、中等、较差、差、很差、极差，根据苹果树长势图能得出，洛川县苹果在 2020 年 05 月下旬月长势整体偏好，苹果长势等级在中等以上的面积占 77.42%（图 2-17）。

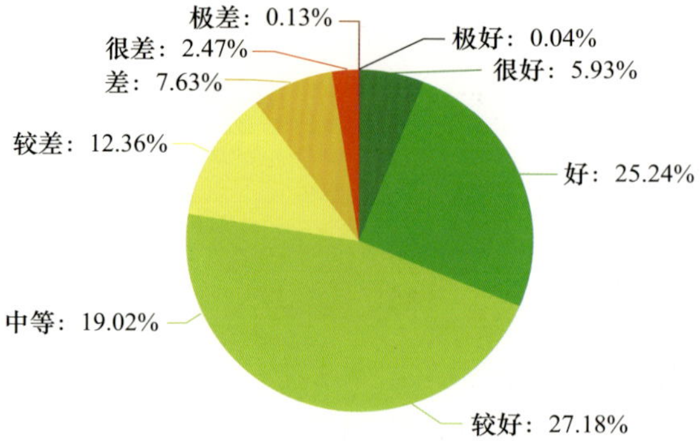

附图 2-17　洛川县 2020 年 5 月下旬苹果树长势饼图

2.3 白水县长势情况

采用 2020 年 4 月 28 日遥感影像，对 2020 年 4 月下旬白水县苹果树长势进行监测。白水县 2020 年 4 月下旬长势监测结果见附图 2-18。

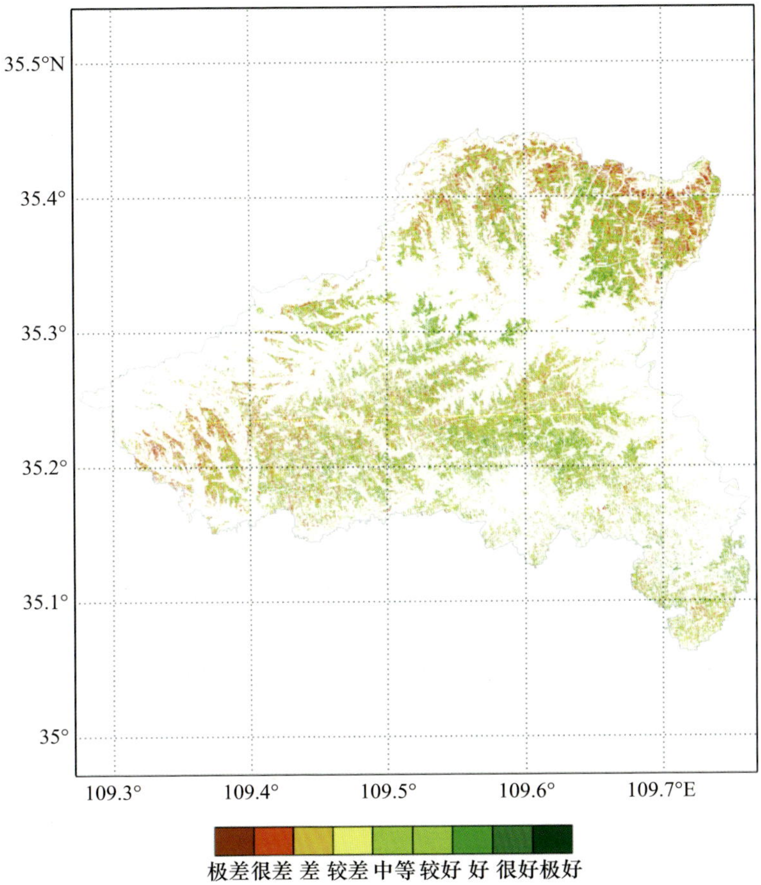

附图 2-18　白水县 2020 年 4 月下旬苹果树长势专题图

将长势分为 9 个等级：极好、很好、好、较好、中等、较差、差、很差、极差，根据苹果长势图能得出，白水县苹果树在 2020 年 4 月下旬月长势整体偏差，苹果树长势等级在中等以上的面积占 38.40%（附图 2-19）。

2.4 旬邑县长势情况

采用 2020 年 4 月 28 日遥感影像，对 2020 年 4 月下旬旬邑县苹果长势进行监测。旬邑县 2020 年 4 月下旬长势监测结果见附图 2-20。

将长势分为 9 个等级：极好、很好、好、较好、中等、较差、差、很差、极差，根据苹果

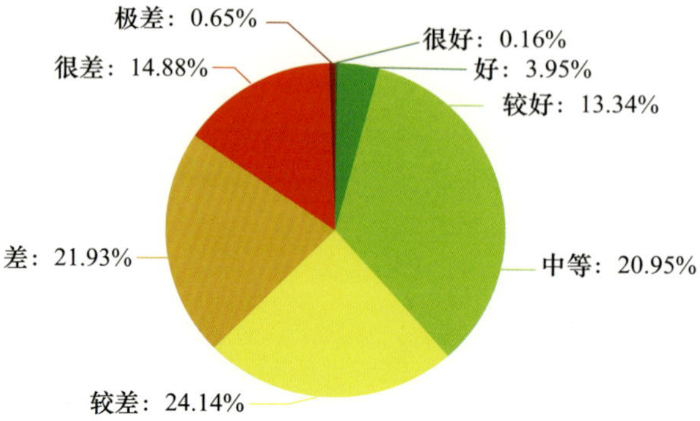

附图 2-19　白水县 2020 年 4 月下旬苹果树长势饼图

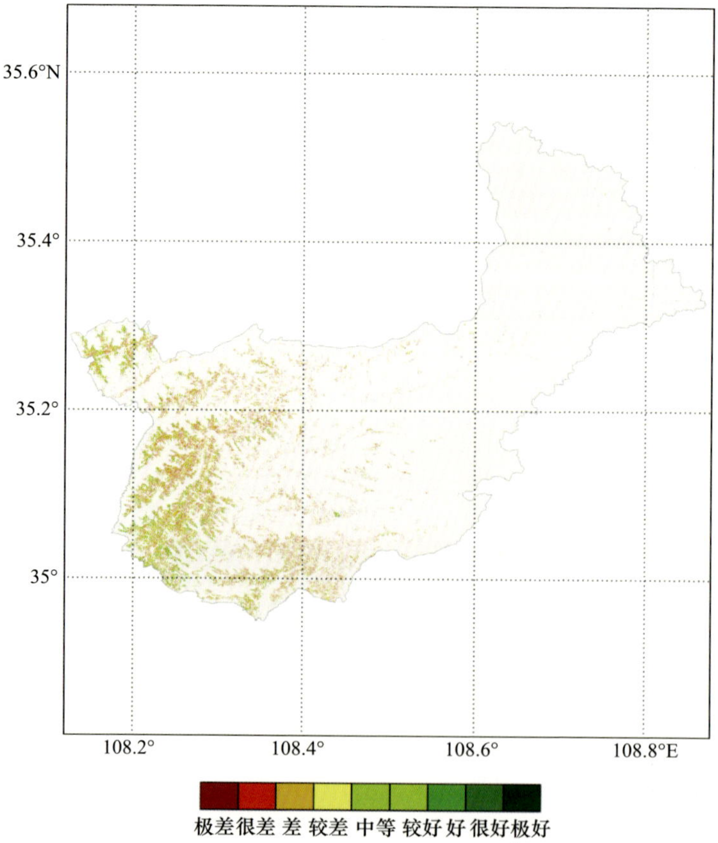

附图 2-20　旬邑县 2020 年 4 月下旬苹果树长势专题图

长势图能得出，旬邑县苹果树在 2020 年 4 月下旬月长势整体偏差，苹果树长势等级在中等以上的面积占 23.52%（附图 2-21）。

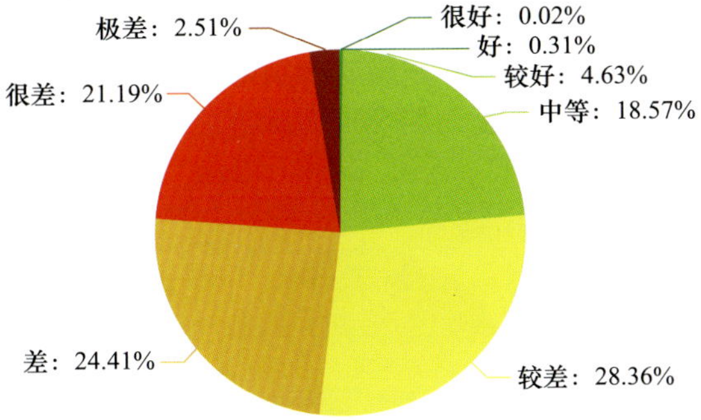

附图 2-21　旬邑县 2020 年 4 月下旬苹果树长势饼图

2.5　铜川市耀州区长势情况

采用 2020 年 5 月 18 日遥感影像，对 2020 年 5 月中旬铜川市耀州区苹果树长势进行监测。铜川市耀州区 2020 年 5 月中旬长势监测结果见附图 2-22。

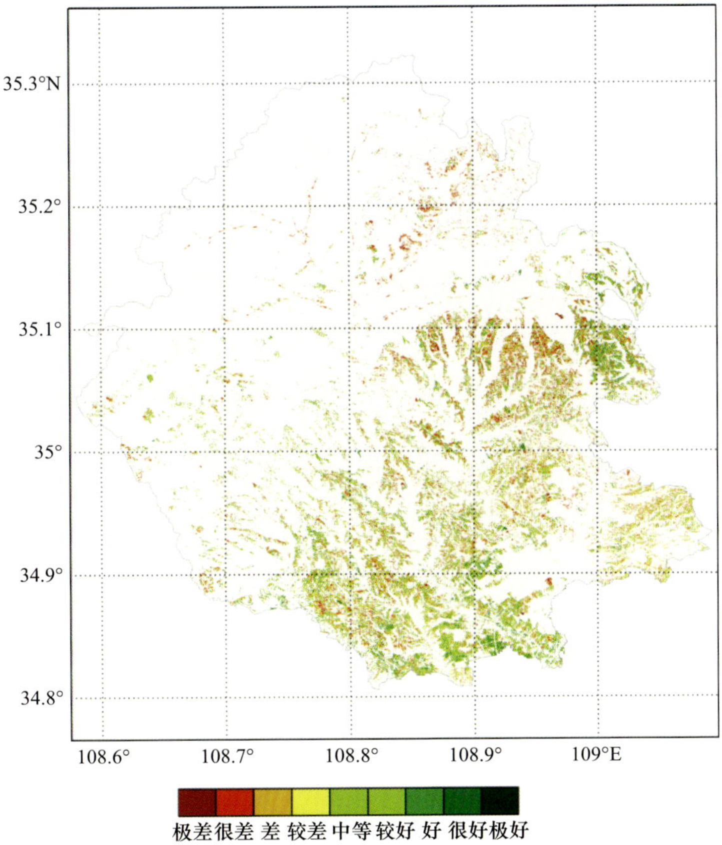

附图 2-22　铜川市耀州区 2020 年 5 月中旬苹果树长势专题图

将长势分为 9 个等级：极好、很好、好、较好、中等、较差、差、很差、极差，根据苹果树长势图能得出，铜川市耀州区苹果树在 2020 年 5 月中旬月长势整体偏差，苹果树长势等级在中等以上的面积占 38.41%（附图 2-23）。

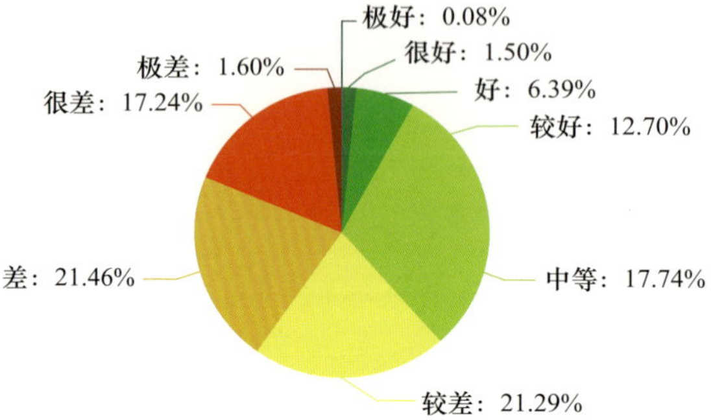

附图 2-23　耀州区 2020 年 5 月中旬苹果树长势饼图

2.6　凤翔县长势情况

采用 2020 年 4 月 6 日遥感影像，对 2020 年 4 月上旬凤翔县苹果树长势进行监测。凤翔县 2020 年 4 月上旬长势监测结果见附图 2-24。

将长势分为 9 个等级：极好、很好、好、较好、中等、较差、差、很差、极差，根据苹果树长势图能得出，凤翔县苹果在 2020 年 4 月上旬月长势整体偏差，苹果树长势等级在中等以上的面积占 43.02%（附图 2-25）。

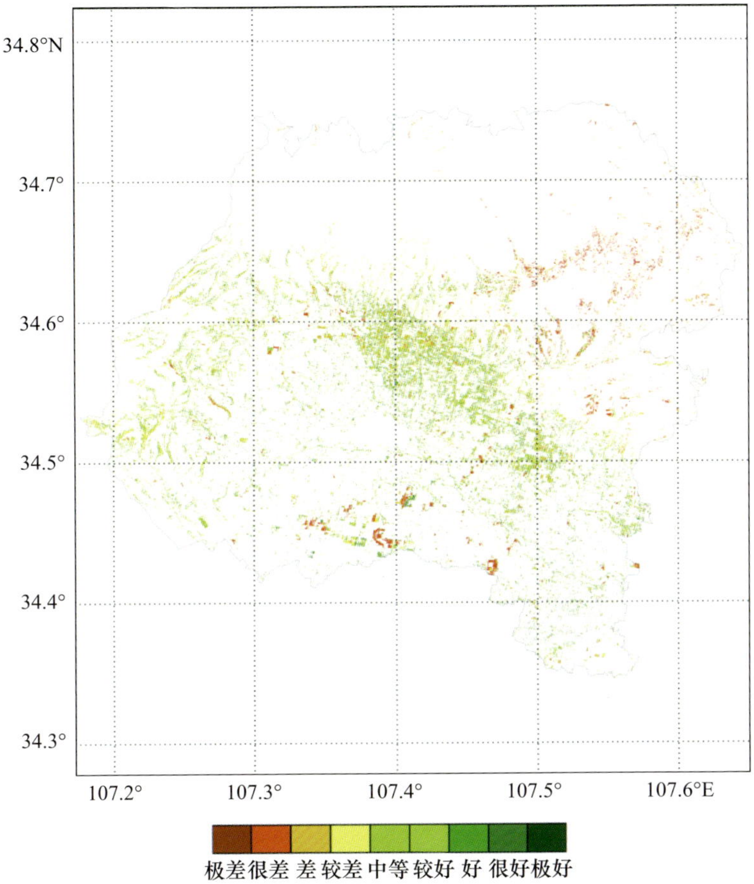

附图 2-24 凤翔县 2020 年 4 月上旬苹果树长势专题图

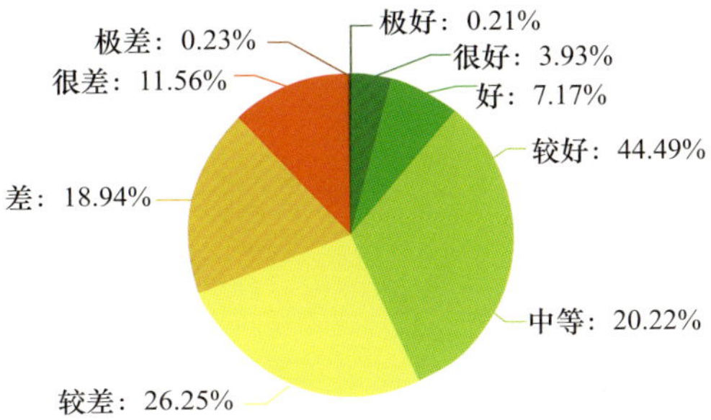

附图 2-25 凤翔县 2020 年 4 月上旬苹果树长势饼图